9. Borkheider Seminar zur
Ökophysiologie des Wurzelraumes

W. Merbach / L. Wittenmayer /
J. Augustin (Hrsg.)

Stoffumsatz im wurzelnahen Raum

Borkheider Seminare zur Ökophysiologie des Wurzelraumes

Der Pflanzenbewuchs, das dazugehörige Wurzelsystem und der durchwurzelte Bodenraum nehmen eine Schlüsselstellung in terrestrischen Ökosystemen ein. Hier vollziehen sich komplizierte Wechselwirkungen zwischen Pflanzenstoffwechsel und Umweltfaktoren einerseits und (angetrieben durch die C-Lieferung der Pflanzen) zwischen Pflanzenwurzeln, Mikroben, Bodentieren, organischen C- und N-Verbindungen sowie mineralischen Bodenbestandteilen andererseits. Diese haben entscheidende Bedeutung für die Pflanzen- und Bodenentwicklung, die Nettostoff- und Nettoenergieflüsse sowie für die Belastungstoleranz von Pflanzen und Ökosystemen. Ihr Verständnis ist daher eine Voraussetzung für die Prognose, Abpufferung und Indikation von Umweltbelastungen, die Berechnung von Stoffflüssen sowie für ökologisch ausgerichtete Regulationsinstrumentarien. Trotz vieler Einzelkenntnisse sind aber derzeit Wirkungsgefüge und Regulationsmechanismen im Pflanze-Boden-Kontaktraum nur ungenügend bekannt, da in den meisten bisherigen Forschungsansätzen der Mikrobereich als „Nebeneinander" von Einzelelementen (z. B. von Strukturelementen, Nettostoffflüssen zwischen Grenzflächen, Biozönosepartnern) betrachtet wurde und kaum als Netzwerk funktionaler Kompartimente wechselnder Zusammensetzung. Abhilfe kann hier nur eine systemare Betrachtungsweise der Pflanze-Boden-Wechselbeziehungen auf der Basis einer *langfristig und interdisziplinär angelegten ökophysiologischen Forschung* schaffen, die auf die Aufklärung der mikrobiologischen, physiologischen, (bio)chemischen und genetischen Interaktionen im System Pflanze – Wurzel – Boden in Abhängigkeit von natürlichen und anthropogenen Einflußfaktoren ausgerichtet ist.

Die 1990 von der Deutschen Landakademie Borkheide (Krs. Potsdam-Mittelmark) und dem heutigen Institut für Rhizosphärenforschung und Pflanzenernährung des Zentrums für Agrarlandschafts- und Landnutzungsforschung (ZALF) Müncheberg ins Leben gerufenen *Borkheider Seminare zur Ökophysiologie des Wurzelraumes* wollen daher Wissenschaftler unterschiedlicher Fachgebiete mit dem Ziel zusammenführen, experimentelle Ergebnisse ohne Zeitdruck zu diskutieren und die Forschung enger zu verflechten. Das unveränderte Interesse an der Tagungsreihe – sie hat 1998 bereits das 9. Mal stattgefunden – spricht für sich selbst. Nachdem die ersten vier Tagungsbände (1990 bis 1993) im Selbstverlag herausgegeben wurden, hat seit dem 5. Band (Mikroökologische Prozesse im System Pflanze – Boden) der Teubner-Verlag Stuttgart/Leipzig diese Aufgabe übernommen. Dafür gebührt ihm der Dank des Herausgebers.

Wolfgang Merbach

Stoffumsatz im wurzelnahen Raum

9. Borkheider Seminar zur Ökophysiologie
des Wurzelraumes

Wissenschaftliche Arbeitstagung in Schmerwitz/Brandenburg
vom 21. bis 23. September 1998

Herausgegeben von

Prof. Dr. Wolfgang Merbach
Institut für Bodenkunde und Pflanzenernährung der
Martin-Luther-Universität Halle–Wittenberg
1. Vorsitzender der Deutschen Gesellschaft für Pflanzenernährung

Dr. Lutz Wittenmayer
Institut für Bodenkunde und Pflanzenernährung der
Martin-Luther-Universität Halle–Wittenberg

Dr. Jürgen Augustin
Institut für Rhizosphärenforschung und Pflanzenernährung
im Zentrum für Agrarlandschafts- und Landnutzungsforschung
(ZALF) Müncheberg

 B. G. Teubner Stuttgart · Leipzig 1999

Die Beiträge dieses Bandes wurden von Mitgliedern der Deutschen Gesellschaft für Pflanzenernährung sowie der Kommission IV der Deutschen Bodenkundlichen Gesellschaft begutachtet.

Prof. Dr. habil. Wolfgang Merbach
Geboren 1939 in Ranis (Thüringen). 1958 bis 1964 Landwirtschaftsstudium, 1965 bis 1966 Chemiestudium, 1970 Promotion an der Universität Jena. 1982 Habilitation (Facultas docendi, Promotion B) an der Martin-Luther-Universität Halle–Wittenberg (MLU). 1986 bis 1990 Leiter des Isotopenlabors des Forschungszentrums für Bodenfruchtbarkeit Müncheberg, 1989/90 Leiter der Arbeitsgruppe „Ökologischer Umbau" und stimmberechtigtes Mitglied des zentralen „Runden Tisches" der DDR in Berlin, 1990 Professor der Akademie der Landwirtschaftswissenschaften, 1992 bis 1998 Institutsleiter und (bis 1995) stellvertretender Direktor am Zentrum für Agrarlandschafts- und Landnutzungsforschung (ZALF) Müncheberg. Seit 1998 Professor für Physiologie und Ernährung der Pflanzen und Prodekan an der Landwirtschaftlichen Fakultät der MLU. Vorlesungen auf den Gebieten der Pflanzenernährung, Düngung, Ökotoxikologie und Bodenkunde an den Universitäten Halle, Jena, Potsdam und Cottbus. Arbeitsschwerpunkte: Symbiontische N_2-Fixierung, Ökophysiologie und Stoffumsatz in der Rhizosphäre, Lachgasemission aus Niedermooren, N-Umsatz in Ökosystemen. Über 200 Publikationen, Herausgeber von Büchern und Tagungsbänden. Mitglied in mehreren Editorial Boards und Fachgesellschaften.

Dr. Lutz Wittenmayer
Geboren 1961 in Sondershausen. 1980 bis 1985 Studium der Landwirtschaft und Pflanzenzüchtung, Timirjasew-Akademie in Moskau, 1991 Promotion an der Landwirtschaftlichen Fakultät der Martin-Luther-Universität Halle–Wittenberg (MLU), seit 1996 wissenschaftlicher Mitarbeiter am Institut für Bodenkunde und Pflanzenernährung der MLU. Arbeitsschwerpunkte: Pflanzenstreß, Phytohormone und Wurzelexsudation.

Dr. Jürgen Augustin
Geboren 1954 in Ostriz (Sachsen). 1975 bis 1979 Studium der Pflanzenproduktion und Biochemie an der Martin-Luther-Universität Halle–Wittenberg (MLU), 1985 Promotion an der Sektion Pflanzenproduktion der MLU, seit 1985 wissenschaftlicher Mitarbeiter am Forschungszentrum für Bodenfruchtbarkeit, 1992 bis 1998 am Zentrum für Agrarlandschafts- und Landnutzungsforschung (ZALF) Müncheberg, seit 1998 kommissarischer Leiter des Instituts für Rhizosphärenforschung und Pflanzenernährung des ZALF, Lehraufträge für Ökotoxikologie an der FH Eberswalde und der BTU Cottbus. Arbeitsschwerpunkte: Stoffumsatz und Spurengasemission in Feuchtgebieten.

Gedruckt auf chlorfrei gebleichtem Papier.

Die Deutsche Bibliothek – CIP-Einheitsaufnahme

Stoffumsatz im wurzelnahen Raum:
wissenschaftliche Arbeitstagung in Schmerwitz/Brandenburg vom
21. bis 23. September 1998 / 9. Borkheider Seminar zur
Ökophysiologie des Wurzelraumes.
Hrsg. von Wolfgang Merbach ... – Stuttgart ; Leipzig : Teubner, 1999
  ISBN 978-3-519-00268-0   ISBN 978-3-322-91134-6 (eBook)
  DOI 10.1007/978-3-322-91134-6

Vorwort

Das **9. Borkheider Seminar zur Ökophysiologie des Wurzelraumes**, dessen Beiträge in gekürzter Fassung in den vorliegenden Band aufgenommen wurden, fand vom **21. bis 23. September 1998** wiederum in **Schmerwitz** (Kreis Potsdam-Mittelmark, Land Brandenburg) statt.

Die insgesamt 28 Vorträge befaßten sich vorrangig mit den nachfolgend genannten Themenkreisen.

1. Wurzelwachstum und -physiologie sowie deren Beeinflussung durch äußere Faktoren (zwei Vorträge),
2. Stoffaufnahme und Stoffumsatz durch Pflanzenwurzeln unter besonderer Berücksichtigung des Wasser- und Phosphatgehaltes, des Umsatzes von Pestiziden, der Schwermetalle sowie der Salinität (acht Vorträge),
3. Zusammensetzung, Beeinflußbarkeit und Funktionen von Wurzelabscheidungen im Zusammenhang mit Enzymaktivität, Mikronährstoffen und Pflanzenpathogenen (sechs Vorträge),
4. Mikroben-Wurzel-Interaktionen und ihre Bedeutung für das Wurzelwachstum, die Nährstoffaneignung sowie für die Krankheitstoleranz (fünf Vorträge) und
5. Stoffumsatz unterschiedlicher Ökosysteme und ihre Abhängigkeit von der Bewirtschaftung, Düngung und Renaturierung (sieben Vorträge).

Daraus geht hervor, daß sich das Seminar 1998 auf den Stoffumsatz im wurzelnahen Raum und in Ökosystemen konzentrierte. Dabei reichte das Spektrum der Beiträge von der Untersuchung der Prozeßabläufe über die Wechselwirkung zwischen biotischen und abiotischen Einflußfaktoren bis hin zu den Auswirkungen praktischer Landnutzungsmaßnahmen auf die Stoffkreisläufe, wobei als integrierendes Element die Pflanzenwurzel und ihre Exsudation fungierte. Dies geschah traditionell aus der Sicht unterschiedlicher Wissenschaftsgebiete. So wurden u. a. Beiträge aus der Pflanzenernährung, Ökophysiologie, Mikrobiologie, Biochemie, Phytopathologie, Landschaftsökologie , Sanierungsforschung sowie aus dem landwirtschaftlichen und gärtnerischen Pflanzenbau dargeboten. Eine solche interdisziplinäre und vernetzte Sichtweise, die sich vorrangig an experimentellen Resultaten orientiert, gibt Ansatzpunkte für eine multidisziplinäre Diskussion im Sinne einer Einordnung von Einzelbefunden in das ökosystemare Zusammenspiel im Pflanzen-Wurzel-Boden-Kontaktraum. Damit wurde eine gute Tradition vergangener Seminare fortgesetzt. Ein derartiges Vorgehen könnte zur Aufklärung und Quantifizierung von Stoffumsätzen, zur Voraussage der Streßreaktionen von Pflanzen und Boden, zur Indikation von Bewirtschaftungsfolgen und zur Etablie-

6

rung standort- und umweltgerechter Landnutzungssysteme beitragen.

Neben international ausgewiesenen Fachleuten nahmen auch 1998 wieder viele jüngere Wissenschaftler/-innen aus Deutschland, Österreich und der Schweiz an der Tagung teil.

Gegenüber den Vorjahren verlagerte sich der Schwerpunkt der Organisation zur Martin-Luther-Universität Halle-Wittenberg. Träger des Seminars war die Professur „Physiologie und Ernährung der Pflanzen" im Institut für Bodenkunde und Pflanzenernährung der Landwirtschaftlichen Fakultät. Daneben waren das Institut für Rhizosphärenforschung und Pflanzenernährung am Zentrum für Agrarlandschafts- und Landnutzungsforschung (ZALF) Müncheberg (Krs. Märkisch-Oderland, Brandenburg), die Deutsche Gesellschaft für Pflanzenernährung (DGP) sowie die Kommission IV (Bodenfruchtbarkeit und Pflanzenernährung) der Deutschen Bodenkundlichen Gesellschaft (DBG) an der Ausrichtung der Tagung beteiligt. Besonderer Dank gebührt dabei Frau M. Petzold (Halle) für den Einsatz bei der Vorbereitung und Durchführung des Seminars.

Als Gastgeber fungierte das Seminar- und Tagungszentrum in Schmerwitz, das wiederum die Tagungsräume, die Vorführtechnik , die Unterbringung und Verpflegung sicherstellte. In diesem Zusammenhang sind wir der Eigentümerin, Frau Morgenstern, und dem Geschäftsführer, Herrn Rost, zu großem Dank verpflichtet. Nicht zuletzt gebührt unser Dank Herrn Jürgen Weiß vom Teubner Verlag für die kollegiale Zusammenarbeit.

Halle und Müncheberg, Dezember 1998

W. Merbach
L. Wittenmayer
J. Augustin

Inhaltsverzeichnis

1 Wurzelwachstum und Wurzelphysiologie

2 Stoffumsatz und Stoffaufnahme durch Pflanzenwurzeln

8

3 Wurzelabscheidungen — Beeinflußbarkeit und Funktionen

4 Mikroben–Wurzel-Interaktionen

5 Stoffumsatz im System Pflanze — Boden

1

Wurzelwachstum und Wurzelphysiologie

Stoffumsatz im wurzelnahen Raum.
9. Borkheider Seminar zur Ökophysiologie des Wurzelraumes.
Hrsg.: W. MERBACH, L. WITTENMAYER und J. AUGUSTIN
B. G. Teubner Stuttgart · Leipzig 1999, S. 13–18.

Veränderungen im Zuckergehalt der Wurzeln von Feuchtwiesengräsern unter osmotischem Streß

Stefanie KLAUS und Axel GZIK

Institut für Ökologie und Naturschutz der Universität Potsdam, Maulbeerallee 2, D-14469 Potsdam

Abstract

In order to study drought effects on wetland plants we examined the accumulation of osmotic active compounds in roots of *Agrostis stolonifera* and *Phalaris arundinacea* under osmotic stress, induced by polyethylenglycol. Therefore we measured changes in the content of proline and of free sugars (sucrose, glucose, and fructose) in dependence on the severity and duration of stress.

While even very mild stress (–0,3 MPa) resulted in both plant species in a rapid accumulation of proline and sucrose the content of glucose and fructose increased more slowly. The concentration of both metabolic parameters was higher in roots of *Phalaris arundinacea* than in those of *Agrostis stolonifera*. But accumulation rates of osmolytes in dependence on stress duration were different in both plants. From these results we concluded that the investigated plant species evolve different strategies for osmoregulation under stress.

Einleitung

Die geplanten wasserbaulichen Maßnahmen an der Havel (Verkehrsprojekt 17) und der prognostizierte Klimawandel bergen die Gefahr einer Absenkung des Grundwasserspiegels im Einzugsbereich des Flusses in sich. Die Pflanzengesellschaften der Auengebiete werden durch Veränderungen im Wasserhaushalt akut bedroht. Es ist deshalb dringend erforderlich, Auswirkungen einer limitierten Wasserverfügbarkeit auf die Feuchtbiotope zu analysieren, um frühzeitig Handlungsempfehlungen für ein Biotopmanagement geben zu können, das dem Erhalt der Artenvielfalt gewährleisten kann.

Bekanntlich werden unter Streß kurzfristig metabolische streßabschwächende und lebenserhaltende Maßnahmen induziert. Ihr Umfang wird durch die genetisch vorgegebene Reaktionsnorm bestimmt. Typisch ist die Akkumulation niedermolekularer osmoregulatorisch wirksamer Substanzen, z. B. von Zuckern. Ziel der Arbeit war es, an bestimmten Feuchtwiesenpflanzen Veränderungen der Zucker-

14

gehalte in den Wurzeln unter definiertem Trockenstreß zu untersuchen, um daraus Rückschlüsse auf die Konkurrenzkraft der Arten bei limitierter Wasserverfügbarkeit zu ziehen. Exemplarisch wurden zwei bestandsbildende Gräser der Unteren Havel-aue — *Agrostis stolonifera* (Weißes Straußgras) und *Phalaris arundinacea* (Rohrglanz-gras) — ausgewählt. Als Streßindikator diente der Gehalt der Aminosäure Prolin, da sie nach unseren Erfahrungen (KLAUS und GZIK 1997, GZIK 1996) und vielfachen Dokumentationen in der Literatur (s. Review SHEVJAKOVA 1983) unter Trockenstreß sehr stark akkumuliert wird.

Material und Methoden

Pflanzenanzucht und Streßapplikation

Die Anzucht von *Agrostis stolonifera* erfolgte aus Sproßstecklingen in Plastikschalen. Von *Phalaris arundinacea* wurden bewurzelte Adventivsprosse durch Einlegen von Trieben in flache Wasserschalen gewonnen und anschließend in Plastiktöpfe verpflanzt. Als Substrat kam Quarzsand mit einer Korngröße von 0,6 bis 1,2 mm zum Einsatz. Die Pflanzen wurden im Gewächshaus und später im Freiland kulti-viert und kontinuierlich mit Nährlösung versorgt.

Zur Simulation von sehr mildem, mildem und mittelstarkem Trockenstreß wurden den Pflanzen Lösungen aus Polyethylenglycol (PEG 6000) mit einem osmotischen Potential von –0,3, –0,6 und –1,2 MPa über die Wurzeln appliziert. Nach sieben und 13 Tagen wurden die Pflanzen geerntet.

Probennahme und -aufarbeitung

Zur Ermittlung des Trockenmasseanteils in den Wurzeln wurde frisches Material im Trockenschrank bei 105 °C bis zur Massenkonstanz getrocknet. Für die Be-stimmung des Prolingehaltes wurden aus frischem, eingefrorenem Wurzelmaterial Extrakte mit 3%iger Sulfosalicylsäure hergestellt. Zur Analyse der niedermolekula-ren Zucker wurden die Wurzeln gefriergetrocknet und fein vermahlen. Aus diesem Wurzelmehl wurden die Zucker mit heißem, 80%igem Alkohol extrahiert.

Analyse der Extrakte

Der Prolingehalt wurde nach der Methode von BATES *et al.* (1973) bestimmt. Die HPLC-Analyse der Zuckerextrakte erfolgte im isokratischen Lauf mit 75%igem Acetonitril auf einer NH_2-Säule (Dr. Ing. Knauer GmbH) mittels eines RI-Detektors.

Ergebnisse und Diskussion

Tab. 1 zeigt die Veränderungen im Prolingehalt der Wurzeln von *Agrostis stolonifera* und *Phalaris arundinacea* unter osmotischem Streß.

Tab. 1. Änderungen des Prolingehaltes [µg/g Trockenmasse] in den Wurzeln von *Agrostis stolonifera* und *Phalaris arundinacea* unter osmotischem Streß nach sieben- und 13tägiger Applikation von PEG.

Pflanzenart	Streß-dauer [d]	Kontrolle	Osmotisches Potential der PEG-Lösung [MPa]		
			-0,3	-0,6	-1,2
Agrostis sto-lonifera	7	14,3 ± 6,3	304,2 ± 142,1	460,6 ± 87,5	2950,4 ± 94,0
	13	63,1 ± 3,2	308,7 ± 68,9	529,9 ± 81,8	4021,5 ± 33,5
Phalaris arundinacea	7	113,3 ± 14,1	2004,3 ± 668,1	4058,0 ± 2268,5	14518,0 ± 1872,5
	13	148,9 ± 34,7	534,0 ± 40,5	4810,6 ± 1696,2	17974,2 ± 5315,0

Mit zunehmender Streßstärke und Streßdauer war bei beiden Pflanzenarten eine verstärkte Akkumulation von Prolin festzustellen. So wurde bei *Agrostis stolonifera* nach 13 Tagen unter dem Einfluß von -1,2 MPa eine Erhöhung auf das 64fache des Wertes der Kontrolle gemessen, während unter den gleichen Bedingungen bei *Phalaris arundinacea* ein Anstieg auf das 121fache zu verzeichnen war.

Über eine starke Akkumulation von Prolin unter Trockenstreß ist in der Literatur bereits vielfach berichtet worden. Es trägt als sogenannte kompatible Substanz zur Osmoregulation bei und schützt Enzyme vor den Auswirkungen des Wasserdefizits (SHAH und DUBEY 1998). Im Vergleich beider Arten zeigte *Phalaris arundinacea* besonders unter mildem (-0,6 MPa) und mittlerem (-1,2 MPa) Streß eine höhere Fähigkeit zur Prolinakkumulation als *Agrostis stolonifera*. Über den Zusammenhang zwischen der Fähigkeit zur Anreicherung dieser Aminosäure und der Trockentoleranz einer Pflanze liegen in der Literatur allerdings zum Teil gegensätzliche Befunde vor (HANSON und HITZ 1982, SUNDARESAN und SUDHAKARAN 1995).

Auch in den Gehalten niedermolekularer, freier Zucker wurden Veränderungen unter Streßeinwirkung festgestellt, jedoch bei weitem nicht in dem Umfang wie beim Prolin. In den Wurzeln von *Agrostis stolonifera* konnten Fructose, Glucose und Saccharose nachgewiesen werden (Abb. 1). Andere Zucker wurden unter den verwendeten Analysenbedingungen nicht gefunden. Dieser Befund deckt sich mit Ergebnissen von BALL (1990), BUSZEWSKI und LODKOWSKI (1991) und LOPEZ-HERNANDEZ et al. (1994). Der überwiegende Zucker war in gestreßten und ungestreßten Pflanzen die Saccharose. Ihr Gehalt stieg bis zu einer Streßstärke von -0,6 MPa kontinuierlich an und sank unter dem Einfluß von -1,2 MPa auf ein Niveau ab, das über dem Gehalt bei -0,3 MPa lag.

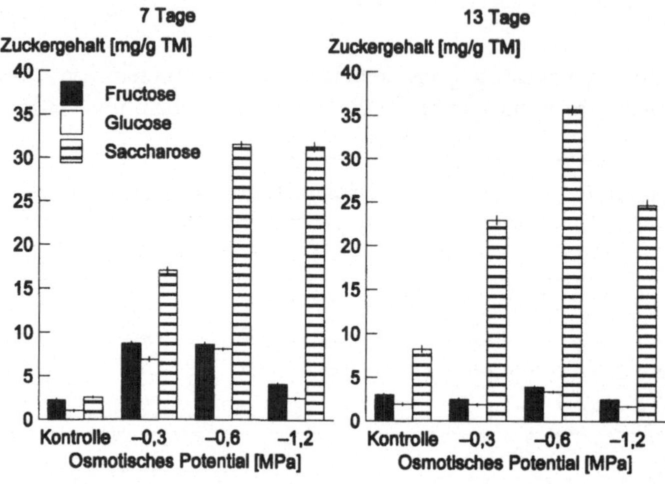

Abb. 1. Änderungen der Gehalte von Fructose, Glucose und Saccharose in den Wurzeln von *Agrostis stolonifera* in Abhängigkeit von der Streßstärke nach sieben- und 13tägiger PEG-Applikation.

Die Fructose- und Glucosegehalte zeigten einen anderen Verlauf. Während sie nach sieben Tagen unter sehr mildem und mildem Streß erhöht waren und unter mittlerem Streß wieder abfielen, blieben sie nach 13 Tagen unabhängig von der Streßstärke auf einem relativ niedrigen Niveau.

Auch bei *Phalaris arundinacea* war die Saccharose vorherrschend und stieg unter Streß am stärksten an (Abb. 2). Die Abnahme des Saccharosegehaltes unter dem Einfluß von -1,2 MPa wurde ebenfalls gemessen. Zur ersten Probennahme nach sieben Tagen waren jedoch die Veränderungen im Gehalt der einzelnen Zucker noch nicht so ausgeprägt wie bei *Agrostis stolonifera* und erreichten erst nach 13 Tagen einen vergleichbaren Umfang. Neben Fructose, Glucose und Saccharose wurden in den Wurzeln von *Phalaris arundinacea* unter mildem und mittlerem Streß zwei weitere Verbindungen mit dem Refraktometer nachgewiesen. Ihre Identität konnte noch nicht geklärt werden.

Von löslichen Zuckern ist bekannt, daß sie unter Trockenstreß ebenso wie anorganische Ionen, organische Anionen, Aminosäuren und quarternäre Ammoniumverbindungen akkumuliert werden und zur Osmoregulation beitragen. Als Ursache kommt sowohl eine generelle Anreicherung ungenutzter Assimilate als auch ein unspezifischer Aufbau von importierten Vorstufen aufgrund der Wachstumshemmung in Frage (HANSON und HITZ 1982). TEULAT *et al.* (1997) stellten bei vergleichenden Untersuchungen mit verschiedenen Genotypen zweier Getreidearten darüber hinaus eine positive Korrelation zwischen der Trockentoleranz und dem Ausmaß der Zuckerakkumulation fest. Der Saccharose kommt unter den nachgewiesenen Zuckern eine besondere Bedeutung zu. Ihre Dominanz zeigte sich z. B. auch bei MARSCHALL *et al.* (1998) und GHASEMPOUR *et al.* (1998). Der relative Abfall vor allem des Saccharose-Gehaltes unter dem Einfluß von –1,2 MPa dürfte auf eine starke Schädigung und Überforderung des Stoffwechsels im Zuge der Streßabwehr zurückzuführen sein.

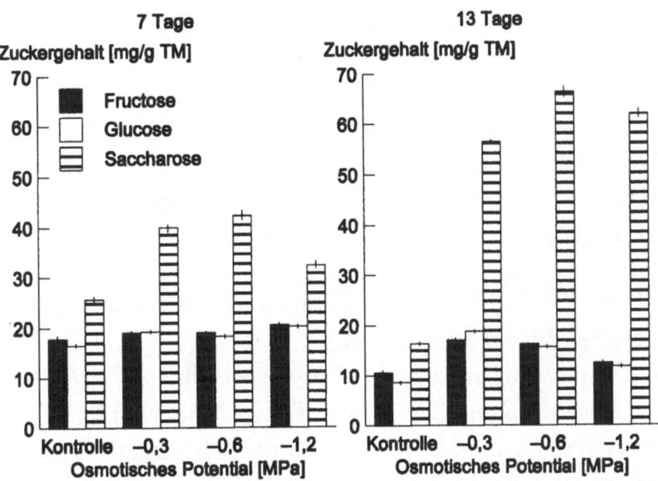

Abb. 2. Änderungen der Gehalte von Fructose, Glucose und Saccharose in den Wurzeln von *Phalaris arundinacea* in Abhängigkeit von der Streßstärke nach sieben- und 13tägiger PEG-Applikation.

Die Ergebnisse legen nahe, daß bei den beiden Pflanzenarten unterschiedliche Strategien der Streßbewältigung vorliegen: *Agrostis stolonifera* akkumulierte in den Wurzeln zwar in einem beachtlichen, aber vergleichsweise geringen Umfang Prolin, reagierte dafür jedoch relativ schnell mit einer starken Veränderung der Zuckergehalte. Im Gegensatz dazu war der Prolingehalt in den Wurzeln von *Phalaris arundinacea* vergleichsweise stark erhöht, die Veränderungen im Zuckermuster setzten aber verzögert ein. Insgesamt war die starke Prolin- und Zuckerakkumulation bei beiden Arten schon bei relativ niedrigen Streßstärken zu beobachten. Das dürfte ein Indiz dafür sein, daß eine limitierte Wasserverfügbarkeit ihres Standortes die Vitalität und damit die Konkurrenzkraft der Pflanzen stark beeinträchtigt.

Die Befunde bestätigen zwar die häufige Beobachtung einer Prolin- und Zuckerakkumulation während des Wasserdefizits, sie zeigen jedoch auch, daß sich allein aus deren Umfang keine Aussage zur Trockentoleranz einer Pflanzenart ableiten läßt.

Literaturverzeichnis

BALL, G. F. M., 1990: The application of HPLC to the determination of low molecular weight sugars and polyhydric alcohols in foods: a review. *Food Chemistry* **35**, 117-152.

BATES, L. S.; WALDREN, R. P.; TEARE, J. D., 1973: Rapid determination of free proline for water stress studies. *Plant and Soil* **39**, 205-207.

BUSZEWSKI, B.; LODKOWSKI, R., 1991: Isolation and determination of sugars in *Nicotiana tabacum* on aminopropyl chemically bonded phase using SPE and HPLC. *Journal of Liquid Chromatography* **14**, 1185-1201.

GHASEMPOUR, H. R.; GAFF, D. F.; WILLIAMS, R. P. W.; GIANELLO, R. D., 1998: Contents of sugars in leaves of drying desiccation tolerant flowering plants, particularly grasses. *Plant Growth Regulation* **24**, 185-191.

GZIK, A., 1996: Accumulation of proline and pattern of α-amino acids in sugar beet plants in response to osmotic, water and salt stress. *Environmental and Experimental Botany* **36**, 29-38.

HANSON, A. D.; HITZ, W. D., 1982: Metabolic responses of mesophytes to plant water deficits. *Annual Review of Plant Physiology* **33**, 163-203.

KLAUS, S.; GZIK, A., 1997: Aminosäuremuster in Wurzeln von *Agrostis stolonifera* L. In: *Rhizosphärenprozesse, Umweltstreß und Ökosystemstabilität. 7. Borkheider Seminar zur Ökophysiologie des Wurzelraumes*. Hrsg.: W. Merbach. Stuttgart, Leipzig: B. G. Teubner Verlagsgesellschaft, 129-134.

LOPEZ-HERNANDEZ, J.; GONZÁLEZ-CASTRO, M. J.; VAZQUEZ-BLANCO, M. E.; VAZQUEZ-ODERIZ, M. L.; SIMAL-LOZANO, J., 1994: HPLC determination of sugars and starch in green beans. *Journal of Food Science* **59**, 1048-1049.

MARSCHALL, M.; PROCTOR, M. C. F.; SMIRNOFF, N.: Carbohydrate composition and invertase activity of the leafy liverwort *Porella platyphylla*. *New Phytologist* **138**, 343-353.

SHAH, K.; DUBEY, R. S., 1998: Effect of cadmium on proline accumulation and ribonuclease activity in rice seedlings: role of proline as a possible enzyme protectorant. *Biologia Plantarum* **40**, 121-130.

SHEVJAKOVA, N. I., 1983: Metabolizm i fiziologicheskaja rol" prolina v rastenijakh pri vodnom i solevom stresse. obzor. *Fiziologija rastenijj*, **30**, 768-783.

SUNDARESAN, S.; SUDHAKARAN, P. R., 1995: Water stress-induced alterations in the proline metabolism of drought-susceptible and -tolerant cassava (*Manihot esculenta*) cultivars. *Physiologia Plantarum* **94**, 635-642.

TEULAT, B.; REKIKA, D.; NACHIT, M. M.; MONNEVEUX, P., 1997: Comparative osmotic adjustments in barley and tetraploid wheats. *Plant Breeding* **116**, 519-523.

Stoffumsatz im wurzelnahen Raum.
9. Borkheider Seminar zur Ökophysiologie des Wurzelraumes.
Hrsg.: W. MERBACH, L. WITTENMAYER und J. AUGUSTIN
B. G. Teubner Stuttgart · Leipzig 1999, S. 19–25.

Die Reaktion von Fichtenwurzeln auf Aluminium-Behandlung in Hydrokultur

Alexander HEIM*, Jörg LUSTER*, Ivano BRUNNER* und Emmanuel FROSSARD[‡]

*Eidgenössische Forschungsanstalt für Wald, Schnee und Landschaft, CH-8903 Birmensdorf; [‡]Institut für Pflanzenwissenschaften, Eidgenössische TH Zürich, Versuchsstation Eschikon, Eschikon 33, CH-8315 Lindau

Abstract

The mechanisms which lead to aluminium tolerance of forest trees are largely unknown. Three years old mycorrhizal Norway spruce trees were treated for one week with 0,5 mM $AlCl_3$ or $CaCl_2$ solutions at pH 4. Different mechanisms were checked for their role in protecting the plants from toxic concentrations of Al^{3+}. At the beginning of the treatments, a rapid cation exchange occurred at the root surface where Al^{3+} displaced adsorbed nutrient cations. A sequential extraction at the end of the treatments revealed, however, that part of the Al was bound in a non-exchangeable but acid soluble form. Al treatment did not increase total carbon released into solution. The only strongly complexing organic acid found in solution was oxalic acid which, however, was present only in micromolar amounts. Nitrate reductase activity did not differ between the treatments.

If Al was present at high concentrations in the solution, the formation of high molecular structures consisting of several Al atoms with inorganic and phenolic ligands could be observed. However, since the total release of phenolics was not enhanced by Al treatment, this process probably is not actively controlled by the plant but rather represents a passive protection.

Einleitung

In sauren Böden können durch Abpufferung von Protonen an Al-haltigen Mineralen Al^{3+}-Ionen[1] in hohen Konzentrationen in der Bodenlösung auftreten. Freies Aluminium ist toxisch für Pflanzen, da es das Wurzelwachstum hemmt und die Nährstoffaufnahme beeinträchtigt. An Al-toleranten Varietäten von Mais und Weizen konnte

---

[1] In dieser Arbeit als Al bezeichnet.

gezeigt werden, daß die Fähigkeit zur Ausscheidung organischer Säuren, welche starke Komplexe mit Aluminium bilden, für die Toleranz verantwortlich ist. Über die Toleranzmechanismen von Bäumen ist noch sehr wenig bekannt. Es kann jedoch angenommen werden, daß Arten wie die Fichte [*Picea abies* (L.) Karst.], welche natürlicherweise auf sauren Standorten vorkommt, einen Toleranzmechanismus besitzen. Das Ziel dieser Arbeit war deshalb, die Bedeutung verschiedener möglicher Toleranzmechanismen bei Fichten zu testen.

Material und Methoden

Als Versuchspflanzen dienten drei Jahre im Pflanzgarten und ein halbes Jahr in Töpfen in einem Substrat aus Torf und Holzschnitzeln herangezogene mykorrhizierte Fichten. Letzteres führte zur Bildung einiger nichtmykorrhizierter Langwurzeln. Für die Behandlung wurden die Pflanzen aus den Töpfen genommen und das Wurzelsystem unter einer Brause von anhaftendem Substrat gereinigt. Um Carbonat aus dem anhaftenden Leitungswasser zu entfernen, wurde das Wurzelsystem für 10 min in verdünnter HCl bei pH 4 gebadet. Die Pflanzen wurden dann in einen 250-ml-Erlenmeyerkolben gegeben und 250 ml der Behandlungslösung zugegeben. Die Behandlungslösung enthielt 0,5 mM $AlCl_3$. Als Kontrolle wurde 0,5 mM $CaCl_2$ verwendet. Für jede der beiden Behandlungen wurden drei Wiederholungen durchgeführt. Der pH-Wert wurde mit HCl auf 4 eingestellt und durch einen Titroprozessor stets $\leq$ 4 gehalten. Über eine Glasfritte wurde das System mit einer Schlauchquetschpumpe belüftet.

Die Versuchsdauer betrug eine Woche, welche in drei Durchgänge zu zwei, zwei und drei Tagen unterteilt wurde, nach denen jeweils die Behandlungslösung komplett durch frische Lösung ersetzt wurde. Während der ersten beiden Durchgänge erfolgte die Beprobung dreimal täglich, im dritten einmal täglich. Darüber hinaus wurde zu Beginn eines jeden Durchgangs eine Startprobe entnommen. Das Probenvolumen betrug jeweils 10 ml, die durch steriles destilliertes Wasser ersetzt wurden. In diesen Proben wurden Kationen mit Kapillarelektrophorese (GÖTTLEIN und BLASEK 1996), gelöster organischer Kohlenstoff mit dem TOC-Analyzer TOC-500 (Shimadzu) und Gesamtphenole kolorimetrisch nach SWAIN und HILLIS (1959) bestimmt. Am Ende jedes Durchganges wurde das gesamte verbliebene Lösungsvolumen aufbewahrt. 40 ml dieser Lösungen wurden gefriergetrocknet und in 1 ml Millipore-Wasser wieder gelöst. Chlorid wurde durch Schütteln mit einem Ag^+-belegten Kationentauscher entfernt, und Oxalat wurde an der Kapillarelektrophorese mit der Anionenmethode von GÖTTLEIN und BLASEK (1996) bestimmt.

Weitere 12 ml der Lösungen wurden in der Zentrifuge über ein 1-kDa-Filter

(Macrosep centrifugal concentrator, Pall Filtron, USA) bei 5000 U/min für etwa 2,5 h filtriert. In Retentat und Filtrat wurde gelöster Kohlenstoff bestimmt und eine Al-Speziierung durchgeführt. Die Al-Speziierung wurde mit Fließinjektion (FIA) durchgeführt. Dabei wurden das säurereaktive Al (DRISCOLL 1984, ROYSET 1987) und das komplexierungslabile Al (CLARKE *et al.* 1992) bestimmt. Von einzelnen Proben wurde ein Fluoreszenzspektrum aufgenommen, welches Hinweise auf die Komplexierung von Al durch Phenole geben kann (LUSTER *et al.* 1996).

An den Wurzeln wurde eine zweistufige sequentielle Extraktion durchgeführt, wobei zunächst 100 mg frische Wurzeln mit 10 ml 1 M NH_4Cl während 30 min extrahiert wurden. Um Verschleppungen der dabei ausgetauschten Ionen in den nächsten Extrakt zu verhindern, wurden die Wurzeln anschließend ein weiteres Mal mit NH_4Cl gespült. In einem zweiten Extraktionsschritt wurden 10 ml 0,01 M HCl zugegeben und die Wurzeln erneut 30 min extrahiert. In beiden Lösungen wurden die Elementgehalte mit ICP-AES bestimmt.

Zur Bestimmung der Nitratreduktaseaktivität wurden die Wurzeln sofort bei der Ernte in flüssigem N_2 eingefroren und dann bei –80 °C bis zur Analyse gelagert. 100 mg Wurzeln wurden in 1,4 ml Phosphatpuffer (*p*H 7,5, 1 % Propanol, 0,06 % Ampicillin) für 3 h bei Zimmertemperatur mit 0,1 ml 2,76 mM KNO_3 inkubiert. Das entstehende NO_2^- wurde kolorimetrisch bestimmt: 500 µl der Probelösung wurden mit je 250 µl 0,1 % Sulfanilamid und 0,02 % *N*-Naphthylethylendiamin gemischt und die Extinktion bei 546 nm nach 30 min gemessen und mit Nitritstandards geeicht.

Ergebnisse und Diskussion

Prozesse an der Wurzeloberfläche

In den Al-Behandlungslösungen war ein sehr schneller Rückgang des freien Al zu beobachten (Abb.1). Dieser Vorgang war am stärksten im ersten Behandlungsdurchgang ausgeprägt, als die Pflanze zum ersten Mal mit der Al-Lösung in Kontakt kam. Aber auch in den beiden folgenden Durchgängen konnte dieser Prozeß beobachtet werden; er war dort jedoch etwas abgeschwächt. Das gleichzeitige Auftreten von Nährlösungskationen in der Behandlungslösung deutet darauf hin, daß es sich hierbei um einen Austauschprozeß an der Wurzeloberfläche handelt. Zu Beginn der Behandlung sind die Austauscherplätze nahezu vollständig mit Nährstoffkationen belegt, welche schwächer gebunden werden als das dreiwertige Al-Ion. Daher wird durch das plötzliche Al-Angebot eine große Menge Nährstoffkationen von der Wurzel verdrängt. Wenn die Lösung nun nach zwei Tagen durch frische Behandlungslösung ersetzt wird, sind die Austauscherplätze an der Wurzeloberfläche bereits zu einem Teil mit Al belegt, und es können nur wenige zusätzliche Al-Ionen adsorbiert werden, so daß die Konzentration in der Lösung weniger stark zurückgeht.

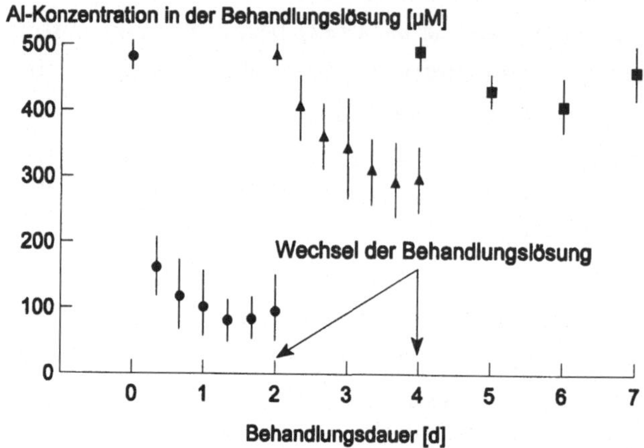

Abb. 1. Al^{3+}-Konzentrationen in den Al-Behandlungslösungen; Durchgang 1: ●, 2: ▲ , 3:■

Die sequentielle Extraktion der Wurzeln zeigte, daß am Ende der Behandlung nur ein Teil des Aluminiums an der Wurzeloberfläche austauschbar gebunden war (Tab. 1). Eine etwa

Tab. 1. Extrahierbares Aluminium [µmol/g Frischmasse] in einer sequentiellen Extraktion frischer Wurzeln.

Schritt	Extraktionsmittel	Behandlung	
		0,05 mM $CaCl_2$	0,05 mM $AlCl_3$
1	1 M NH_4Cl	1,9 ± 2,7	23,0 ± 3,0
2	0,01 M HCl	1,3 ± 1,2	20,2 ± 11,7

gleich große Menge war nicht mit NH_4Cl austauschbar, konnte jedoch mit 0,01 M HCl extrahiert werden. Dabei kann es sich um Aluminium handeln, das als Hydroxid ausgefällt wurde oder das an starke organische Liganden gebunden ist.

Freisetzung organischer Substanz

Die Ergebnisse von Arbeiten an Getreidepflanzen (DELHAIZE *et al.* 1993, PELLET *et al.* 1995) lassen auch bei Fichten eine Detoxifizierung von Al durch Ausscheidung komplexierender organischer Substanzen möglich erscheinen. Die Behandlung von Fichten mit Al führte jedoch nicht zu einer Erhöhung des freigesetzten Kohlenstoffs gegenüber der Ca-behandelten Kontrolle (Tab. 2). Da sich jedoch die Zusammensetzung der freigesetzten organischen Substanzen geändert haben könnte, wurden die Lösungen noch genauer auf mögliche Komplexbildner untersucht. Dazu gehören vor allem organische Säuren (HUE *et al.* 1986) und phenolische Verbindungen. Von den möglichen komplexbildenden organischen Säuren war nur Oxalat in meßbaren Konzentrationen in der Lösung vorhanden. Im zweiten und dritten Durchgang schien Al-Behandlung die Freisetzung von Oxalat in die Behandlungslösung zu bewirken (Tab. 2).

Tab. 2. Freisetzung von Gesamt-C und Oxalat in die Nährlösung.

Freisetzung	Durch-gang	Behandlung	
		0,05 mM $CaCl_2$	0,5 mM $AlCl_3$
Gesamt-C [µmol/g	1	5,4 ± 1,0	3,3 ± 0,6
Frischmasse]	2	1,7 ± 0,3	1,2 ± 0,2
	3	1,2 ± 0,3	1,2 ± 0,3
Oxalat [nmol/g	1	6,2 ± 4,7	n. n.*
Frischmasse]	2	n. n.	16,6 ± 4,3
	3	n. n.	44,2 ± 18,9

*): n. n. — nicht nachweisbar

Im ersten Durchgang war dagegen nur in der Kontrolle Oxalat zu finden. Jedoch kann dabei auch der Behandlungsschock einen Einfluß haben, so daß dieses Ergebnis nicht allein auf die Zusammensetzung der Behandlungslösung zurückgeführt werden kann und daher nicht überbewertet werden darf. In allen Fällen ist aber festzuhalten, daß die gemessenen Oxalatkonzentrationen viel zu niedrig waren, um einen wirkungsvollen Schutz gegen die angebotenen Al-Konzentrationen zu bieten.

Phenolische Substanzen wurden als Summenparameter bestimmt. Eine Identifizierung von Einzelsubstanzen war noch nicht möglich. Die Gesamtsumme ausgeschiedener Phenole wurde durch Al-Behandlung nicht erhöht.

Nitratreduktaseaktivität

Durch den Protonenverbrauch bei der Nitratassimilation kann die Pflanze lokal den pH-Wert erhöhen. Freies Aluminium könnte dabei durch Ausfällung als Hydroxid unschädlich gemacht werden. Die Nitratreduktaseaktivität variierte sehr stark zwischen den Pflanzen, aber ein Einfluß der Behandlung war nicht erkennbar (Tab. 3).

Tab. 3. Nitratreduktaseaktivität [nmol NO_2^-/(h · g Frischmasse) der Fichtenwurzeln.

Behandlung	
0,5 mM $CaCl_2$	0,5 mM $AlCl_3$
23,0 ± 14,0	22,7 ± 11,7

Passiver Schutz durch Kondensation von Al mit phenolischen Substanzen

Aus den Konzentrationen im Retentat und Filtrat wurde berechnet, welcher Anteil des Al und Kohlenstoffs jeweils zur hochmolekularen Fraktion gehört (Tab. 4).

Tab. 4. Anteil des Al und C in hochmolekularer Fraktion am Gesamtgehalt.

Durch-gang	C-Gehalt [μM]		säureaktives Al [%]	labiles Al [%]
	0,05 mM Ca	0,05 mM Al		
1	779 ± 127	244 ± 87	4,7 ± 1,2	49 ± 28
2	134 ± 61	49 ± 35	40,7 ± 14,8	90 ± 12
3	86 ± 47	49 ± 17	89,6 ± 0,8	87 ± 5

Der Anteil hochmolekularen Aluminiums nahm während der Versuchsdauer von Durchgang 1 bis Durchgang 3 zu. Der C-Anteil in der hochmolekularen Fraktion reichte nicht aus, um all dieses Aluminium komplex zu binden. Es kann sich also bei diesem Aluminium nicht einfach um einzelne Ionen handeln, welche durch große organische Moleküle komplexiert werden. Vielmehr muß angenommen werden, daß das Al mit anorganischen Liganden hochmolekulare Kondensations-produkte bildet. Die Fluoreszenzspektroskopie zeigte jedoch einen deutlichen Peak für phenolisch komplexiertes Aluminium, was darauf hindeutet, daß phenolische Liganden ebenfalls an der Bildung dieser Kondensationsprodukte beteiligt sind. Ein weiterer Hinweis darauf ergab sich aus der Al-Speziierung mittels Fließinjektion. Dabei erwies sich nahezu alles Aluminium als labil (Tab. 4). Würde es sich bei dem Kondensationsprodukt um echtes polynukleares Al handeln, so sollte es sich bei der Speziierung nicht wie labiles, sondern wie inertes Al verhalten. Da dies nicht der Fall war, können die einzelnen Aluminiumatome nur über kinetisch instabile Liganden verknüpft sein. Phenolisch komplexiertes Al verhält sich bei der verwendeten Methode labil, wie frühere Versuche gezeigt haben (LUSTER, unver-öffentlichte Daten). Da aber kein Anstieg der Phenolausscheidung in den Al-Be-handlungen beobachtet wurde, handelt es sich bei diesen Kondensationsprozeß wahrscheinlich nicht um eine von der Pflanze aktiv steuerbare Abwehrreaktion, sondern möglicherweise um einen passiven Schutz, an dem die abgegebenen phenolischen Verbindungen beteiligt sind.

Schlußfolgerungen

Als mögliche Mechanismen für die Entgiftung freien Aluminiums in dem verwen-deten System kommen Oxalatausscheidung, Oberflächenadsorption oder die

Kondensierung von Aluminium mit phenolischen Liganden in Frage. Die Oxalat-konzentrationen sind zu niedrig, um hohe Konzentrationen an Aluminium komplexieren zu können. Welche Rolle das an der Oberfläche nichtaustauschbar gebundene Aluminium spielt, muß in weiteren Experimenten geklärt werden.

Auch wenn phenolische Verbindungen nicht als aktive Reaktion der Pflanze auf Al-Behandlung ausgeschieden werden, können sie durch Kondensation mit Al zu einem passiven Schutz führen.

Dank

Das Projekt wird durch den Schweizer Nationalfond zur Förderung der Wissenschaft finanziert (31-47277.96).

Literaturverzeichnis

CLARKE, N.; DANIELSSON, L. G.; SPARÉN, A., 1992: The determination of quickly reacting aluminium in natural waters by kinetic discrimination in a flow system. *International Journal of Environmental Analytical Chemistry* **48**, 77–100.

DELHAIZE, E.; RYAN, P. R.; RANDALL, P. J., 1993: Aluminum tolerance in wheat (*Triticum aestivum* L.). II. Aluminum-stimulated excretion of malic acid from root apices. *Plant Physiology* **103**, 695–702.

DRISCOLL, C. T., 1984: A procedure for the fractionation of aqueous aluminum in dilute acidic waters. *International Journal of Environmental Analytical Chemistry* **16**, 267.

GÖTTLEIN, A.; BLASEK, R., 1996: Analysis of small volumes of soil solution by capillary electrophoresis. *Soil Science* **161**, 705–715.

HUE, N. V.; CRADDOCK, G. R.; ADAMS, F., 1986: Effect of organic acids on aluminum toxicity in subsoils. *Soil Science Society of America Journal* **50**, 28–34.

LUSTER, J.; FRY, I. V.; LLOYD, T.; SPOSITO, G., 1996: Multi-wavelength molecular fluorescence spectrometry for quantitative characterization of copper(II) and aluminum(III) complexation by dissolved organic matter. *Environmental Science and Technology* **30**, 1565–1574.

PELLET, D. M.; GRUNES, L. D.; KOCHIAN, L. V., 1995: Organic acid exudation as an aluminum-tolerance mechanism in maize (*Zea mays* L.). *Planta* **196**, 788–795.

ROYSET, O., 1987: Flow injection spectrophotometric determination of aluminium in natural water using eriochrome cyanine R and cationic surfactants. *Analytical Chemistry* **59**, 899–903.

SWAIN, T.; HILLIS, W. E., 1959: The phenolic constituents of *Prunus domestica*. I. The quantitative analysis of phenolic constituents. *Journal of the Science of Food and Agriculture* **10**, 63–68.

2

Stoffumsatz und Stoffaufnahme durch Pflanzenwurzeln

Stoffumsatz im wurzelnahen Raum.
9. Borkheider Seminar zur Ökophysiologie des Wurzelraumes.
Hrsg.: W. Merbach, L. Wittenmayer und J. Augustin
B. G. Teubner Stuttgart · Leipzig 1999, S. 29-35.

Eiseninaktivierung und Eisenmobilisierung im Wurzelapoplasten von *Helianthus annuus* und *Zea mays*

Jaber Masalha[1], Harald U. Kosegarten und Konrad Mengel
Institut für Pflanzenernährung der Justus-Liebig-Universität Gießen, Südanlage 6, D-35390 Gießen

Abstract

The inactivation of Fe under alkaline conditions as found in soil solutions of calcareous soils was investigated in the root apoplast of *Helianthus annuus* and *Zea mays* by two experimental treatments: i) calcareous soils and ii) NO_3^- (with and without bicarbonate). The concentrations of Fe in the roots were determined and Fe deficiency symptoms were monitored.

In both species, the Fe was inactivated in the root apoplast and high concentrations of Fe were found in the roots. Accordingly, translocation of Fe into the shoot was restricted and the leaves became chlorotic. The Fe in the roots could be mobilized by i) chemical reduction (dithionite treatment) and by ii) transfer of plants into NH_4NO_3 nutrient solutions of low pH. The chlorotic leaves turned green after the latter treatment. On the other hand, at low soil pH or if NH_4NO_3 was added to the nutrient solution, the concentration of Fe in the root and in the root apoplast was low. The respective plants had green leaves with higher concentrations of Fe than the chlorotic leaves.

Under sterile soil conditions, plants show Fe-deficiency symptoms associated with low Fe concentrations in the leaf and in the root. Thus, siderophores appear to be essential for the transport of Fe to the root. In the natural habitat on calcareous soils, high amounts of Fe are trapped in the root apoplast. Fe siderophores seem to be transported to the root apoplast, and then Fe may be inactivated at alkaline apoplastic pH. As Fe in the root apoplast could be mobilized at low external pH, this pool of Fe can be regarded as a dynamic store.

---

[1] neue Adresse: Lehrstuhl für Pflanzenernährung der Technischen Universität München, D-85350 Freising-Weihenstephan.

Einleitung

Eisenchlorose bei Pflanzen ist eine weltweit verbreitete Ernährungsstörung und tritt insbesondere auf Kalkstandorten auf (*lime-induced chlorosis*). Charakteristisch für Pflanzen auf karbonathaltigen Böden sind chlorotische Blätter mit gleich hohen oder sogar höheren Eisenkonzentrationen als in grünen Pflanzen (z. B. CARTER 1980, MENGEL und MALISSIOVAS 1981, MENGEL *et al.* 1984). Interessanterweise sind die Eisenkonzentrationen auch in den Wurzeln sehr hoch und liegen um ein Mehrfaches höher als in den Blättern (MENGEL 1995). Nach unseren Vorstellungen liegt das Eisen vermutlich im Apoplasten in Blatt und Wurzel inaktiviert vor. Nach der Hypothese von MENGEL (1995) sind es hohe apoplastische pH-Werte, die die Fe^{III}-Reduktion am Plasmalemma sowohl im Blatt (KOSEGARTEN 1997) als auch in der Wurzel hemmen und damit die Aufnahme von Fe^{2+} in die Zelle. Letzterer Vorgang bedarf noch experimenteller Bestätigung. Hohe apoplastische pH-Werte konnten unter simulierten Bedingungen der Bodenlösung von Karbonatböden (NO_3^-/HCO_3^-) nachgewiesen werden (ESCH und KOSEGARTEN 1998). Eine Fe-Akkumulation im Wurzelapoplasten ist beispielsweise möglich, wenn mehr Fe^{III}-Siderophore zur Wurzel herantransportiert wird, als hier Fe^{III} bei hohen pH-Werten reduziert werden kann. Es könnte dann zur Ausfällung von Fe^{III}-Hydroxid oder zur Fixierung von Fe^{III} an der negativen Festladung der Zellwand kommen.

In der vorliegenden Arbeit sollte bei *Helianthus annuus* L. und *Zea mays* L. sowohl in Nährlösungsversuchen bei alkalischer Ernährung (NO_3^-, NO_3^-/ HCO_3^-) als auch nach Anzucht auf einem Karbonatboden die Eiseninaktivierung in der Wurzel und die Mobilisierbarkeit des Eisens untersucht werden. Die Mobilisierbarkeit wurde durch Zusatz eines Reduktionsmittels wie auch durch Überführung in eine Nährlösung mit niedrigem pH-Wert (NH_4NO_3-Ernährung) getestet. In einem abschließenden Sterilversuch wird die Bedeutung der mikrobiellen Siderophore für die Eisenaneignung der Wurzel untersucht.

Material und Methoden

Nährlösungsversuche zur Eiseninaktivierung in der Wurzel und Chloroseinduktion

Die Nährlösungsvarianten wurden in die N-Ernährungsformen NH_4NO_3 (Kontrolle) und Nitrat (mit und ohne Zusatz von Bikarbonat) unterteilt. Die Herstellung der Nährlösung erfolgte in Anlehnung an KOSEGARTEN *et al.* (1998b). Die Pflanzenanzucht erstreckte sich über einen Zeitraum von 16 Tagen. Die Chlorophyllbestimmung der jüngsten Blätter erfolgte nach ARNON (1949) und die Bestimmung des

Eisens in Blättern und Wurzeln nach der Methode von RosoPULO *et al.* (1976). Nach der Methode von BIENFAIT *et al.* (1985) wurde durch Zusatz von Dithionit die Mobilisierbarkeit des Eisens in der Wurzel untersucht; das hierdurch mobilisierte Eisen wurde als apoplastisches Fe definiert.

Mobilisierung von inaktiviertem Eisen in der Wurzel durch Transfer auf ein Medium mit niedrigem pH

Zunächst wurden die Pflanzen 30 Tage im Boden angezogen. Als Versuchsböden dienten ein saurer (pH 4,8) Torfboden (Kontrolle: Hochmoorboden, Oldenburg, Niedersachsen) und ein Karbonatboden (pH 7,6, Rendzina, Alzey, Hessen) aus einer Bodentiefe von 0–30 cm. Dann wurden die Pflanzen auf die verschiedenen Nährlösungsvarianten (NH_4NO_3, NO_3^-/HCO_3^-) ohne Zusatz von Eisen überführt, um die Mobilisierbarkeit von inaktiviertem Eisen in der Wurzel bei niedrigen pH-Werten in der Nährlösung (NH_4NO_3) zu studieren. Nach einer Anzucht von 14 Tagen in der Nährlösung wurden die Pflanzen geerntet und dann auf Gesamteisen, apoplastisches Eisen und Chlorophyll analysiert.

Sterilversuch

Für den Sterilversuch wurde ein Lößlehm (pH 6,4, Kleinlinden, Hessen) aus 30–60 cm Tiefe verwendet. Nach Autoklavieren (dreimal im Abstand von zwei Tagen) wurden in den sterilen Boden oberflächensterilisierte Samen eingesetzt und die Pflanzen ebenfalls über einen Zeitraum von 30 Tagen angezogen.

Ergebnisse

In Tab. 1 ist bei einer Eisenkonzentration von 20 µM in der Nährlösung exemplarisch die Eisenverteilung bei *Helianthus* und *Zea* zwischen Wurzeln und Blättern sowie die Chlorophyllkonzentration der Blätter in Abhängigkeit von der N-Ernährung sowie dem Zusatz von Bikarbonat dargestellt.

Bei beiden Pflanzenarten waren bei alkalischer Ernährung (NO_3^- sowie NO_3^-/HCO_3^-) die Chlorophyllkonzentrationen in den Blättern erniedrigt, und die Pflanzen zeigten z. T. stark chlorotische Symptome. Die Eisenkonzentrationen in der Wurzel waren bei alkalischer Ernährung deutlich gegenüber den Kontrollpflanzen (NH_4NO_3) erhöht. Durch Zusatz von Dithionit konnten nach einem Zeitraum von etwa zehn Minuten bis zu 90 % dieses Eisens nach erfolgter Reduktion wieder freigesetzt werden (apoplastisches Eisen, Daten nicht gezeigt). Die gehemmte Eisenverlagerung bei alkalischer Ernährung in den Sproß wird durch die niedrigen

Eisenkonzentrationen in den Blättern angezeigt.

Tab. 1. Einfluß unterschiedlicher N-Ernährung und die Wirkung von Bikarbonat auf die Eisenkonzentration in Blättern und Wurzeln und die Chlorophyllkonzentration bei *Helianthus* und *Zea*; Mittelwerte von vier Wiederholungen (± SD).

Pflanzen-art	Behandlung	Eisenkonzentration [µg/g TM]		Chlorophyllkonzen-tration [µg/g FM]
		Wurzel	Blätter	
Helianthus	NH_4NO_3	330 ± 60	170 ± 10	1580 ± 50
annuus	NO_3^-	857 ± 165	59 ± 4	1320 ± 110
	NO_3^-/HCO_3^-	871 ± 89	11 ± 3	300 ± 30
Zea mays	NH_4NO_3	143 ± 14	89 ± 9	2200 ± 500
	NO_3^-	379 ± 123	50 ± 3	663 ± 218
	NO_3^-/HCO_3^-	410 ± 40	40 ± 4	669 ± 193

Tab. 2. Einfluß von NH_4NO_3 und NO_3^-/HCO_3^- (Nährlösungskultur) nach Anzucht in Bodenkultur auf die Gesamt-Eisenkonzentration und apoplastische Eisenkonzentration in der Wurzel sowie auf die Chlorophyllkonzentration bei *Helianthus*; Mittelwerte von vier Wiederholungen (± SD).

Boden	nach Anzucht	Eisenkonzentration [µg/g TM]		Chlorophyllkonzen-tration [µg/g FM]
		Wurzel (gesamt)	Wurzelapoplast	
Carbonat-boden	im Boden	1358 ± 199	490 ± 100	1293 ± 153
	in Nährlösung			
	NH_4NO_3	250 ± 57	187 ± 10	1732 ± 118
	NO_3^-/HCO_3^-	610 ± 90	205 ± 50	403 ± 70
Moorbo-den	im Boden	385 ± 50	132 ± 10	1770 ± 280
	in Nährlösung			
	NH_4NO_3	194 ± 23	54 ± 11	466 ± 92
	NO_3^-/HCO_3^-	64 ± 18	14 ± 3	371 ± 18

Nach Anzucht der Pflanzen im Karbonatboden zeigten sowohl *Helianthus annuus* (Tab. 2) als auch *Zea mays* (Daten nicht gezeigt) erniedrigte Chlorophyllkonzentrationen, gepaart mit hohen Eisenkonzentrationen in der Wurzel, wobei nur ein Teil als apoplastisches Eisen charakterisiert werden konnte. Nach dem Nährlösungstransfer in NH_4NO_3 erfolgte eine Mobilisierung des bodenbürtigen Eisens in der Wurzel. Das bedeutet, es wurde vermehrt Eisen von der Wurzel in die Blätter verlagert. Innerhalb weniger Tage zeigte sich dementsprechend eine signifikante

Wiederergrünung der jüngsten Blätter. In NO_3^-/HCO_3^--Nährlösung war die Verlagerung von Eisen in den Sproß nicht so ausgeprägt, und die Pflanzen wurden deutlich chlorotisch. Die Pflanzen im sauren Hochmoorboden zeigten demgegenüber niedrige Eisenkonzentrationen in der Wurzel. Das bedeutet keine gehemmte Eisenverlagerung in das Blatt und dementsprechend auch keine Chlorosesymptome. Die anschließende Anzucht in der eisenfreien Nährlösung führte daher unabhängig von der N-Ernährungsform und dem Zusatz von Bikarbonat zu einem absoluten Fe-Mangel mit deutlichen Chlorosesymptomen in beiden Varianten.

In einem abschließenden Versuch wurde die Bedeutung der mikrobiellen Siderophore für die Eisenanlieferung zur Wurzel überprüft. Im Vergleich zu den natürlichen Bedingungen (*Helianthus:* 1748 ± 48; *Zea:* 2010 ± 300 µg Fe/g TM) waren die Eisenkonzentrationen in den Wurzeln unter sterilen Bedingungen (*Helianthus:* 248 ± 29; *Zea:* 885 ± 47 µg Fe/g TM) sehr stark erniedrigt, die Pflanzen z. T. intensiv chlorotisch und in ihrem Wachstum erheblich beeinträchtigt.

Diskussion

Die vorliegenden Untersuchungen haben die große Bedeutung der mikrobiellen Siderophore für die Eisenaneignung der höheren Pflanzenwurzel aufgezeigt, denn im sterilen Bodenmedium war gegenüber natürlichen Bedingungen die Eisenkonzentration in der Wurzel sowohl bei *Helianthus* wie auch bei *Zea* deutlich, und zwar auf ein Fünftel erniedrigt. Dieser wichtige Zusammenhang wurde bereits von CROWLEY *et al.* (1991) für Pflanzen sowohl aus der Strategie-1- als auch aus der Strategie-2-Gruppe hervorgehoben.

Tab. 2 zeigt, daß die Eisenanreicherung in der Wurzel unter natürlichen Bedingungen auf dem Karbonatboden hoch und auf dem organischen Böden gering ist, denn hier war der Eisengehalt deutlich niedriger (MASALHA 1998). Eine besonders hohe Eisenanreicherung ist auf Karbonatböden zu erwarten, denn es werden hier mehr Fe^{III}-Siderophore zur Wurzel herantransportiert, als Fe^{III} auf Grund der hohen pH-Werte im Wurzelapoplasten reduziert und damit aufgenommen werden kann. Wie kürzlich mittels EDAX-Analyse bei *Zea* gezeigt werden konnte, ist das Eisen unter diesen Bedingungen praktisch ausschließlich im Apoplasten der äußeren Zellschichten des Wurzelcortex lokalisiert. Bei Pflanzen, die in dem anmoorigen Boden angezogen wurden, konnten im Apoplasten nur Spuren an Eisen nachgewiesen werden (Daten nicht gezeigt).

Auch in den Nährlösungsexperimenten (Tab. 1) hat sich gezeigt, daß unter alkalischen Bedingungen sowohl bei *Helianthus* als auch bei *Zea* hohe Eisenkonzentrationen in der Wurzel auftreten. Nach der Methode von BIENFAIT (1985) konnte durch Zusatz von Dithionit, also durch Reduktion, bis zu 90 % des wurzelbürtigen Eisens innerhalb von zehn Minuten mobilisiert werden, was als apoplastisches Eisen definiert wird. Im Unterschied dazu konnte bei Pflanzen, die im Boden gewachsen waren, deutlich weniger mobilisiert werden (Tab. 2), was darauf hindeutet, daß das bodenbürtige Eisen wesentlich fester an der Zellwandmatrix gebunden ist.

Nach Umsetzen der zum Teil chlorotischen Pflanzen vom Karbonatboden in eine NH_4NO_3-Nährlösung wurde das apoplastische Fe der Wurzel mobilisiert und die Chlorophyllkonzentration in den Blättern stieg an. Unter NO_3^-/HCO_3^--Bedingungen wird deutlich weniger mobilisiert, und die Pflanzen zeigten am Ende der Nährlösungskultur eine deutliche Chlorose. Das mobilisierte Eisen unter NO_3^-/HCO_3^--Bedingungen dürfte symplastischer Natur sein (KOSEGARTEN *et al.* 1998a). Die Pflanzen auf dem anmoorigen Boden enthielten in ihren Wurzeln nur wenig Eisen (Tab. 2). Im Apoplasten konnte mittels EDAX praktisch kein Eisen nachgewiesen werden (Daten nicht gezeigt). Deshalb kam es nach Umsetzen in eine Fe-freie Nährlösung sowohl bei NH_4NO_3 wie bei NO_3^-/HCO_3^--Ernährung auf Grund eines absoluten Fe-Mangels zu einer starken Chlorose.

Offensichtlich ist also der Wurzelapoplast gerade bei Pflanzen, welche auf Karbonatböden wachsen, ein beachtenswerter Fe-Speicher und kann durch *p*H-Absenkung genutzt werden, wie auch aus Untersuchungen von MENGEL und GEURTZEN (1988) bei Mais hervorgeht. Dieser Befund hat große praktische Bedeutung. So dürfte das von SOMMER *et al.* (1996) entwickelte „Cultan"-Verfahren darauf beruhen, daß durch Absenken des *p*H-Wertes im Wurzelapoplasten die Fe^{III}-Reduktion wieder ermöglicht wird und auf diese Weise dann insbesondere bei mehrjährigen Kulturen die Fe-Chlorose behoben wird.

Literaturverzeichnis

ARNON, D. J., 1949: Copper enzymes in isolated chloroplasts. *Plant Physiology* **24**, 1–15.

BIENFAIT, H. F.; VAN DER BRIEL, W.; MESLAND-MUL, N. T., 1985: Free space iron pools in roots. Generation and mobilization. *Plant Physiology* **78**, 596–600.

CARTER, M. R., 1980: Association of cation and organic anion accumulation with iron chlorosis of scots pine on prairie soils. *Plant and Soil* **56**, 291–299.

CROWLEY, D. E.; WANG, Y. C.; REID, C. P. P.; SZANISZLO, P. J., 1991: Mechanism of iron acquisition from siderophores by microorganisms and plants. In: *Iron Nutrition and Interaction in Plants.* Hrsg.: Y. Chen, Y. Hadar. Dordrecht, The Netherlands: Kluwer Academic Publisher, 213–232.

ESCH, A.; KOSEGARTEN, H., 1998: Einfluß von Ammonium, Nitrat und Bikarbonat auf den *p*H im Wurzelapoplasten von *Zea mays* L. In: *Pflanzenernährung, Wurzelleistung und Exsudation. 8. Borkheider Seminar zur Ökophysiologie des Wurzelraumes.* Hrsg.: W. Merbach. Stuttgart, Leipzig: B. G. Teubner Verlagsgesellschaft, 87-94.

KOSEGARTEN, H., 1997: *Die Rolle des Apoplasten-pH für die Eiseninaktivierung im Blatt und deren Bedeutung für die Eisenchlorose.* Habilitationsschrift, FB Ernährungs- und Haushaltswissenschaften, Justus-Liebig-Universität Gießen.

KOSEGARTEN, H.; SCHWED, U.; WILSON, G. H.; MENGEL, K., 1998a: Comparative investigation on the susceptibility of faba bean (*Vicia faba* L.) and sunflower (*Helianthus annuus* L.) to Fe chlorosis. *Journal of Plant Nutrition* **21**, 1511-1528.

KOSEGARTEN, H.; WILSON, G. H.; ESCH, A., 1998b: The effect of nitrate nutrition on iron chlorosis and leaf growth in sunflower (*Helianthus annuus* L.). *European Journal of Agronomy* **8**, 283-292.

MASALHA, J., 1998: *Die Bedeutung des apoplastischen Fe der Wurzel als Eisenspeicher für die Pflanze.* Dissertation, FB Agrarwissenschaften und Umweltsicherung, Justus-Liebig-Universität Gießen.

MENGEL, K., 1995: Iron availability in plant tissues — Iron chlorosis on calcareous soils. In: *Iron Nutrition in Soils and Plants.* Hrsg.: J. Abadia. Dordrecht, The Netherlands: Kluwer Academic Publisher, 389-396.

MENGEL, K.; GEURTZEN, G., 1988: Relationship between iron chlorosis and alkalinity in *Zea mays. Physiologia Plantarum* **72**, 460-465.

MENGEL, K.; MALISSIOVAS, N., 1981: Bikarbonat als auslösender Faktor der Eisenchlorose bei der Weinrebe (*Vitis vinifera*). *Vitis* **20**, 235-243.

MENGEL, K.; BÜBL, W.; SCHERER, H.-W., 1984: Iron distribution in vine leaves with HCO_3-induced chlorosis. *Journal of Plant Nutrition* **7**, 715-724.

ROSOPULO, A.; HAHN, M.; STÄRK, H.; FIEDLER, J., 1976: Vergleich verschiedener Veraschungsmethoden für die naßchemische Bestimmung von Mengen- und Spurenelementen in Kulturpflanzen. *Landwirtschaftliche Forschung* **29**, 199-209.

SOMMER, K.; KATKAT, A. V.; BAGET-POMMES, D.; AL HAFEZ, M. S., 1996: Lime induced iron chlorosis in fruit trees prevented by the 'Cultan' system. In: *Proceedings of the 3rd International Symposium on Mineral Nutrition of Deciduous Fruit Trees.* Zaragoza, Spain.

Stoffumsatz im wurzelnahen Raum.
9. Borkheider Seminar zur Ökophysiologie des Wurzelraumes.
Hrsg.: W. MERBACH, L. WITTENMAYER und J. AUGUSTIN
B. G. Teubner Stuttgart · Leipzig 1999, S. 36–42.

Phosphateffizienz von vier Weizengenotypen (*Triticum aestivum* L.) des CIMMYT (Mexiko)

Komi EGLE*, Günther G. B. MANSKE[‡], Wilhelm RÖMER* und Paul L. G. VLEK[‡]

*Institut für Agrikulturchemie der Georg-August-Universität Göttingen, von-Siebold-Straße 6, D-37075 Göttingen; [‡]Zentrum für Entwicklungsforschung (ZEF) der Rheinischen Friedrich-Wilhelms-Universität Bonn, Walter-Felx-Straße 3, D-53113 Bonn

Abstract

The main objective of the experiment was to compare the phosphorus efficiency of three CIMMYT bred genotypes of wheat ('ChilWuh', 'BauKauz', and 'PgoSeri') with the old Mexican variety 'Curinda'. These four strains of wheat genotypes were cultivated in the field (sandy clay, 3.7 ppm Olsen P, in Mexico) at two P levels (0 and 80 kg P_2O_5/ha). All four genotypes responded positively to P fertilization. In comparison with P-0, the yield of P-80 was 78 % higher. The three new genotypes 'ChilWuh', 'BauKauz', 'PgoSeri' showed significantly higher yields when compared with the old variety 'Curinda'. The yield difference was 54 % at P-0 and 42 % at P-80. The higher yield was mainly due to a larger number of grains per ear, higher thousand grain weight (TGW) as well as a higher harvest index. The old variety 'Curinda' was superior with regard to the number of ears per unit area. As a result of this experiment, the new genotypes could be classified as P efficient. This high level of P efficiency is mainly due to a more effective P uptake, however, there was little change with respect to P utilisation between old and new varieties. The P uptake at harvest averaged 35 % and 24 % more as the old variety 'Curinda' at P-0 and P-80 respectively. These results show that at P-0 level, the morphology of the root system played a greater role when compared with conditions of higher P fertilization. Due to their higher root length density after flowering, the new varieties showed an improved P uptake even at P-0 fertilization levels, while at P-80, a higher P influx per unit root length played a more important role than root length density.

Einleitung

Phosphor (P) ist auf vielen Böden der Tropen und Subtropen einer der Wachstumsfaktoren, der am stärksten limitiert ist (OZANNE 1980), und zwar entweder aufgrund eines absoluten P-Mangels im Boden oder infolge einer Festlegung von P in Form von an Fe/Al-Oxiden adsorbierten Phosphaten oder schwerlöslichen Ca-Phosphaten. Infolgedessen sind große Gebiete in den Entwicklungsländern mit P unterversorgt (VLEK und KOCH 1992) oder ihre Böden haben eine ungünstige P-Dynamik (SOLTAN *et al.* 1993). Bei geringer Ausnutzung des gedüngten Phosphates und hohen Preisen für P-Düngemittel liegt in den Entwicklungsländern die P-Düngung meist auf einem niedrigen Niveau. Angesichts der starken Zunahme der Weltbevölkerung und dem daraus resultierenden Zwang, noch mehr Nahrungsmittel produzieren zu müssen, kommen den Bemühungen, P-effizientere Pflanzensorten zu züchten, große Bedeutung zu. Dieses Zuchtziel ist eine der Aufgaben des „Centro Internacional del Mejoramiento de Mais y Trigo" (CIMMYT) in Mexiko. Im Rahmen eines deutsch-mexikanischen Sonderforschungsprojektes laufen Untersuchungen zur Steigerung der P-Effizienz bei Weizen (MANSKE 1994). Die Aufgabe der vorzustellenden Untersuchungen war es, drei ausgewählte neue Genotypen des CIMMYT im Vergleich zu einer alten Sorte auf einem Kalkboden in Nordwesten Mexikos im Feld unter Bewässerung anzubauen und auf ihre Ertragsfähigkeit, Ertragsstruktur, P-Aufnahme sowie P-Verwertungseffizienz zu prüfen. Daneben wurden morphologische Parameter wie die Wurzellängendichte und physiologische Parameter wie die P-Aufnahmerate der Wurzeln (P-Influx) zu verschiedenen Entwicklungsstadien gemessen, um mögliche Unterschiede in der P-Effizienz erklären zu können.

Material und Methoden

In einem Feldversuch auf einer der wichtigsten Versuchsstationen des CIMMYTs im Nordwesten Mexikos (Cuidad Obregon) wurden vier Sommerweizengenotypen (drei neue Weizengenotypen ‚ChilWuh‘, ‚BauKauz‘ und ‚PgoSeri‘, die am CIMMYT gezüchtet wurden, und eine alte mexikanische Sorte ‚Curinda‘) unter zwei P-Düngungsstufen (0 und 80 kg P_2O_5/ha) angebaut. Der Versuch (zweifaktoriell) wurde als randomisierte Blockanlage mit vier Wiederholungen unter intensiver Bewässerung durchgeführt. Die Düngung wurde vor der Aussaat des Weizens als Triple-Superphosphat breitwürfig ausgebracht. Zusätzlich erhielten alle Varianten eine einheitliche Grunddüngung von 225 kg N/ha als Harnstoff und 25 kg Zn/ha in Form von $ZnSO_4$. Jede Parzelle hatte eine Größe von 1,4 × 11 m, wobei eine

38

Parzelle aus sieben Reihen mit einem Reihenabstand von 20 cm bestand. Der Boden war ein sandiger Tonboden (44–46 % Ton, 15–20 % Schluff, 36–38 % Sand) mit wenig organischer Substanz (0,3 bis 1 % in der Bodenschicht 0–20 cm) und einem *p*H-Wert von 8,1. Die P-Gehalte (Olsen-P) lagen zu Versuchsbeginn bei 3 bis 3,7 mg P/kg Boden. Das entspricht einer mittleren P-Versorgung. Während des Vegetationsverlaufes wurden zu drei Zeitpunkten (Schossen, Blüte und Milchreife) auf je 1 m^2 pro Parzelle die Sprosse geerntet und von den Flächen Wurzelproben mit Hilfe eines Stahlkastens (30 cm Länge, 20 cm Breite und 20 cm Tiefe) oder eines Wurzelbohrers aus der Tiefe 20–35 cm gezogen und ausgewaschen. Die Wurzellänge wurde nach Tennant (1975) ermittelt. Zur Ernte wurden die Ertragsparameter sowie die P-Gehalte in allen Sproßproben nach nasser Veraschung (H_2SO_4, CH_3OH, H_2O_2) spektralphotometrisch bestimmt. Aus den Wurzellängen sowie den P-Mengen in den Sprossen zu den einzelnen Ernteterminen konnten mittlere P-Aufnahmeraten je Wurzellängeneinheit (P-Influx) für einzelne Zeitabschnitte berechnet werden (Williams 1948).

Ergebnisse

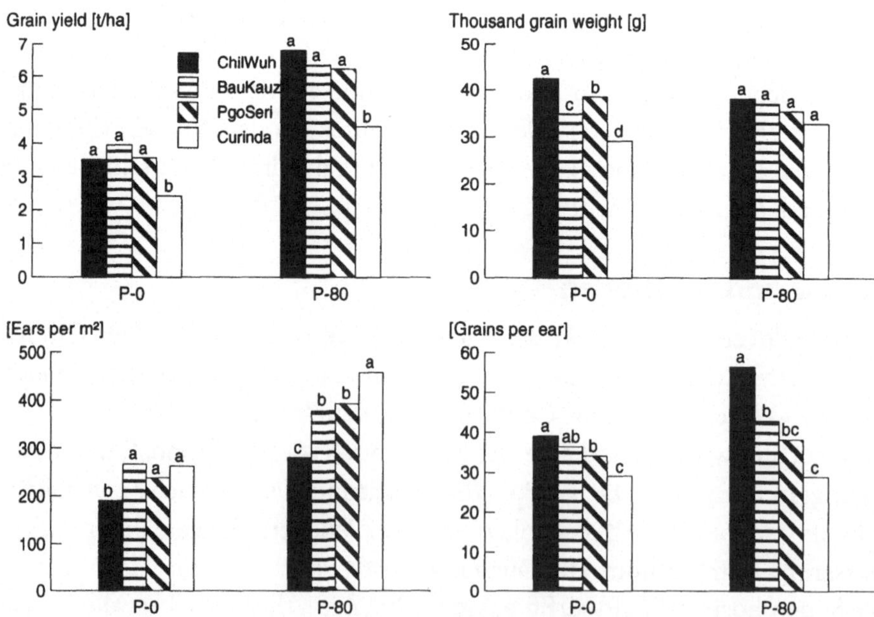

Figure 1. Grain yield and yield components of the four wheat genotypes depending on P fertilization, a > b for P ≤ 0.05; separately calculated for each P level.

Die untersuchten Weizengenotypen zeigten genotypische Unterschiede in der Kornertragsleistung bei unterschiedlichem P-Angebot. Erwartungsgemäß hatte die Zugabe von P einen Kornertragszuwachs zur Folge. Die Kornertrag der P-80-Variante war im Verlgeich zur P-0-Variante 78 % höher.

Die drei neuen Genotypen (‚ChilWuh‘, ‚BauKauz‘ und ‚PgoSeri‘) zeigten sowohl bei low-P-Input- (P-0) als auch bei high-P-Input-Bedingungen (P-80) stets höhere Kornerträge als die alte Sorte ‚Curinda‘ (Abb. 1). Der Mehrertrag betrug 54 % bei P-0 und 42 % bei P-80, d. h. sowohl unter low-P-Input- als auch unter high-P-Input-Bedingungen waren die neuen Genotypen signifikant ertragsstärker. Die Ertragssteigerung der drei Genotypen wurde maßgeblich von Kornzahl pro Ähre (+25 % bei P-0 und +58 % bei P-80) und Tausendkorngewicht (+33 % bei P-0 und +12 % bei P-80) bestimmt. Hinsichtlich der Anzahl Ähren pro m^2 war die alte Sorte ‚Curinda‘ überlegen. Sie produzierte viele Halme, aber weniger Körner/Ähre und kleinere Körner. Weiter fällt auf, daß die Differenz im Harvestindex zwischen den drei neuen Genotypen und ‚Curinda‘ 19 % bei low-P-Input-Bedingungen und 28 % bei high-P-Input-Bedingungen (Tab. 1) betrug.

Table 1. Harvest index, P removal, and P utilization at harvest of four wheat genotypes depending on P fertilization.

Genotypes	Harvest index		P removal [kg P/ha]		P utilization [kg grain/kg P in shoot]	
	P-0	P-80	P-0	P-80	P-0	P-80
'ChilWuh'	34.0	38.7	6.6	18.7	470.4	320.0
'BauKauz'	35.4	39.8	6.8	18.3	461.0	307.1
'PgoSeri'	37.4	41.3	6.5	17.2	484.4	320.3
'Curinda'	29.4	31.1	4.9	14.6	436.7	282.8
Average of new genotypes	35.6	39.9	6.6	18.0	471.9	315.8
Difference [%] (old cultivar ≙ 100)	21*	28*	35*	24*	8	11

*): significant at $P \leq 0.05$

Damit wird klar, daß bei den neuen Sorten ein relativ größerer Teil der Biomasse in Form von Körnern akkumuliert wurde als bei der alten Sorte. Die P-Entzüge (Tab. 1) zeigten sogar noch größere Unterschiede. Die neuen Genotypen hatten sowohl bei P-0 als auch bei P-80 mehr P aufgenommen. Die Differenzen betrugen 35 % bei P-0 und 24 % bei P-80. Die P-Verwertung der neuen Genotypen gegenüber der alten war wenig verändert. Daraus ist abzuleiten, daß das höhere Ertragsniveau der neuen Genotypen mit ihrer erhöhten P-Aufnahme verbunden war.

Die Hintergründe für diese Resultate ergeben sich aus den Unterschieden im Sproß- und Wurzelwachstum sowie in den morphologischen und physiologischen Kenngrößen der Wurzelsysteme. Bemerkenswert sind die Sproßwachstumsraten sowohl zwischen Schossen und Blüte als auch zwischen Blüte und Milchreife. Sowohl bei low-P-Input-Bedingungen (Tab. 2) als auch bei high-P-Input-Bedingungen (Tab. 3) sind die Unterschiede zwischen den vier Genotypen in den frühen Entwicklungsstadien gering, aber nach der Blüte zeigen die neuen Genotypen stets signifikant höhere Wachstumsraten (79 % bei P-0 und 94 % bei P-80).

Table 2. Comparison of important plant parameters between the old cultivar 'Curinda' and the mean values of the three new genotypes ('ChilWuh', 'BauKauz' and 'PgoSeri') under low P input conditions: 0 kg P_2O_5/ha.

Plant parameters	Old cultivar	New genotypes	Difference [%] (old cultivar $\triangle$ 100)
Grain yield [t/ha]	2.4	3.7	54*
P removal [kg P/ha]			
at tillering	1.1	1.3	18
at flowering	3.0	3.3	10
at harvest (shoot + grain)	4.9	6.6	35*
Shoot growth rate [kg shoot/(ha · d)]			
between tillering and flowering	75	79	5
between milk stage and harvest	156	279	79*
Root length density [cm/cm^3]			
at tillering: 0–20 cm	3.2	3.2	0
at flowering: 0–20 cm	6.0	6.8	13
at milk stage: 0–20 cm	5.0	6.1	22*[†]
at milk stage: 20–35 cm	2.2	3.0	36*[‡]
P-influx [10^{-15} mol P/(cm · s)]			
between milk stage and harvest	1.9	1.7	–11

*): significant at $P \leq 0.05$; [†]): significant between the old cultivar 'Curinda' and the new genotype 'ChilWuh'; [‡]): significant between the old cultivar 'Curinda' and the new genotypes 'ChilWuh' and 'PgoSeri', respectively.

Bei den low-Input-P-Situationen (Tab. 2) zeigt sich, daß die neuen Genotypen nicht vor der Blüte, sondern nach der Blüte bis zur Milchreife sowohl in 0–20 cm als auch in 20–35 cm Tiefe eine um 22 % bzw. 36 % größere Wurzellängendichte als ‚Curinda' besaßen. Der P-Influx im gleichen Zeitraum war nahezu gleich.

Table 3. Comparison of important plant parameters between the old cultivar 'Curinda' and the mean values of the three new genotypes ('ChilWuh', 'BauKauz' and 'PgoSeri') under high P input conditions: 80 kg P_2O_5/ha.

Plant parameters	Old cultivar	New genotypes	Difference [%] (old cultivar $\triangle$ 100)
Grain yield [t/ha]	4.5	6.4	42*
P removal [kg P/ha]			
at milk stage	14.4	16.4	14*
at harvest (shoot + grain)	14.6	18.1	24*
Shoot growth rate [kg shoot/(ha · d)]			
between tillering and flowering	165	143	-13
between milk stage and harvest	150	296	94*
Root length density [cm/cm^3]			
at tillering: 0–20 cm	10.7	9.5	-11
at milk stage: 0–20 cm	8.3	7.4	-11
P-influx [10^{-15} mol P/(cm · s)]			
between tillering and flowering	2.1	2.7	28*[†]
between flowering and milk stage	2.1	3.1	48*

*): significant at $P \leq 0.05$; [†]): significant between the old cultivar 'Curinda' and the new genotypes 'BauKauz' and 'PgoSeri', respectively.

Diese größere Wurzellängendichte befähigt die Pflanzen offenbar trotz nahezu unverändertem P-Influx zu einer hohen P-Aufnahme. Damit zeichnen sich für die low-P-Input-Bedingungen folgende Zusammenhänge ab: Die neuen Genotypen verfügen zur Zeit der Kornfüllung gegenüber ‚Curinda' über eine hohe Sproßwachstumsrate (+79 %) (Tab. 2), die mit einer erhöhten Wurzellängendichte (+36 %) korreliert. Letztere ermöglicht offenbar bei gleich hoher P-Aufnahmerate je Wurzeleinheit eine höhere P-Aufnahme pro Pflanze. Es ist folglich unter diesen Bedingungen die Wurzellängendichte und nicht der P-Influx, die zur hohen P-Aufnahme in diesem späten Vegetationsstadium der Pflanzen substantiell beiträgt. Offenbar wird durch ein größeres, umfangreicheres Wurzelsystem die räumliche Zugänglichkeit für Phosphat im Boden verbessert.

Bei den high-P-Input-Bedingungen war die Sproßwachstumsrate zwischen Milchreife und Ernte bei den neuen Genotypen ebenfalls stark erhöht (+94 % gegenüber ‚Curinda', Tab. 3). Aber völlig anders als bei den low-P-Input-Bedingungen ist die Wurzellängendichte bei den drei Genotypen in der Zeit nach der Blüte sogar 11 % kleiner als bei ‚Curinda'. Trotzdem zeigen die drei Genotypen im Mittel stets deutlich höhere P-Entzüge (zur Ernte 24 %) als ‚Curinda'. Die Ursache liegt im P-

42

Influx. Er war schon zwischen Schossen und Blüte 28 % höher als bei ‚Curinda‘, aber zwischen Blüte und Milchreife waren es sogar 48 %. Hier war die Wurzellängendichte für die P-Aufnahmeeffizienz der Gesamtpflanze weniger von Bedeutung. Somit erlaubt der hohe P-Influx zu relativ späten Phasen der Entwicklung den neuen Genotypen bei nahezu gleicher Wurzellängendichte eine P-Aufnahme pro Pflanze, die eine hohe Stoffbildung des Sprosses ermöglicht. Als Schlußfolgerung ergibt sich: Die drei neuen Genotypen sind der alten Sorte sowohl unter low- als auch unter high-P-Input-Bedingungen im Kornertrag und P-Entzug überlegen. Die Ursache liegt offenbar in einer hohen Plastizität der Wurzeleigenschaften Wurzellängendichte und P-Influx insbesondere nach der Blüte.

Dank

Diese Arbeit wurde durch das Bundesministerium für Zusammenarbeit (Projekt-Nr. 1-60127166, BMZ-Ref.-Nr. 223-K8064 CIMMYT-2/93) gefördert.

Literaturverzeichnis

MANSKE, G. G. B., 1994: Utilisation of the genotypic variability of VAM-symbiosis and root length density in breeding phosphorus effizient wheat cultivars at CIMMYT. In: Annual Report 1994 of the Special Project, CIMMYT, Mexico.

OZANNE, P. G., 1980: Phosphate nutrition of plants: a general treatise. In: *The Role of Phosphorus in Agriculture.* F. F. Khasawneh, E. C. Sample (Hrsg.). American Society of Agronomy, Madison, 559–589.

SOLTAN, S.; RÖMER, W.; ADGO, E.; GERKE, J.; SCHILLING, G., 1993: Phosphate sorption by Egyptian, Ethiopian and German soils and P uptake by rye (*Secale cereale* L.) seedlings. *Zeitschrift für Pflanzenernährung und Bodenkunde* **156**, 501–506.

TENNANT, D., 1975: A test of modified line intersect method of estimating root length. *Journal of Ecology* **63**, 995–1001.

VLEK, P. L. G.; KOCH, H., 1992: The soil resource base and food production in the developing world: special focus on Africa. *Göttinger Beiträge zur Land- und Forstwirtschaft in den Tropen und Subtropen* **71**, 139–160.

WILLIAMS, R. F., 1948: The effects of phosphorus supply on the rates of intake of phosphorus and upon certain aspects of phosphorus metabolism in gramineous plants. *Australian Journal of Scientific Research* **1**, 333–361.

Stoffumsatz im wurzelnahen Raum.
9. Borkheider Seminar zur Ökophysiologie des Wurzelraumes.
Hrsg.: W. MERBACH, L. WITTENMAYER und J. AUGUSTIN
B. G. Teubner Stuttgart · Leipzig 1999, S. 43–46.

Aufnahme von β-HCH durch *Lolium perenne* L.

Judith LEHMANN, Eva-Maria KLIMANEK und Elke SCHULZ
Umweltforschungszentrum Leipzig-Halle GmbH, Sektion Bodenforschung,
Theodor-Lieser-Straße 4, D-06120 Halle/Saale

Abstract

In a pot experiment under greenhouse conditions, the uptake of β-HCH by ryegrass (*Lolium perenne* L.) was studied in order to prove the transfer of β-HCH from
soil to the animal and human food chain. A considerable uptake in leaves of
ryegrass was found. Due to growth dilution effect increasing with plant age, the
β-HCH concentration decreased. As a result of a high adsorption ability of the
root surface, β-HCH content of roots was almost fivefold higher than those of
leaves and stubbles. A similar distribution of selected hydrocarbons (α-, γ-, δ-HCH,
and HCB) in soil and roots was observed.

Einleitung

Die Aueböden der Dessauer Mulde weisen neben anderen Schadstoffen erhebliche
Kontaminationen an β-HCH auf. Diese Substanz wurde von Lindan-produzieren-
den Betrieben als Nebenprodukt in die Mulde geleitet und gelangte durch anschließende Überflutungsereignisse in die Böden der angrenzenden Flächen. Das
durch die organische Substanz gebundene β-HCH galt aufgrund seiner symmetri-
schen Struktur als wenig mobil, schwer pflanzenverfügbar und somit als kaum
umweltschädigend. Neuere Untersuchungen weisen hingegen einen Boden/Pflanze-
Transfer in Nutzpflanzen nach (HEINRICH 1998).

Aus aktuellem Anlaß besteht die Notwendigkeit, den Transport von β-HCH in
standorttypischen Wildpflanzen zu untersuchen. Der Nachweis von β-HCH in der
Milch von Weidetieren hatte das Nutzungsverbot der betroffenen Flächen als
Acker- und Weideland zur Folge (BRÄUER und HERZOG 1997). Um den Übergang
des β-HCH aus dem Boden in die Nahrungskette von Weidetieren und somit in die
des Menschen zu prüfen, wurde der Boden/Pflanze-Transfer von β-HCH in Weidelgras (*Lolium perenne* L.) im Gefäßversuch quantitativ und hinsichtlich des zeitlichen
Verlaufs untersucht.

Material

Der Versuch wurde mit Kick-Brauckmann-Gefäßen (9 kg Boden je Gefäß) in 15facher Wiederholung bei einer Bodenfeuchte von 60 % der maximalen Wasserkapazität durchgeführt. Der Boden (Auelehm) entstammt dem Standort Kleutsch (Dessauer Muldeaue) und besaß bei Ansatz des Versuches einen β-HCH-Gehalt von 15,4 ppm (C_{org} 4,2 %, N_t 0,34 %, pH 4,8). Nach der Düngung (0,8 g P, 2,1 g K, 1 g Ca, 0,5 g Mg, 2,7 g N pro Gefäß) wurde Weidelgras (*Lolium perenne* L., Sorte ‚Livreé') gesät. Nach 11, 22, 33 und 71 Wochen wurden die Pflanzen geerntet und ihr β-HCH-Gehalt untersucht.

Methoden

Nach der Ernte wurde das Weidelgras in Blatt, Stoppel und Wurzel separiert, zerkleinert und bei –21 °C gelagert. Die Bestimmung des β-HCH erfolgte nach der VDLUFA-Methode (KAMPE *et al.* 1986) sowie THIER und FREHSE (1986).

Ergebnisse und Diskussion

Bei dem Vergleich der β-HCH-Gehalte im Blatt vom Weidelgras nach vier Probenahmeterminen (Abb. 1) zeigt sich ein anfänglicher Anstieg von 1,7 auf 1,9 ppm. Betrachtet man den derzeitig zulässigen Grenzwert von β-HCH in Futtermitteln von 0,1 ppm (Futtermittelverordnung 1991), so wird dieser um fast das 20fache überschritten. Diese trotz der geringen Wasserlöslichkeit (0,2 mg/l) hohen Kontaminationen können nicht durch einen möglichen Bodenkontakt beim Aufgang der Gräser erklärt werden. Das beweisen u. a. beachtliche Gehalte an β-HCH auch nach dem ersten Schnitt.

Nach 33 sowie 71 Wochen erfolgte eine geringere Aufnahme von 0,9 bzw. 1,1 mg/kg TM. Die Ursache hierfür ist die anfänglich erhöhte Nähr- und Schadstoffaufnahme der Pflanzen. Danach steigt das Pflanzenwachstum, so daß die Konzentration, bezogen auf die Gesamtmasse, abnimmt. Somit tritt nach einer gewissen Zeit ein Verdünnungseffekt auf.

Aus Abb. 2 ist die Verteilung des β-HCH in verschiedenen Pflanzenteilen nach 22 Wochen ersichtlich. Während sich Blatt und Stoppel mit 1,9 bzw. 1,8 ppm nicht signifikant unterscheiden, enthält die Wurzel eine fast fünffache Menge von 8,8 ppm β-HCH. Diese erhöhten Konzentrationen sind auf das hohe Aufnahmevermögen der großen Wurzeloberfläche zurückzuführen.

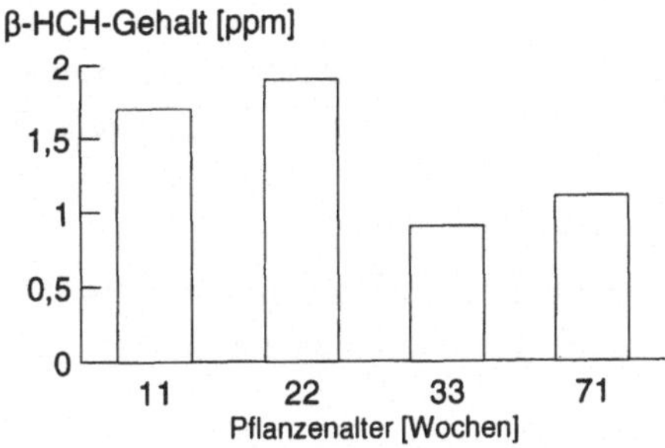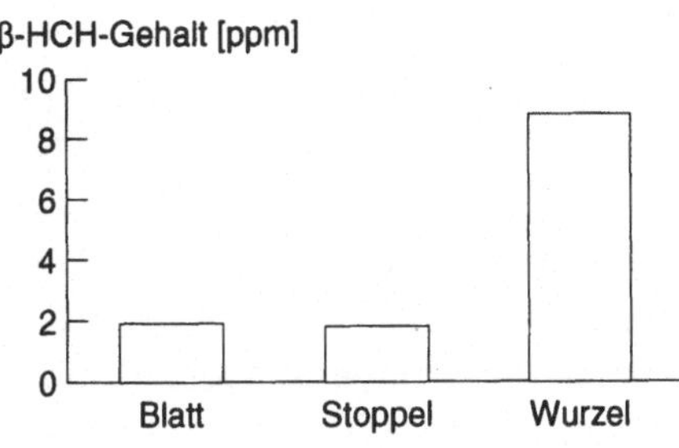

Abb. 1. Gehalte an β-HCH im Blatt von Weidelgras nach vier Schnitten (n = 13).

Abb. 2. Gehalte an β-HCH verschiedener Pflanzenteile von Weidelgras, 22 Wochen nach Aussaat (Blatt und Stoppel: n = 15, Wurzel: n = 4).

Im Rahmen der Untersuchungen wurden auch α-, γ-, δ-HCH und Hexachlorbenzol (HCB) bestimmt. Abb. 3 zeigt die Gehalte aller bestimmten Chlorkohlenwasserstoffe (CKW) im Ausgangsboden (γ-HCH lag unter der Nachweisgrenze). Die höchsten Konzentrationen nehmen neben β-HCH α-HCH mit 1,3 ppm und HCB mit 0,96 ppm ein.

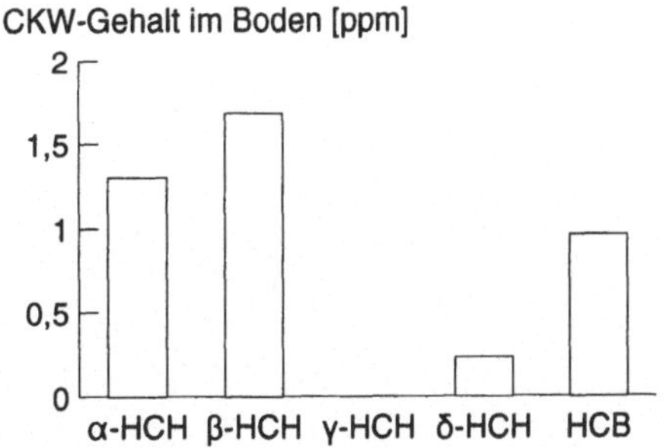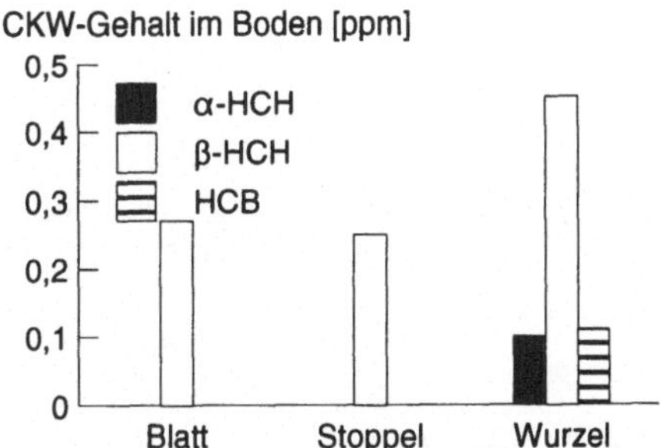

Abb. 3. Gehalte an ausgewählten CKW im Ausgangsboden des Gefäßversuches.

Abb. 4. Gehalte an ausgewählten CKW in verschiedenen Pflanzenteilen von Weidelgras, 22 Wochen nach Aussaat.

Vergleicht man diese Ergebnisse mit denen von verschiedenen Pflanzenteilen des Weidelgrases nach 22 Wochen (Abb. 4), ist ein abweichendes Verhalten der Wurzel erkennbar. Während in Blatt und Stoppel nur β-HCH nachgewiesen werden konnte, widerspiegelt der CKW-Gehalt der Wurzel den des Bodens.

Anhand dieser und weiterer Ergebnisse konnte ein Transport in Wildpflanzen belegt werden. Es ist daher wahrscheinlich, daß β-HCH über die tierische in die menschliche Nahrungskette gelangen kann.

Literaturverzeichnis

BRÄUER, G.; HERZOG, M., 1997: Landschaftswandel — Entwicklungsziele in der mit Schadstoffen belasteten Muldeaue. In: *Naturschutz im Land Sachsen-Anhalt.* **34**, 47–49; ISSN 0940-6638.

Futtermittelverordnung § 23, 3/91, Anlage 5, 1991.

HEINRICH, K., 1998: Untersuchungen zum Boden/Pflanze-Transfer ausgewählter organischer Umweltschadstoffe in Abhängigkeit von Bodeneigenschaften. UFZ-Bericht Nr. 11/1998. ISSN 0948-9452.

KAMPE, W.; ZÜRCHER, C.; JOBST, H., 1986: Schadstoffe im Boden, insbesondere Schwermetalle und organische Schadstoffe aus langjähriger Anwendung von Siedlungsabfällen. Landwirtschaftliche Untersuchungs- und Forschungsanstalt. Berichtnummer UBA-FB 10701003.

THIER, H. P.; FREHSE, H., 1986: *Rückstandsanalytik von Pflanzenschutzmitteln.* Stuttgart, New York: Thieme-Verlag.

Stoffumsatz im wurzelnahen Raum.
9. Borkheider Seminar zur Ökophysiologie des Wurzelraumes.
Hrsg.: W. MERBACH, L. WITTENMAYER und J. AUGUSTIN
B. G. Teubner Stuttgart · Leipzig 1999, S. 47–52.

Einfluß von Pestiziden auf die Wasseraufnahme, den N-Entzug und den Trockenmasseertrag von Mais

Frank BÖHME und Elke SCHULZ
Umweltforschungszentrum Leipzig-Halle GmbH, Sektion Bodenforschung, Theodor-Lieser-Straße 4, D-06120 Halle/Saale

Abstract

The objective of our investiganions was to answer the question if there is an influence of plant protection agents (Terbuthylazine, Methoxychlor) on nitrogen and water uptake, dry matter production of maize plants. For this purpose, pot experiments with two soil types (sandy soil and loess/black earth) were conducted in 1997.

The determination of the water uptake over a period of 120 days shows the influence of the soil type. No differences between pesticide treated and nontreated systems were found on sandy soil. In contrast, an increase of the water uptake at the treated soil could be noted on loess/black earth.

Distinct differences in dry matter production of different plant parts were found in some cases. These depend on the soil, the pesticide and the application dose. The results show relationships between the use of pesticides and N uptake, which is often higher if plant protection agents were applied.

Einleitung

Die seit Mitte dieses Jahrhunderts weltweit zu beobachtende Intensivierung der Pflanzenproduktion ist eng mit der Nutzung von Mineralstickstoffdüngern und Pflanzenschutzmitteln verbunden.

Nach Schätzungen läßt sich etwa die Hälfte der pflanzlichen Ertragssteigerung auf den erhöhten N-Düngereinsatz zurückführen. Stickstoff nimmt als quantitativ wichtiges mineralisches Nährelement eine herausragende Stellung ein. So ist er ein grundlegender Bestandteil vieler für die Pflanze lebenswichtiger Verbindungen (z. B. Proteine, Aminosäuren, DNA, RNA, Chlorophylle).

Auch der Einsatz von Pflanzenschutzmitteln hat eine direkte positive Auswirkung auf den pflanzlichen Ertrag, da diese die Populationen konkurrierender oder schädlicher Organismen reduzieren. Daß Pestizide auch aktiv den Stoffwechsel der Pflanze beeinflussen, ist wiederholt untersucht worden. Besondere Aufmerksamkeit wurde dabei dem für den pflanzlichen Organismus essentiellen Stickstoffmetabolismus zuteil. Dabei sind Gehalts- und Verteilungsänderungen der Pflanzeninhaltsstoffe wie auch die Rückstandsproblematik innerhalb der Pflanze und die damit verbundene potentielle Gefährdung für Mensch und Tier von Interesse.

Eine weitere aktuelle und damit in engem Zusammenhang stehende Problematik beinhaltet die Frage, ob „ökologisch" angebaute Pflanzen eine gleichwertige Qualität als Futter- bzw. Nahrungsquelle besitzen wie Erzeugnisse aus dem konventionellen oder integriertem Pflanzenbau. Zur Klärung letzterer Fragestellungen sind zunächst Versuche zur Deutung der direkten Wirkung von Pestiziden auf pflanzliche Stoffkreisläufe, insbesondere auf den Stickstoffkreislauf, nötig.

Material und Methoden

Um Aussagen zum Einfluß von Pflanzenschutzmitteln auf Kulturpflanzen zu bekommen, wurde 1997 ein Gefäßversuch angelegt. Im Mittelpunkt des Interesses standen dabei die möglichen Änderungen in der Wasseraufnahme, im N-Entzug und im Trockenmasseertrag von Pflanzen bei Pestizidanwendung.

Der Gefäßversuch wurde unter kontrollierten Bedingungen in einem Gewächshaus mit zwei verschiedenen Böden (Löß-Schwarzerde, Sand-Braunerde, Tab. 1) und zwei unterschiedlichen Pestiziden (Terbuthylazin, Methoxychlor) in vierfacher Wiederholung angelegt. Jeweils acht Maispflanzen wurden in Kick–Brauckmann-Gefäßen (ca. 10 kg Boden) bei einer Bodenfeuchte von 60 % der maximalen Wasserkapazität angezogen. Für das jeweilige Pestizid kam dabei die in der Praxis übliche Applikationsdosis sowie deren zehnfache Menge zum Einsatz. Der Versuch beinhaltete des weiteren entsprechende Kontrollvarianten.

Tab. 1. Ausgewählte Eigenschaften der verwendeten Böden.

Bodenart	Standort	pH	C_{org} [%]	N_t [%]	C/N
Löß-Schwarzerde/Haplic Phaeozem	Bad Lauchstädt	6,8	2,151	0,198	10,86
Sand-Braunerde/Cambic Arenosol	Müncheberg	5,0	1,158	0,120	9,86

Über den gesamten Zeitraum des Experimentes von 120 Tagen wurde der tägliche Wasserverbrauch je Gefäß protokolliert. Die Ernte der entsprechenden Varianten erfolgte nach 30, 60, 90 und 120 Tagen. Nach einer Bestimmung der Frischmassen für die einzelnen Pflanzenteile (Blatt, Sproß, Kolben, Fahne und Wurzel) wurden Aliquote von jeder Pflanzenfraktion getrocknet, die Trockenmasse ermittelt und staubfein gemahlen. Das zerkleinerte Material diente zur Gesamtstickstoffbestimmung mittels eines „vario EL"-Elementaranalysators.

Ergebnisse und Diskussion

Die Wasseraufnahme war bei Mais stark von dem jeweiligen Boden abhängig. Auch hinsichtlich der Wirkung von Pflanzenschutzmitteln auf die Wasseraufnahme ist die Bodenart der entscheidende Einflußfaktor. Während bei der Sand-Braunerde kein nennenswerter Unterschied in der Wasseraufnahme 100 Tage alter Pflanzen zwischen Pestizid- und Kontrollvariante zu verzeichnen war, zeigten sich bei Pflanzen auf Löß-Schwarzerde Behandlungseffekte: Bei den Varianten, in denen Pflanzenschutzmittel zum Einsatz kamen, konnte ein erhöhter Wasserverbrauch 100–110 Tage alter Pflanzen im Vergleich zur Kontrolle festgestellt werden (Abb. 1). Hinsichtlich des Trockenmasseertrages zeigten die Untersuchungen, daß auch hier der Boden eine bedeutende Rolle spielt.

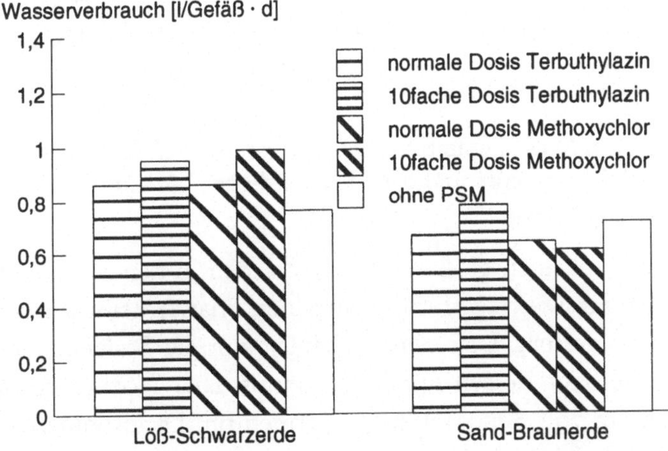

Abb. 1. Täglicher Wasserverbrauch 100–110 Tage alter Maispflanzen mit und ohne Pestizidapplikation in einem Gefäßversuch mit zwei unterschiedlichen Böden.

Während in den Ernten nach 30, 60 und 90 Tagen bei beiden Böden für die Gesamtpflanze kaum Unterschiede zwischen Pestizid- und Kontrollvariante zu verzeichnen waren, traten nach 120 Tagen deutliche Differenzen im Trockenmasseertrag von Mais auf Löß-Schwarzerde für die einzelnen Varianten auf (Abb. 2). In allen Fällen war der Ertrag der behandelten Pflanzen höher als der der Kontrolle. Im Gegensatz zu den Terbuthylazinvarianten zeigte sich bei Methoxychlor kein Einfluß der Applikationsdosis auf den Trockenmasseertrag. Dabei lag der Trockenmasseertrag bei der in der Landwirtschaft normalerweise eingesetzten Terbuthylazindosis deutlich über dem der Variante mit zehnfach erhöhter Applikationsmenge des Herbizides.

50

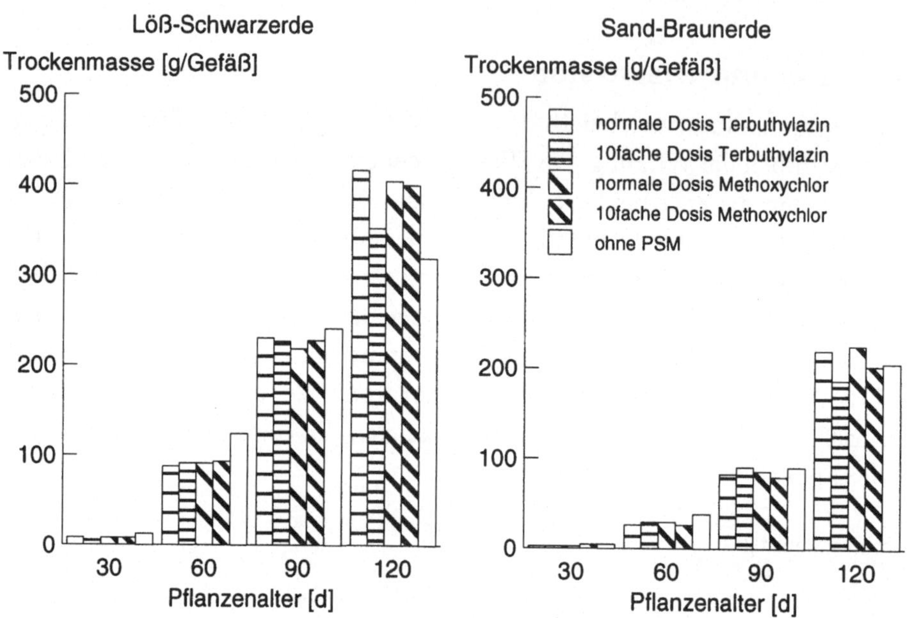

Abb. 2. Trockenmasseerträge von Mais (Gesamtpflanze) zu verschiedenen Ernteterminen eines Gefäßversuches mit Löß-Schwarzerde und Sand-Braunerde bei Pestizidbehandlung mit unterschiedlichen Applikationsdosen.

Bei Sand-Braunerde kam es zu keinen größeren Unterschieden in den Varianten. Bei Betrachtung der Trockenmasseerträge für die einzelnen Pflanzenteile wurden z. T. größere Differenzen festgestellt. Diese sind abhängig von der Bodenart und dem entsprechenden Pestizid bzw. dessen Applikationsdosis. Eine Trockenmasseertragserhöhung unter Einsatz von Xenobiotika (Cypermethrin, Diclofopmethyl) konnte auch QUARTA (1997) bei Ackerbohnen verzeichnen.

Wesentlich deutlicher zeigten sich Änderungen im Stickstoffentzug (Abb. 3). Nach 120 Tagen war analog zum Trockenmasseertrag der Einfluß der PSM-Behandlung auf den N-Entzug sowohl bei der Löß-Schwarzerde als auch bei der Sand-Braunerde am größten. Auch hier ließ sich feststellen, daß die in der Praxis übliche Applikationsdosis von Terbuthylazin den stärksten Einfluß auf den Stickstoffentzug je Gefäß hatte. Interessant ist, daß im allgemeinen ein erhöhter N-Entzug bei Pestizidanwendung zu verzeichnen war. Die einzige Ausnahme bildete dabei die Wurzel. So lag der Stickstoffentzug bei Löß-Schwarzerde ohne PSM-Applikation nach 30, 60, 90 und 120 Tagen immer über dem der behandelten Varianten.

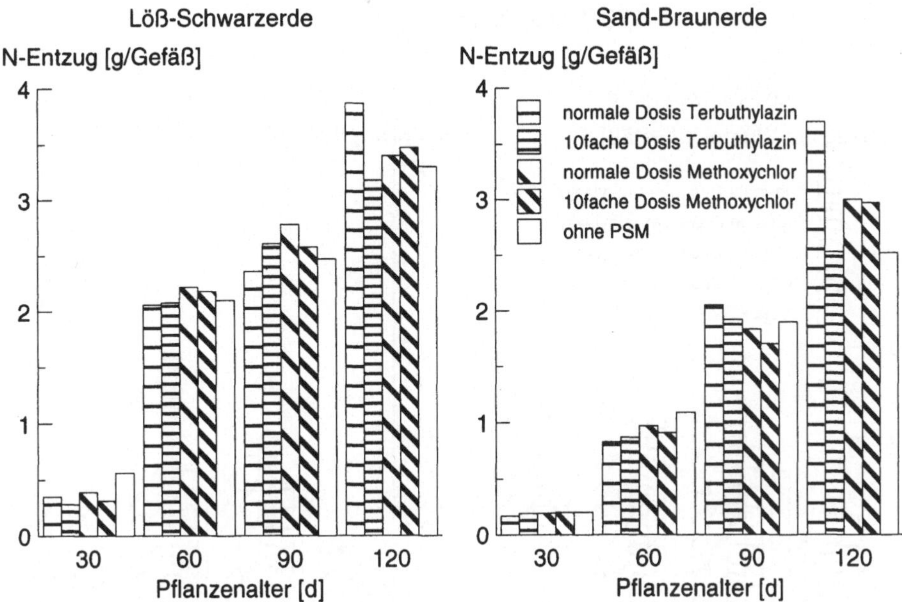

Abb. 3. Stickstoffentzüge von Mais (Gesamtpflanze) zu verschiedenen Ernteterminen eines Gefäßversuches mit Löß-Schwarzerde und Sand-Braunerde bei Pestizidbehandlung mit unterschiedlichen Applikationsdosen.

Im Kontrast dazu standen die Entzüge bei Sand-Braunerde. Hier fand sich zumeist eine erhöhte Stickstoffaufnahme in die Wurzel bei Pflanzenschutzmittelapplikation (Abb. 4). Dieser Trend der stimulierten N-Aufnahme bei Sand-Braunerde wurde auch für die anderen Pflanzenteile beobachtet.

Einen steigenden Stickstoffentzug bei Maispflanzen mit zunehmender Organochlorpestizidkonzentration im Boden konnte auch HEINRICH (1998) feststellen. Nach LADONIN *et al.* (1980) können Pestizide den Proteinstoffwechsel der Pflanze beeinflussen.

Zusammenfassung

Pestizide beeinflußten die Wasseraufnahme, den Trockenmasseertrag und den Stickstoffentzug in unterschiedlichem Maße. Wesentlicher Einflußfaktor war dabei der Boden. Bei der Untersuchung der Wirkung von Pflanzenschutzmitteln auf die Wasseraufnahme von Mais ließen sich nur Änderungen (Erhöhungen) bei Löß-Schwarzerde nachweisen. Im Falle von Sand-Braunerde kam es zu keiner Änderung. Weiterhin konnte festgestellt werden, daß häufig bei PSM-Anwendung eine

Steigerung des Trockenmasseertrages und des Stickstoffentzuges auftrat, welcher sich jedoch oft erst nach 120 Tagen zeigte.

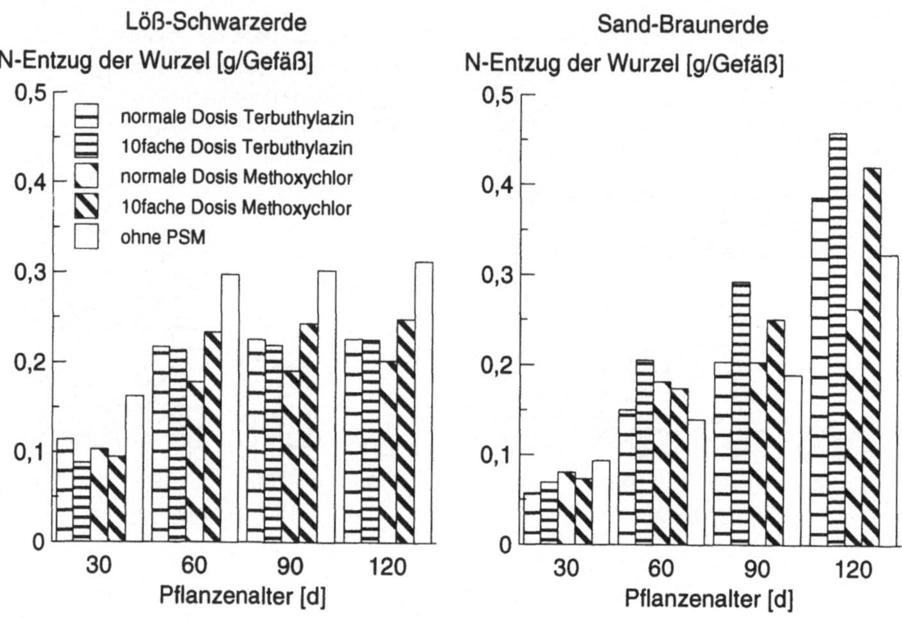

Abb. 4. Stickstoffentzüge von Maiswurzeln zu verschiedenen Ernteterminen eines Gefäßversuches mit Löß-Schwarzerde und Sand-Braunerde bei Pestizidbehandlung mit unterschiedlichen Applikationsdosen.

Literaturverzeichnis

HEINRICH, K., 1998: Untersuchungen zum Boden/Pflanze-Transfer ausgewählter organischer Umweltschadstoffe in Abhängigkeit von Bodeneigenschaften. Dissertation, *UFZ-Bericht* **11**, Hrsg.: Umweltforschungszentrum Leipzig- Halle, 91-95.

LADONIN, V. F.; CHESALIN, G. A.; SAMOJJLOV, L. N.; SPESIVCEV, L. G.; TAOVA, V. I., 1980: Primenenije ^{15}N dlja izuchenija dejjstvija gerbicidov na kul"turnye i sornovye rastenija. Soobshhenie 2. Osobennosti dejjstvija gerbicidov na azotistyjj obmen ustojjchivykh i chuvstvitel"nykh k nim rastenijj. *Agrokhimija,* **17** (9), 116-122.

QUARTA, A., 1997: Untersuchungen über die Aufnahme von organischen Xenobiotika durch die Pflanze. Manuskript, Umweltforschungszentrum Leipzig–Halle, Sektion Bodenforschung.

Stoffumsatz im wurzelnahen Raum.
9. Borkheider Seminar zur Ökophysiologie des Wurzelraumes.
Hrsg.: W. Merbach, L. Wittenmayer und J. Augustin
B. G. Teubner Stuttgart · Leipzig 1999, S. 53–60.

Wurzelwasseraufnahme eines Kiefernwaldes unterhalb der hydraulischen Wasserscheide (Berlin – Grunewald)

Abdollkarim Rakei

Bodenkolleg Dr. Rakei Berlin, Hochbaumstraße 58, D-14167 Berlin

Abstract

In a young and old pine forest (Berlin) in a sandy soil (Cambic Arenosol), waterdynamics were examined in order to study root water uptake using the method of hydraulic watershed in the main rooting zone (0–100 cm depth) and underground zone (100–300 cm depth) (Rakei 1991). During the drought period, 20 % of the root water uptake is supplied with water from underground zone.

Einleitung und Zielsetzung

In einem Alt- und Jungkiefernbestand im Grunewald wurden folgende Untersuchungen durchgeführt:
- Messung der Wasserspannungen und des Wassergehaltes als Funktion der Zeit und Tiefe,
- Messung des Freiland- und Bestandesniederschlags,
- Bestimmung der Feinwurzelverteilung als Funktion der Tiefe.

Daraus wurde die hydraulische Wasserscheide aus den wöchentlichen Messungen berechnet. Zielsetzung dieser Beitrages ist es, die jahreszeitliche Änderung des Tiefgangs der hydraulischen Wasserscheide darzustellen und als Grundlage zur Berechnung der Wurzelwasseraufnahme aus den Bodentiefen oberhalb und unterhalb der hydraulischen Wasserscheide zu verwenden.

Theoretische Grundlagen und Methodik

Das Potential ist als Maßstab für den Energiezustand des Bodenwassers, d. h. Energie je Mengeneinheit Wasser, zu bezeichnen. Das Bodenwasser ist der Wirkung verschiedener Potentiale und Kräfte wie Matrix- und Gravitations-, osmotischem sowie pneumatischem Potential ausgesetzt. Das Gesamtpotential ist die Summe aller dieser Kräfte, das die Wasserbewegung beschreibt. Die Wirkung des osmotischen und pneumatischen Potentials ist sehr gering. Demnach setzt sich das hydraulische Potential aus Matrix- und Gravitationspotential zusammen. Das

54

Matrixpotential im teilgesättigten Zustand entspricht der Kapillardruckhöhe oder Wasserspannung [hPa]. Je geringer der Wassergehalt eines Bodens ist, desto stärker ist das Wasser gebunden. Das Gravitationspotential als Folge des Gravitationsfeldes der Erde entspricht der Arbeit, die notwendig ist, um eine bestimmte Menge Wasser von einem Bezugsniveau auf eine bestimmte Höhe anzuheben. Das Ungleichgewicht zwischen diesen Kräften bewirkt die Wasserbewegung, d. h. das Gradientgefälle verursacht die Bewegung des Wassers in Richtung des größeren Gradienten.

Die Wasserbewegung im porösen Medium läßt sich nach der Darcy-Gleichung für eindimensionale Wasserbewegung wie folgend beschreiben:

$$q = -K \cdot \nabla H \tag{1}$$

Darin sind q der Fluß [cm/Tag], K die Wasserleitfähigkeit [cm/Tag] und ∇H der hydraulische Gradient.

Der hydraulische Gradient ist das Maß der treibenden Kraft für den Wassertransport und gibt die Richtung der Wasserbewegung an. Wenn das Bezugsniveau die Bodenoberfläche ist wie in diesem Fall, dann gilt, daß bei negativen Werten die Wasserbewegung aufwärts („-"-Zeichen) und bei positiven Werten abwärts („+"-Zeichen) gerichtet ist (Abb. 1). Die hydraulische Wasserscheide als zeit- und tiefenabhängige Größe ist die Tiefe, in der keine Wasserbewegung stattfindet. Das Gesetz der Kontinuität besagt, daß die Differenz des vertikalen Wasserflusses, der über die Grenzfläche eines Kompartimentes ein- und austritt, gleich der zeitlichen Änderung des Wassergehalts ist.

Für die Berechnung der ET_{akt} unter Feldbedingungen nach der Methode der hydraulischen Wasserscheide kommen vor allem drei Möglichkeiten in Frage: Eine hydraulische Wasserscheide ist vorhan-

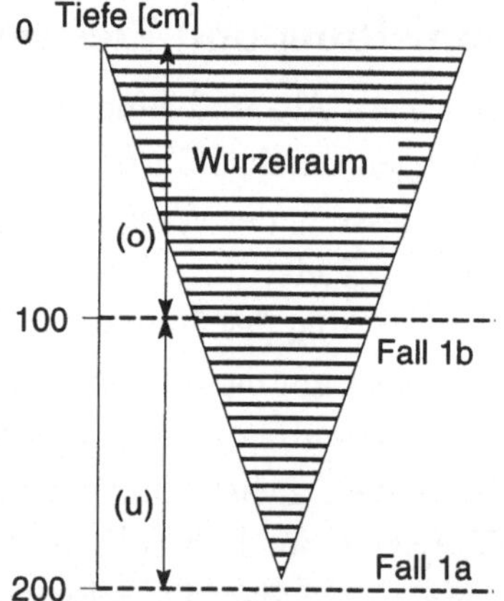

Abb. 1. Schematische Darstellung der Lage der hydraulischen Wasserscheide im Wurzelraum (Jungkiefern). Im Fall 1a liegt sie unterhalb und im Fall 1b innerhalb des Wurzelraums.

den und liegt unterhalb (Fall 1a) oder innerhalb (Fall 1b) des Wurzelraumes; es liegt keine hydraulische Wasserscheide vor (Fall 2). Voraussetzungen für diese Berechnung sind gleichzeitige Bestimmung der Wasserspannung, des Wassergehalts sowie deren Veränderungen (gemessen wurde mit der Neutronensonde). Während des Bilanzierungszeitraums muß eine hydraulische Wasserscheide vorliegen, und diese muß unterhalb des Wurzelraums liegen.

Möglichkeiten zur Berechnung der ET_{akt} unter Feldbedingungen nach der Methode der hydraulischen Wasserscheide

Eine hydraulische Wasserscheide ist vorhanden und sie liegt unterhalb des Wurzelraumes (Fall 1a): In diesem Fall wird die aktuelle Evapotranspiration (ET_{akt}) zwischen zwei Meßterminen durch Summierung der Wassergehaltsänderungen der einzelnen Bodenkompartimente oberhalb der hydraulischen Wasserscheide zuzüglich der Infiltration der Niederschläge ermittelt, wobei die ET_{akt} gleich der Wurzelwasseraufnahme (V_w) plus der Evaporation (E) ist (Gleichung (2)).

$$ET_{akt} = V_w + E \qquad\qquad (2)$$

Solche Zeiträume kommen sehr selten vor, da der maximale Tiefgang der hydraulischen Wasserscheide zwischen 140-150 cm liegt. Die Wurzelwasseraufnahme (V_w) kann aus der Differenz zwischen Gesamtwasserbewegung (V_{ges}) und kapillarer Wasserbewegung (V_{kap}) (Gleichung (3)) bestimmt werden (STREBEL *et al.* 1975):

$$V_w = V_{ges} - V_{kap} \qquad\qquad (3)$$

Die Versickerungsrate ist in diesem Fall innerhalb des Wurzelraumes gleich null zu setzen.

Eine hydraulische Wasserscheide ist vorhanden und sie liegt innerhalb des Wurzelraums (Fall 1b): Unter dieser Bedingung erfolgt ein Teil des Wurzelwasserentzuges aus den Tiefen unterhalb der hydraulischen Wasserscheide. In diesem Fall wird die (ET_{akt}) oberhalb der hydraulischen Wasserscheide wie im Fall 1a ermittelt. Für die Berechnung der ET_{akt} aus den Tiefen unterhalb der hydraulischen Wasserscheide werden zwei Verfahren angewandt:

1. Verfahren: Bei dem ersten Verfahren wird die (ET_{akt}) oberhalb der hydraulischen Wasserscheide analog zur ET_{akt} aus den Wassergehaltsänderungen wie im Fall 1a errechnet. Die Versickerungsrate (V_{kap}) unterhalb der hydraulischen Wasserscheide wird nach der Darcy-Gleichung mit der K_u-Funktion (K_u: ungesättigte Wasserleitfähigkeit) ermittelt (WEEKS und RICHARDS 1967, PLAGGE 1991), und zwar für die Tiefe zwischen 140-200 cm im Jung- und 140-270 cm im Altkiefernbestand. Die Differenz zwischen der Gesamtwassergehaltsabnahme unterhalb der hydraulischen Wasserscheide ($\Theta_{ges(u)}$) und der Versickerung ergibt die Wurzelwasseraufnahme

56

($V_{w(u)}$) aus den Bodentiefen unterhalb der hydraulischen Wasserscheide (Gleichung (4)). Diese muß der Θ_{ges} oberhalb der hydraulischen Wasserscheide ($\Theta_{ges(o)}$) zugeschlagen werden (Gleichung (5)).

$$V_{w(u)} = \Theta_{(u)} - V_{kap(u)} \tag{4}$$
$$ET_{akt} = \Theta_{(o)} + V_{w(u)} + \text{Bestandesniederschlag} \tag{5}$$

2. Verfahren: Das zweite Verfahren basiert auf der Wurzelaktivität in den unteren Tiefen zwischen 100 bis 200 bzw. 300 cm Tiefe. Dabei läßt sich der Teil des Wasserentzuges durch Pflanzenwurzeln unterhalb des Hauptwurzelraums (V_w) aus dem Vergleich der Wassergehaltsänderungen während zwei Meßterminen und der berechneten relativen Verteilung der Feinwurzeln ermitteln. Bei der Berechnung wurde die gemessene Wurzellängendichte unmittelbar oberhalb der hydraulischen Wasserscheide, im Beispiel 90–120 cm Tiefe, gleich 100 % gesetzt. Die relative Wurzelverteilung der unteren Bodenschichten wurde linear interpoliert. Dabei wurde z. B. bei dem Jungkiefernbestand angenommen, daß die Durchwurzelung bis 2 m reicht (200 cm Tiefe = null) (Tab. 1 und Abb. 1).

Die Berechnung des Wasserentzuges $V_{w(u)}$ für die einzelnen Tiefenbereiche unterhalb der hydraulischen Wasserscheide (im Beispiel 120–200 cm Tiefe) ergibt sich aus Gleichung (6) (Tab. 1):

$$V_{w(u)} = (V_{w(o)} \cdot \text{rel. WLD}_{(u)})/100 \tag{6}$$

Die Versickerungsrate (S) unterhalb der hydraulischen Wasserscheide wird aus der Differenz zwischen der Gesamtwassergehaltsabnahme (Θ_{ges}) und der Wurzelwasseraufnahme (V_w) aus den Bodentiefen unterhalb der hydraulischen Wasserscheide (u) errechnet.

$$S = \Theta_{ges(u)} - V_{w(u)} \tag{7}$$

Ergebnisse

Die Variabilität der Wasserspannungen als Bestandesfunktion in 50 cm Tiefe ist größer als in 140 cm und 200 cm Tiefe (Abb. 2). Dies wird dadurch verursacht, daß die oberen 50 cm einer stärkeren Austrocknungs- und Wiederbefeuchtungsdynamik ausgesetzt sind. Der Anstieg der Wasserspannungen in 200 cm Tiefe im wurzelnahen Stammbereichen bis auf Werte von über 400 cm WS (hPa) verdeutlicht, daß der Beitrag von Tiefwurzeln unterhalb der hydraulischen Wasserscheide für die Wasserversorgung während der Trockenperiode entscheidend ist.

Die hydraulischen Gradienten zwischen den Meßtiefen zeigen eine typische jahreszeitliche Schwankung, die in 35 cm Tiefe größer ist als in 70 und 170 cm. Analog nimmt mit der Tiefe nach unten hin die Schwankung des hydraulischen Gradienten ab, so daß in 170 cm Tiefe nur eine geringe Schwankung zu beobachten ist. Damit zeigt sich, daß der Verlauf der hydraulischen Gradienten sehr eng an die zeitliche und räumliche Wasseraufnahmedynamik der Wurzeln gekoppelt ist (die Wurzellängendichte nimmt im allgemeinen mit der Tiefe nach unten hin ab und ist in den oberen Bodentiefen 0–50 cm am größten). Unterhalb des Hauptwurzelraumes in Tiefen von 90–200 cm (Jungkiefern) und 90–350 cm (Altkiefern) kommen in bestimmten Ebenen (z. B. auf Tonbändern) Feinwurzeln vor, deren Anteil auf etwa 20 % der gesamten Feinwurzeln geschätzt wurde. Die Wurzellängendichte ist in 100 cm Abstand vom Stamm am größten und liegt in 0–10 cm Tiefe bei 0,5–0,6 cm/cm^3 Boden. In der Tiefe zwischen 60–90 cm liegt die Wurzellängendichte in 30 cm Abstand etwas höher als in 100 und 200 cm Abstand.

Die hydraulische Wasserscheide zeigt einen typischen Jahresgang (Abb. 3a). Zu Anfang der Vegetationsperiode liegt sie in der Tiefe zwischen 50–90 cm und verbleibt in 100 cm Tiefe bis zum Ende der Vegetationsperiode 1987. 1988 befindet sie sich zunächst in der Tiefe zwischen 60–110 cm. In der 2. Trockenperiode 1988 verlagert sich die hydraulische Wasserscheide von 110–135 cm Tiefe. Im Gegensatz zu 1987 bildet sich im Juli eine zweite Wasserscheide in 210–235 cm Tiefe, die bis Ende Dezember erhalten bleibt. Die hydraulische Wasserscheide variiert in Abhängigkeit von der Baumentfernung. In 30 und 100 cm Abstand vom Stamm liegt die hydraulische Wasserscheide 10–30 cm tiefer als in 200 und 300 cm Abstand (im September). Im Oktober treten dagegen große Unterschiede in der Tiefenlage der Wasserscheide in Abhängigkeit von der Stammentfernung auf (RAKEI 1991).

Die Tiefenfunktion der hydraulischen Wasserscheide während der Vegetationsperiode wird durch die Trockenperioden geprägt. Abb. 3b zeigt den Tiefgang der hydraulischen Wasserscheide im Jahr 1987 und 1988. Im März herrschte im gesamten Bodenprofil eine abwärtsgerichtete Wasserbewegung. Die maximale Tiefe der hydraulischen Wasserscheide lag 1987 bei 110 cm. In den niederschlagsarmen Monaten April/Mai 1988 kommt es zu einer raschen Austrocknung des Bodenprofils bis zu einer Tiefe von 110 cm. Die Niederschläge im Juni/Juli bewirken eine Wiederbefeuchtung des bereits im April/Mai ausgetrockneten Bodenprofils bis in 90 cm Tiefe. Trotz dieser Wiederbefeuchtung bleibt die Wasserscheide erhalten. Die zweite Trockenperiode August/Oktober 1988 ist durch eine Ausbildung der Wasserscheide in der Tiefe zwischen 130–140 cm gekennzeichnet, etwa 30–40 cm tiefer als 1987.

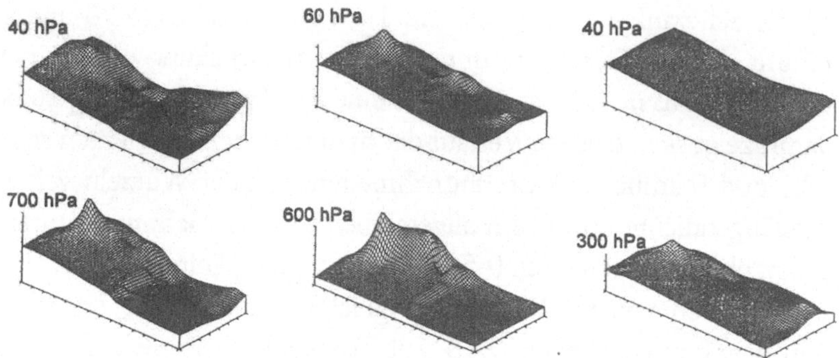

Abb. 2. Bestandesfunktion (Flächengröße ca. 30 × 10 m) und Variabilität der Wasser-
spannungen in 50 (links), 140 (Mitte), und in 200 cm Tiefe (rechts) als Funktion der
Wurzelwasseraufnahme; obere Reihe: Anfang der aktiven Transpirationszeit (Mai), untere
Reihe; Ende der aktiven Transpirationszeit (Oktober) im Altkiefernbestand.

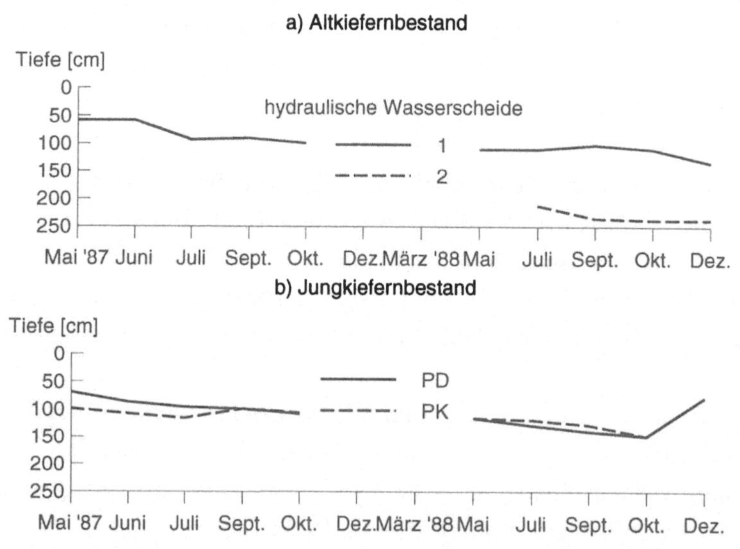

Abb. 3. Tiefengang der hydraulischen Wasserscheide als Funktion der Zeit
für die Meßjahre 1987 und 1988 einem Altkiefernbestand (oben) und für
zwei Jungkiefernbestände (unten); PK: Kontrollfläche, PD: gekalkte/gedüngte
Fläche.

Diese hydraulische Wasserscheide stabilisiert sich nicht nur bis zum Ende der aktiven Transpirationszeit (Ende Oktober), sondern bleibt bis zum Februar/März des Folgejahrs (1989) bestehen. Die maximale Tiefe der hydraulischen Wasserscheide liegt bei 140 cm, d. h. trotz Austrocknung liegt sie immer noch innerhalb des Wurzelraums (0-200 cm Tiefe). Die Wurzelwasseraufnahme unterhalb der hydraulischen Wasserscheide (120-200 cm Tiefe) liegt bei ca. 20 % (Tab. 1). Die Wurzellängendichte nimmt mit der Tiefe nach unten hin ab (Jungkiefern) und nimmt zur Feststellung der Streßsituationen während der Trockenperiode eine entscheidende Rolle zur Klärung der Frage des Wassermangels im Hauptwurzelraum ein.

Berechnungsbeispiel

Anhand eines Beispiels sollen die Ergebnisse aus den beide Verfahren demonstriert werden (Tab. 1 und 2).

Tab. 1. Berechnung der Wurzelwasseraufnahme (V_w) und Versickerung (S) aus den Bodentiefen unterhalb der hydraulischen Wasserscheide mit Hilfe der relativen Wurzellängendichte (rel. WDL) und Bodenwasservorratsänderung (ΔR) nach Verfahren 2. (Zeitraum: 20. April–18. Mai 1988, Jungkiefernbestand).

Tiefe [cm]	$\pm \Delta R$ [mm]	rel. WLD [%]	V_w [mm]	S [mm]
90-120	9,7	100	9,70	—
hydraulische Wasserscheide	. . . .	. . . .	. . . .	. . . .
120-150	4,5	65	4,50	0,00
150-180	4,4	35	3,40	1,00
180-200[†]	4,9	10	0,70	4,20
Summe	13,8	—	8,60	5,20

[†] Dabei wurde die unterschiedliche Schichtmächtigkeit von nur 2 dm gegenüber den anderen Tiefenbereichen berücksichtigt.

Voraussetzungen sind: Standort: Jungkiefern (PD), Zeitraum: 20. April bis 18. Mai 1988, Lage der hydraulischen Wasserscheide bei 120 cm Tiefe, Bestandesniederschlag (20. April bis 18. Mai 1988) = null, Bodenwassergehaltsabnahme (0–200 cm Tiefe) = 67,1 mm, Bodenwassergehaltsabnahme unterhalb der hydraulischen Wasserscheide (120–200 cm Tiefe) = 13,8 mm.

Aus Tab. 2 ist zu erkennen, daß die absoluten Ergebnisse der beiden Verfahren nur geringe Unterschiede aufweisen.

Tab. 2. Vergleich nach Verfahren 1 und 2 berechneten Werte [mm] für die Wurzelwasseraufnahme (V_w) und die Versickerung (S) unter Feldbedingungen. Zeitraum: 20. April bis 18. Mai 1988, Jungkiefernbestand.

Parameter	$\pm \Delta R$	1. Verfahren	2. Verfahren
$\pm \Delta R_{(o)}$	53,30	53,30	53,30
$\pm \Delta R_{(u)}$	13,80	—	—
$V_{w(u)}$	—	11,30	8,60
ET_{akt}	—	64,60	61,90
S	—	2,50	5,20

Danksagung

Die vorliegende Arbeit entstand im Rahmen des vom Umweltbundesamt geförderten Forschungsvorhabens „Ballungsraumnahe Waldökosysteme", FE-Vorhaben Nr. 106 07 046/30.

Literaturverzeichnis

PLAGGE, R., 1991: *Bestimmung der ungesättigten hydraulischen Leitfähigkeit im Boden.* Schriftenreihe Bodenökologie und Bodengenese. Herausgegeben von H.-R. Bork, M. Renger, Fachgebiet Bodenkunde und Regionale Bodenkunde, Institut für Ökologie der TU Belin, Selbstverlag, Heft 3, 152 S.

RAKEI, A., 1991: *Wasserhaushalt eines Alt- und Jungkiefernbestandes auf Rostbraunerde des Grunewaldes (Berlin).* Schriftenreihe Bodenökologie und Bodengenese. Herausgeben von H.-R. Bork, M. Renger, Fachgebiet Bodenkunde und Regionale Bodenkunde, Institut für Ökologie der TU Berlin, Selbstverlag, Heft 4, 134 S.

WEEKS, L. V.; RICHARDS, S. J., 1967: Soil water properties computed from transient flow data. *Soil Science* **31**, 721-725.

STREBEL, O.; RENGER, M.; GIESEL, W., 1975: Bestimmung des Wasserentzugs aus dem Boden durch die Pflanzenwurzeln im Gelände als Funktion der Tiefe und der Zeit. *Zeitschrift für Pflanzenernährung und Bodenkunde* **138**, 61-75.

Stoffumsatz im wurzelnahen Raum.
9. Borkheider Seminar zur Ökophysiologie des Wurzelraumes.
Hrsg.: W. MERBACH, L. WITTENMAYER und J. AUGUSTIN
B. G. Teubner Stuttgart · Leipzig 1999, S. 61–67.

Wurzelerneuerung bei Wintergerste und ihre Bedeutung für die P-Versorgung

Bernd STEINGROBE*, Harald SCHMID[†], Alexandra ZINTEL[‡] und Norbert CLAASSEN*

*Institut für Agrikulturchemie der Universität Göttingen, Von-Siebold-Straße 6, D-37075 Göttingen; [†]Lehrstuhl für Pflanzenernährung der TU München, D-85350 Freising-Weihenstephan; [‡]Institut für Bodenkunde und Pflanzenernährung der FH Weihenstephan, D-85350 Freising-Weihenstephan

Abstract

A part of the root system dies already during plant development (root mortality) and is replaced by new root growth (gross growth). Therefore, root measurement using auger sampling methods gives information only about the net size of a root system. In case of winter barley root, gross growth between 1 April and 18 June was more than twice the net size of the root system and even greater at P shortage. New roots can exploit undepleted soil and therefore average uptake rates of a root system with a high turnover should be greater than of a root system with a low turnover. Thus, model calculations based on gross root growth of barley resulted in a 4–17 % higher uptake than based on the net development of the barley root system. Measured uptake was still higher, so a high root turnover is not the single strategy to gain more phosphate at P shortage.

Einleitung

Gebräuchliche Methoden der Probenahme im Feld zur Messung der Wurzellänge (z. B. Bohrkernmethode) erlauben nur Aussagen über den jeweiligen Ist-Zustand des Wurzelsystems. Kohlenstoffbilanzen mit ^{14}C zeigen aber, daß schon im Laufe der pflanzlichen Entwicklung erhebliche Mengen an Wurzeln absterben und abgebaut werden (SAUERBECK und JOHNEN 1976). Mit der Bohrkernmethode erhobene Daten über die Größe eines Wurzelsystems stellen also nur Nettowerte dar, die sich aus tatsächlichem Bruttowachstum der Wurzeln und Wurzelverlusten zusammensetzen. Die Quantifizierung des Bruttowachstums im Feld ist schwierig. Eine Messung mit Isotopen ist möglich, stößt aber auf rechtliche und technische Probleme. Messungen mit Minirhizotronen lassen nur indirekte Schlüsse auf Quantitäten zu (HENDRICK und PREGITZER 1996). Aus diesem Grund konnte bislang kaum untersucht werden, welchen Einfluß die Erneuerung der Wurzeln auf die Nährstoffaufnahme haben kann.

Berechnungen des Nährstofftransportes mit dem Simulationsmodell von CLAASSEN *et al.* (1986) und CLAASSEN (1990) zeigen, daß es bei relativ „unbeweglichen" Nährstoffen wie Phosphat schon nach wenigen Tagen zu einer starken Verarmung an der Wurzeloberfläche kommt und damit die Aufnahmeraten drastisch absinken. Ein sich laufend erneuerndes Wurzelsystem erschließt aber immer neuen, unverarmten Boden und müßte deswegen im Vergleich zu einem „statischen" Wurzelsystem höhere mittlere Aufnahmeraten verwirklichen können. Die Wurzelerneuerung könnte also — bei unveränderter Nettogröße eines Wurzelsystems — eine Strategie sein, auf phosphatarmen Standorten mehr P verfügbar zu haben. Dies zu prüfen war Ziel dieser Arbeit.

Material und Methoden

Versuchsanlage

Wintergerste wurde auf einem Lehmboden angebaut, der seit 1983 entweder 0 kg oder 100 kg P_2O_5/(ha · a) erhalten hatte. Dies führte zu relativ geringen CAL-P-Werten von 1,5 mg bzw. 2,6 mg P_2O_5/100 g Boden. Zwischen dem 1. April und 18. Juni 1997 wurden an insgesamt fünf Terminen die Sproßtrockenmasse, der P-Gehalt in der Trockenmasse und Wurzeldaten erhoben.

Wurzelanalyse

Die *Nettoentwicklung* der Wurzelsysteme wurde mit der Bohrkernmethode bestimmt (BÖHM 1979). An jedem Termin wurden Bohrkerne (ø 8 cm) bis zu einer Tiefe von 90 cm entnommen (zwei Kerne je Behandlung, vier Wiederholungen). Betrachtet wird hier nur die Schicht 0–30 cm, in der sich selbst am letzten Termin über 70 % der gesamten Wurzelmasse befand. Die Wurzeln wurden über einem 0,2-mm-Sieb ausgewaschen, per Hand gereinigt und mit der Schnittpunktmethode nach TENNANT (1975) die Länge bestimmt.

Die *Bruttoentwicklung* der Wurzelsysteme wurde mit der „Ingrowth Cores"-Methode ermittelt (HANSSON *et al.* 1992, MAJDI 1996). „Ingrowth Cores" sind Netzschläuche (Länge 45 cm, ø 4 cm, Maschenweite 3 mm, Gardinenstoff), die (über ein entsprechendes PVC-Rohr gezogen) im 45°-Winkel in den Boden gebohrt werden (0–30 cm Bodenschicht). Dies geschah mit allen Netzschläuchen zu Versuchsbeginn. Zu jedem Termin wurden auch jeweils vier „Ingrowth Cores" pro Wiederholung zur Durchwurzelung freigegeben. Hierfür wurde das PVC-Rohr herausgezogen und gleichzeitig der Netzschlauch durch das Rohr mit wurzelfreiem Boden der jeweiligen Parzelle gefüllt. Zum folgenden Termin wurden die „Ingrowth Cores" aus dem Boden gezogen (gleichzeitig der nächste Satz geöffnet) und die Wurzellänge wie bei den Bohrkernen bestimmt.

Modellierung

Zur Berechnung der P-Aufnahme wurde das Modell von CLAASSEN *et al.* (1986) und CLAASSEN (1990) benutzt (http://www.gwdg.de/~uaac/download.htm). Die Werte für die Eingabeparameter Bodenfeuchte, P-Konzentration der Bodenlösung, CAL-P und Wurzelradius wurden zu jedem Termin mittels Standardmethoden ermittelt. Der *f*-Wert (Widerstandsfaktor) errechnete sich aus der Bodenfeuchte (BARRACLOUGH und TINKER 1981). Die maximale Aufnahmerate I_{max} hatte auf das Rechenergebnis nur einen geringen Einfluß und wurde deshalb pauschal als dreimal höher als die gemessenen Aufnahmeraten angenommen. Die Michaelis-Konstante K_m war 0,4 µM und die Minimumkonzentration c_{min} 0 µM. Für die Berechnung der Aufnahme auf der Grundlage des Bruttowachstums wurde als Start-Wurzellänge zu Beginn einer Rechenperiode die Netto-Wurzellänge benutzt. Die Wachstumsrate der Wurzelsysteme ergab sich aus dem Bruttowachstum. In den errechneten Aufnahmen ist bei dieser Vorgehensweise noch ein Anteil enthalten, der von den innerhalb der Rechenperiode abgestorbenen Wurzeln herrührt. Dieser Anteil wurde aus dem Wurzelverlust gesondert berechnet und dann subtrahiert.

Ergebnisse und Diskussion

Die mittels der Bohrkernmethode erfaßte Nettogröße der Wurzelsysteme veränderte sich im betrachteten Zeitraum nur wenig (Abb. 1). Allenfalls die besser mit P versorgte Variante (2,6 mg CAL-P) hatte im Mai ein etwas größeres Wurzelsystem in der Schicht 0–30 cm.

Die „Ingrowth Cores" waren nur jeweils 2–3 Wochen für die Bewurzelung geöffnet. Diese kurze Zeitspanne sollte gewährleisten, daß innerhalb der „Cores" keine Wurzeln abstarben, bevor diese gezogen wurden. Nur dann repräsentiert die Wurzelmenge in den „Cores" das tatsächliche Wachstum. Addiert man die Wurzelmengen der vier Öffnungsperioden, erhält man die Bruttoentwicklung der Wurzelsysteme im gesamten betrachteten Zeitraum (Abb. 1). Die Differenz zwischen Brutto- und Nettoentwicklung ist der Wurzelverlust. Dieser Wurzelverlust war am letzten Probenahmetermin deutlich größer als die Nettowurzelsysteme. Dies bedeutet, daß mehr als doppelt so viele Wurzeln gewachsen waren, als mit der üblichen Bohrkernmethode erfaßt werden konnten. Ein Bruttowachstum in ähnlicher Größenordnung fanden beispielsweise auch SAUERBECK und JOHNEN (1976) oder SWINNEN *et al.* (1995) mit ^{14}C-Bilanzierung bei Weizen und CHENG *et al.* (1990) mit Minirhizotronen bei Hirse.

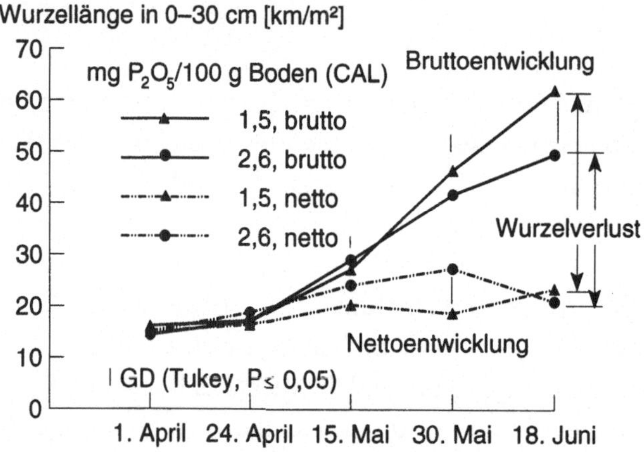

Abb. 1. Brutto- und Nettoentwicklung der Wurzelsysteme von Wintergerste bei variiertem P-Gehalt im Boden.

Die geringer mit P versorgte Gerste wies eine stärkere Bruttoentwicklung auf, während die Nettogröße des Wurzelsystems eher kleiner blieb. Der größere P-Mangel führte also zu einer stärkeren Wurzelerneuerung und damit zu einer größeren Zahl junger Wurzeln mit einer geringeren Lebensdauer.

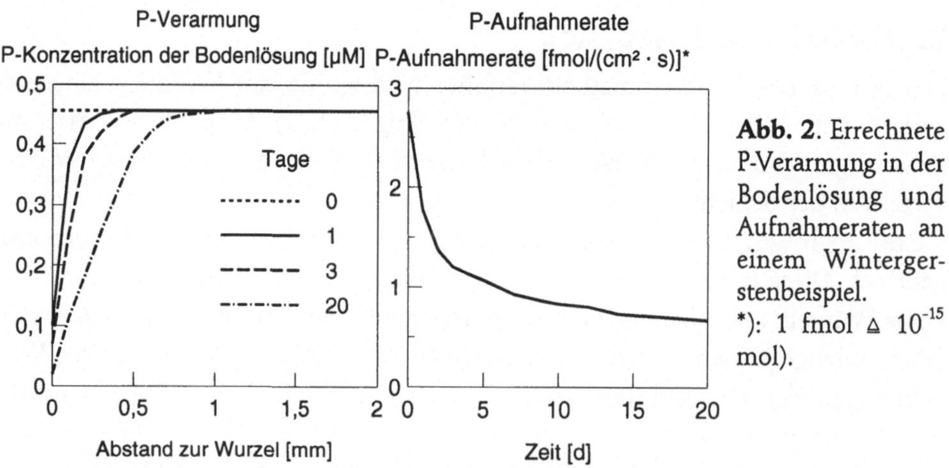

Abb. 2. Errechnete P-Verarmung in der Bodenlösung und Aufnahmeraten an einem Wintergerstenbeispiel.
*): 1 fmol ≙ 10^{-15} mol).

Die Wirkung eines Nährstoffmangels auf die mittlere Lebensdauer von Wurzeln ist bislang wenig untersucht, und die Ergebnisse sind widersprüchlich (HENDRICK und

PREGITZER 1996). Zunächst bedeutet ein erhöhtes Bruttowachstum einen größeren Assimilatverbrauch und damit gerade für mangelgeschwächte Pflanzen einen Nachteil. Ob sich hinsichtlich der P-Ernährung auch Vorteile ergeben, sollte mit dem Simulationsmodell von CLAASSEN *et al.* (1986) untersucht werden.

Das Modell berechnet den Antransport von Nährstoffen aus Diffusion und Massenfluß und die Aufnahmerate mittels der Michaelis-Menten-Kinetik. Hieraus kann zu gewünschten Terminen die Verarmung der P-Konzentration um die Wurzel herum berechnet werden. Diese sank, wie das Beispiel in Abb. 2 zeigt, schon in den ersten Tagen stark ab, so daß sich an der Wurzeloberfläche eine sehr niedrige Konzentration einstellte. Diese niedrige Konzentration erlaubte dann auch nur eine P-Aufnahme mit geringer Rate. Allenfalls in den ersten fünf Tagen der Berechnung war die Aufnahmerate etwas höher.

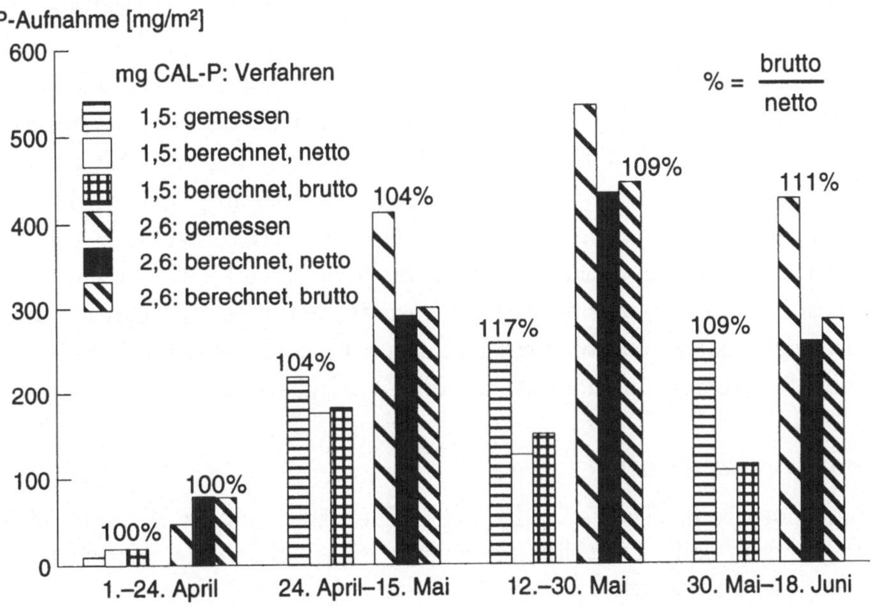

Abb. 3. Die gemessene und mit einem Simulationsmodell berechnete P-Aufnahme von Wintergerste bei unterschiedlicher P-Versorgung. (Berechnung auf Grundlage der Netto- und Bruttoentwicklung der Wurzelsysteme).

Ein Wurzelsystem, das bei gleicher Nettogröße deutlich jünger ist, hat mehr Wurzeln im Altersabschnitt bis fünf Tage als ein vergleichbares älteres Wurzelsystem und müßte deswegen eine höhere mittlere Aufnahmerate verwirklichen können.

Abb. 3 zeigt die berechneten P-Aufnahmen der einzelnen Zeitabschnitte im Vergleich zu den im Feld gemessenen Aufnahmen. Die Rechenergebnisse lagen bis auf den ersten Termin deutlich unter den Meßwerten, d. h. die Aufnahmen wurden vom Modell unterschätzt.

Eine Unterschätzung tritt häufig auf, wenn die P-Versorgung wie in den vorliegenden Fällen knapp ist. Dies deutet darauf hin, daß neben den im Modell berücksichtigten Prozessen Massenfluß, Diffusion und Sorption noch weitere Prozesse an der P-Versorgung teilhaben. Die Berechnung aufgrund des Bruttowachstums der Wurzeln führte zwar zu einer um 4–17 % höheren Aufnahme, aber auch in diesem Fall wird die gemessene Aufnahme vom Modell unterschätzt. Allerdings wurde bei der Berechnung nicht berücksichtigt, daß junge Gerstenwurzeln Phosphat mit erhöhter Rate aufnehmen können (CLARKSON *et al.* 1968). Dennoch scheint eine verstärkte Wurzelerneuerung allein keine ausreichende Strategie der Pflanzen gegen eine knappe P-Versorgung zu sein. Weitere Prozesse, wie die Mobilisierung schwerverfügbaren Phosphats durch Exsudation organischer Säuren, müssen dazu kommen. Aber auch hier kann eine verstärkte Wurzelerneuerung von Vorteil sein, denn die Exsudation organischer Säuren findet bevorzugt an den Wurzelspitzen statt (HOFFLAND *et al.* 1989). Eine verstärkte Wurzelerneuerung bedeutet zwar nicht zwangsläufig eine höhere Zahl an Wurzelspitzen aber insgesamt mehr jüngere Wurzeln. Es kann also vermutet werden, daß die Wurzelerneuerung auch einen positiven Effekt auf die Exsudation und damit die P-Verfügbarkeit hat. Dies im Modell zu überprüfen scheitert derzeit noch an den ungenügenden Kenntnissen über Exsudationsraten organischer Säuren, Abbauraten in der Rhizosphäre und die Wirkung der Wurzelabscheidungen auf die P-Verfügbarkeit.

Literaturverzeichnis

BARRACLOUGH, P. B.; TINKER, P. B., 1981: The determination of ionic diffusion coefficients in soils. Diffusion coefficients in sieved soils in relation to water content and bulk density. *Journal of Soil Science* **32**, 225–236.

BÖHM, W., 1979: *Methods of Studying Root Systems*. Ecological Studies **33** Berlin: Springer-Verlag.

CHENG, W.; COLEMAN, D. C.; BOX, J. E., 1990: Root dynamics, production and distribution in agroecosystems on the Georgia Piedmont using minirhizotrons. *Journal of Applied Ecology* **27**, 592–604.

CLAASSEN, N., 1990: *Nährstoffaufnahme höherer Pflanzen aus dem Boden*. Severin Verlag, Göttingen (1990).

CLAASSEN, N.; SYRING, K. M.; JUNGK, A., 1986: Verification of a mathematical model by simulating potassium uptake from soil. *Plant and Soil* **95**, 209–220.

CLARKSON, D. T.; SANDERSON, J.; SCOTT RUSSEL, R., 1968: Ion uptake and root age. *Nature* **220**, 805-806.

HANSSON, A.-C.; STEEN, E.; ANDRÉN, O., 1992: Root growth of daily irrigated and fertilized barley investigated with ingrowth cores, soil cores and minirhizotrons. *Swedish Journal of Agricultural Research* **22**, 141-152.

HENDRICK, R. L.; PREGITZER, K. S., 1996: Applications of minirhizotrons to understand root function in forests and other natural ecosystems. *Plant and Soil* **185**, 293-304.

HOFFLAND, E.; FINDENEGG, G. R.; NELEMANS, J. A., 1989: Solubilization of rock phosphate by rape. II. Local root exudation of organic acids as a response to P starvation. *Plant and Soil* **113**, 161-165.

MAJDI, H., 1996: Root sampling methods — applications and limitations of the minirhizotron technique. *Plant and Soil* **185**, 255-258.

SAUERBECK, D.; JOHNEN, B., 1976: Der Umsatz von Pflanzenwurzeln im Laufe der Vegetationsperiode und dessen Beitrag zur „Bodenatmung". *Zeitschrift für Pflanzenernährung und Bodenkunde* **139** 315-328.

SWINNEN, J.; VAN VEEN, J. A.; MERCKX, R., 1995: Root decay and turnover of rhizodeposits in field-grown winter wheat and spring barley estimated by ^{14}C pulse-labelling. *Soil Biology and Biochemistry* **27**, 211-217.

TENNANT, D., 1975: A test of a modified line intersect method of estimating root length. *Journal of Ecology* **63**, 995-1001.

Stoffumsatz im wurzelnahen Raum.
9. Borkheider Seminar zur Ökophysiologie des Wurzelraumes.
Hrsg.: W. MERBACH, L. WITTENMAYER und J. AUGUSTIN
B. G. Teubner Stuttgart · Leipzig 1999, S. 68-73.

Agronomische Maßnahmen zur Reduzierung der Cadmiumaufnahme bei Salat (*Lactuca sativa* L.)

Alke GABRIEL, Diedrich STEFFENS und Sven SCHUBERT
Institut für Pflanzenernährung der Justus-Liebig-Universität Gießen, Südanlage 6, D-35390 Gießen

Abstract

Some plants such as lettuce accumulate cadmium (Cd), one of the most harmful heavy metals, in vegetative parts even on soils with low total Cd. The objective of our investigations was to obtain information if agronomical treatments result in an increase or decrease of Cd soil availability or plant Cd uptake. It is necessary to investigate soil Cd availability and Cd uptake by plants separately. Using different levels of NPK fertilizer it was found that with an increase in the amount of fertilizer, there was an increase in Cd availability resulting in increased plant Cd uptake. The better plant growth with increasing fertilization resulted in a reduction of Cd plant concentration due to a dilution effect. NPK fertilizer and green manure increased soil Cd availability, whereas lime or compost decreased soil Cd availability. These effects were reflected by plant Cd uptake.

From the results of this investigation it can be concluded: (i) increasing fertilization may result in concurrent increase in plant Cd concentration, (ii) this accumulation can be prevented by liming and in particular by compost application. These results, however, may be soil-specific.

Einleitung und Problemstellung

Cadmium (Cd) ist eines der problematischsten Schwermetalle. Langjährige Dauerversuche zeigen, daß dieses Gefahrenpotential durch Akkumulation in den oberirdischen Pflanzenteile stetig zunimmt (JONES *et al.* 1992). Von Bedeutung hierfür ist, daß sich der Eintrag von Cd nicht auf eine Hauptquelle zurückführen läßt. Auch der Anstieg der Cd-Verfügbarkeit im Boden darf nicht unterschätzt werden. Eigene Untersuchungen zeigen, daß Pflanzen auf manchen Standorten so hohe Konzentrationen aufweisen, daß ein Anbau von bestimmten Kulturen unmöglich wird (SCHUBERT 1992, BECHER *et al.* 1997). Dies ist von besonderem Interesse, da der Cd-Gehalt der Böden auf diesen Standorten deutlich unter dem Grenzwert der Klärschlammverordnung lag, offiziell also für den Pflanzenanbau geeignet war.

Warum es auf Böden mit geringer Cd-Belastung trotzdem zu hohen Gehalten in der Pflanzenmasse kommen kann, ist nicht bekannt.

Der Boden ist der Ort, an dem Cd über landwirtschaftliche Maßnahmen für die Pflanzen durch Festlegung an Bodenpartikeln vor einer Aufnahme geschützt oder durch Desorptionsprozesse oder Komplexbildung besser verfügbar wird. Von Bedeutung ist hierbei, daß verschiedene agronomische Maßnahmen, angewandt auf unterschiedlichen Böden, synergistisch, aber auch antagonistisch wirken können. Um die Wirksamkeit der verschiedenen Maßnahmen auf eine reduzierte Cd-Aufnahme aus dem Boden verstehen zu können, ist es wichtig, die Wirkungsbereiche Boden und Pflanze getrennt voneinander zu untersuchen. Ziel der vorliegenden Arbeit war es, Empfehlungen zu erarbeiten, welche es dem Landwirt ermöglichen, über agronomische Maßnahmen die Cd-Aufnahme in die Pflanze zu reduzieren.

Material und Methoden

Versuchsdurchführung

Die Versuche wurden aufgrund der verschiedenen Wirkungsbereiche in zwei parallel laufenden Gefäßversuchen durchgeführt. Verwendet wurden kleine Mitscherlichgefäße mit einem Fassungsvermögen von 6 kg Boden. Zur Versuchsdurchführung wurde ein lehmiger Unterboden verwendet (pH-Wert 6,5), der mit 3 mg $CdSO_4$ pro Gefäß angereichert wurde. Zur Untersuchung der verschiedenen agronomischen Maßnahmen wurden die Gefäße je nach Variante noch zusätzlich wie folgt behandelt:

- Mineralische Düngung: 5 g, 10 g, 20 g NPK-Dünger pro Gefäß; NPK-Dünger: 12 + 12 + 17 + 2 MgO + 6 S + 0,02 B + 0,01 Zn.
- Kalkung: 5 g $CaCO_3$ + 20 g NPK-Dünger pro Gefäß.
- Organische Düngung: 40 g Kompost bzw. 10 g Gründünger + 20 g NPK-Dünger pro Gefäß.

Der Versuchsbereich Pflanze wurde über den Anbau von Salat (*Lactuca sativa* L., Sorte: ‚Hohlblättriger Butter') untersucht. Pro Vegetationsperiode wurden drei Pflanzenschnitte durchgeführt, zum gleichen Termin wurden die unbepflanzten Gefäße beprobt.

Analysen

Das pflanzenverfügbare Cd im Boden wurde im 0,01 M $CaCl_2$-Extrakt (1:10 m/V) ermittelt. In allen Bodenproben wurde darüber hinaus der pH-Wert im 0,01 M $CaCl_2$-Extrakt gemessen. Die Cd-Konzentration wurde aus dem aufbereiteten

70

Pflanzenmaterial nach Naßveraschung gewonnen. Pflanzen- und Bodenextrakt wurden mittels AAS bestimmt.

Ergebnisse und Diskussion

Einfluß einer NPK-Düngung

Der Einsatz steigender NPK-Düngergaben bewirkte im Boden einen Anstieg des pflanzenverfügbaren Cadmiums (Abb. 1). Es wird vermutet, daß die mit dem Dünger eingebrachten Alkali- und Erdalkaliionen die Cd-Verfügbarkeit durch Austauschprozesse an Bodenpartikeln erhöhten.

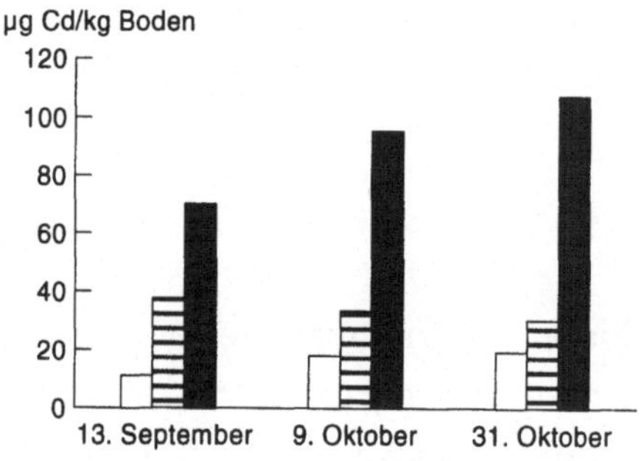

Abb. 1. CaCl$_2$-extrahierbares Cd im Boden nach steigender NPK-Düngung.

Abb. 2. Cd-Gehalte in der oberirdischen Pflanzenmasse nach steigender NPK-Düngung.

Steigende NPK-Applikationen führten zu einem verbesserten Pflanzenwachstum (Tab. 1).

Tab. 1. Oberirdische Pflanzenfrischmasse [g/Gefäß] nach steigender NPK-Düngung.

NPK-Dünger-menge [g]	Erntetermin		
	13. September 1997	9. Oktober 1997	31. Oktober 1997
5	16,8	45,8	33,4
10	71,3	93,2	34,2
20	112,8	117,9	35,6

Verbunden mit dem verbesserten Pflanzenwuchs war aber auch ein Anstieg der Cd-Gehalte in der oberirdischen Pflanzenmasse zu verzeichnen (Abb. 2).

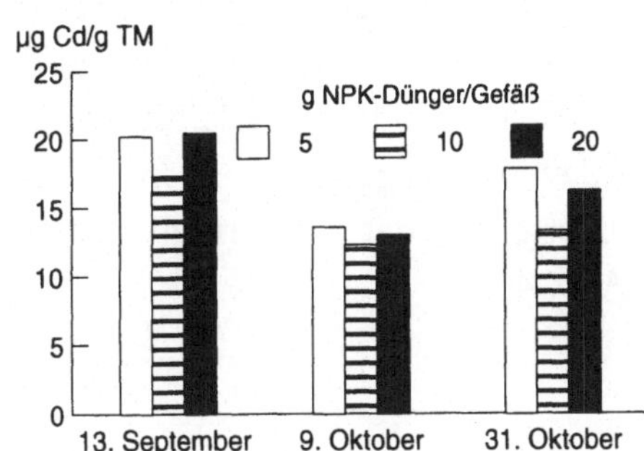

Abb. 3. Cd-Konzentration im Sproß nach steigender NPK-Düngung.

Die Cd-Konzentrationen in der Sproß trockenmasse unterschieden sich jedoch nicht signifikant voneinander (Abb. 3). Es kann daher von einer Verdünnung der Cd-Konzentrationen im Sproß durch verbessertes Pflanzenwachstum ausgegangen werden.

Neben der Zusammensetzung des Düngers entscheidet also möglicherweise die Düngermenge darüber, ob die verbesserte Verfügbarkeit im Boden die Aufnahme stärker beeinflußt oder ob durch ein verbessertes Pflanzenwachstum die Cd-Konzentration im Sproß verdünnt werden kann.

Einfluß einer Kalkung

Die häufigste empfohlene Maßnahme zur Verminderung der Cd-Akkumulation durch die Pflanze ist die Kalkung.

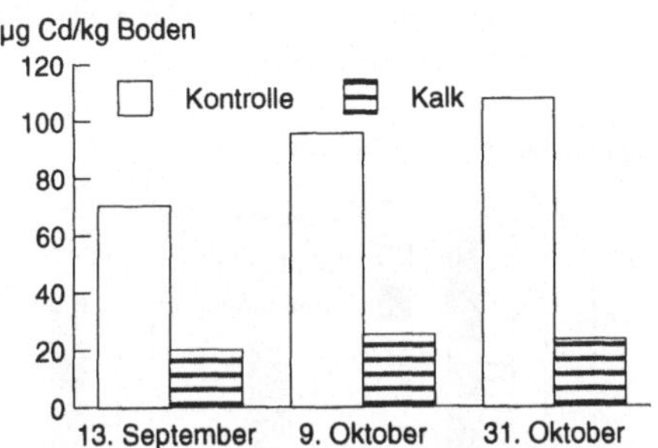

Abb. 4. CaCl$_2$-extrahierbares Cd im Boden nach der Behandlung mit Kalk (5 g CaCO$_3$/ Gefäß).

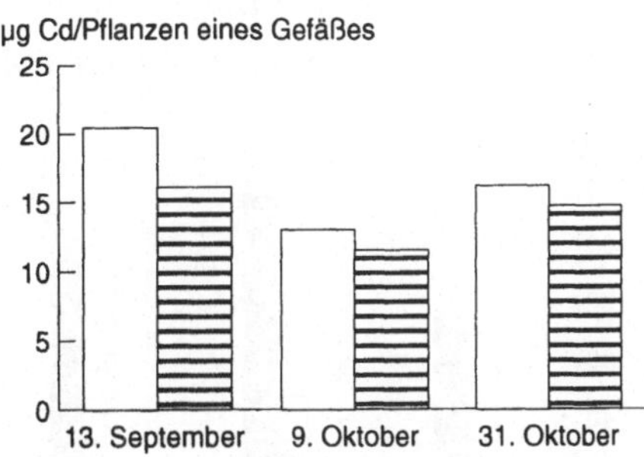

Abb. 5. Cd-Gehalte in der oberirdischen Pflanzenmasse nach Behandlung mit Kalk.

Die Ergebnisse zeigen (Abb. 4), daß der Einsatz von CaCO$_3$ die Verfügbarkeit von Cd deutlich reduzierte. Tatsache ist, daß auf einigen Böden, selbst wenn es zu einer Erhöhung des pH-Wertes kommt, die Cd-Verfügbarkeit im Boden nicht zwangsläufig reduziert ist (GAUDSCHAU und MARQUARD 1990).

Diese Beobachtung ist darauf zurückzuführen, daß das Einbringen von Kalk auf die Verfügbarkeit im Boden und die Aufnahme durch die Pflanze antagonistisch wirken kann (SCHUBERT 1992): (i) Calcium reduziert die Cd-Aufnahme und erhöht die Cd-Verfügbarkeit, (ii) pH-Erhöhung erhöht die Cd-Aufnahme und reduziert die Cd-Verfügbarkeit. Da die Ergebnisse aus Abb. 5 eine deutliche Reduktion in der Aufnahme zeigen, kann bei der Cd-Aufnahme davon ausgegangen werden, daß der Einfluß von Ca auf die Cd-Aufnahme dominierte, bei der Cd-Verfügbarkeit im Boden jedoch der Einfluß des pH überwog (Abb. 4).

Einfluß von organischen Düngern

Eine weitere agronomische Maßnahme ist das Einarbeiten von organischer Substanz. Im Versuch wurden der Einfluß von Kompost mit hohem Rottegrad sowie der Einfluß eines Gründüngers untersucht. Die Ergebnisse (Abb. 6) zeigen, daß eine Kompostzugabe die Cd-Verfügbarkeit im Boden reduzierte, Gründüngung dagegen die Cd-Verfügbarkeit im Boden nicht signifikant beeinflußte. Die verminderte Verfügbarkeit von Cd nach einer Kompostapplikation wurde durch eine reduzierte Cd-Aufnahme durch die Pflanze widergespiegelt (Abb. 7), wohingegen die Gründüngerapplikation die Cd-Aufnahme nicht beeinflußte. Hier wird deutlich, daß die Zusammensetzung des organischen Materials von Bedeutung ist. Das Einarbeiten von organischen Substanzen dürfte die Cd-Verfügbarkeit durch Bildung stabiler Cd-Komplexe erniedrigen. Welche Verbindungen die Verfügbarkeit von Cd im Boden erhöhen und welche sie reduzieren, muß noch ermittelt werden.

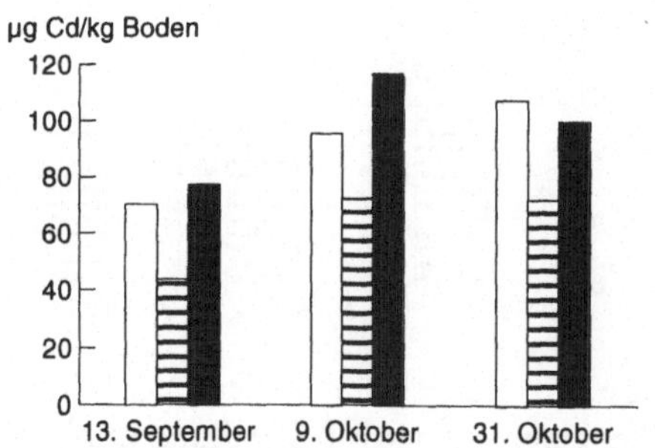

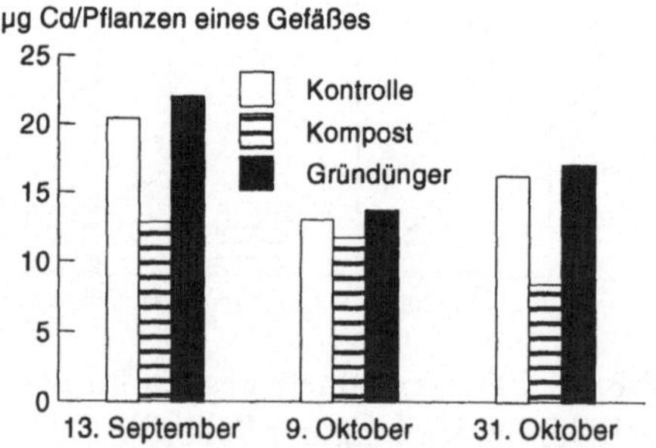

Abb. 6. CaCl$_2$-extrahierbares Cd im Boden nach Applikation von 40 g Kompost oder 10 g Gründünger je Gefäß.

Abb. 7. Cd-Gehalte in der Pflanzenmasse nach Applikation von 40 g Kompost oder 10 g Gründünger je Gefäß.

Zusammenfassung

1. Steigende Düngergaben zeigten einen erhöhten Cd-Entzug, aber keinen Anstieg der Cd-Konzentration in der Pflanzenmasse. Es kann hier von einem Verdün-

nungseffekt ausgegangen werden. Dieser Effekt ist auf ein verbessertes Pflanzenwachstum bei optimaler Ernährung zurückzuführen.

2. Bei optimaler Ernährung der Pflanzen konnte eine Kalkung die Cd-Gehalte in der gesamten Pflanze deutlich reduzieren. Eine noch deutlichere Reduktion der Cd-Akkumulation wurde durch eine Kompostgabe erreicht.

Literaturverzeichnis

BECHER, M.; WÖRNER, A.; SCHUBERT, S., 1997: Cd translocation into generative organs of linseed (*Linum usitatissimum* L.). *Zeitschrift für Pflanzenernährung und Bodenkunde* **160**, 505–510.

GAUDSCHAU, M.; MARQUARD, R., 1990: Untersuchungen zum Cadmiumgehalt in Leinensamen in Abhängigkeit von der Bodenkontamination. *VDLUFA-Schriftenreihe* **32**, 867–873.

JONES, M. C.; JACKSON, A.; JOHNSTON, A. E., 1992: Evidence for an increase in the Cd content of herbage since the 1860's. *Environmental Science and Technology* **26**, 179–191.

SCHUBERT, S., 1992: Untersuchungen zur Verlagerung von Cadmium in Diätlein (*Linum usitatissimum* L.). *VDLUFA-Schriftenreihe* **33**, 757–760.

Stoffumsatz im wurzelnahen Raum.
9. Borkheider Seminar zur Ökophysiologie des Wurzelraumes.
Hrsg.: W. MERBACH, L. WITTENMAYER und J. AUGUSTIN
B. G. Teubner Stuttgart · Leipzig 1999, S. 74–79.

Anpassung von Mais (*Zea mays* L.) an Bodensalinität: Strategien und Konzepte

Sven SCHUBERT

Institut für Pflanzenernährung der Justus-Liebig-Universität Gießen, Südanlage 6, D-35390 Gießen

Abstract

Worldwide crop production is largely affected by soil salinity in arid regions. Soil amelioration is a potential means that might help to solve this problem. However, high-quality water which is required to wash out salts is limited. As an alternative, breeding of crops that are adapted to these adverse conditions has been proposed long ago. Despite tremendous efforts the development of salinity-resistant crops has not been very successful so far. A major reason is that traits that realize resistance are inherited in a multi-genic way. Thus, although resistant plants do exist (e. g. wild plants) the combination of resistance with high-yielding potential still awaits accomplishment. In this paper a physiology-based approach is presented to improve the salt resistance of maize. According to this concept salt resistance in maize is subdivided into two major attributes, namely drought resistance and Na^+ exclusion. The latter has been studied in detail and has led to an efficiently Na^+-excluding inbred line. It is suggested that combination of Na^+ exclusion and drought resistance will significantly improve the salt resistance of maize.

Einleitung

Die pflanzliche Produktion wird weltweit durch unzureichende Wasserversorgung und Bodensalinität erheblich beeinträchtigt. Infolge unangepaßter Bewirtschaftungsweisen nimmt die Bodenversalzung ständig weiter zu. Die Melioration von salinen Böden ist durch geeignete Maßnahmen, wie z. B. Auswaschung von Salzen und Gipsdüngung bei guter Drainage grundsätzlich möglich. Allerdings limitiert unter diesen Bedingungen häufig die Verfügbarkeit von Wasser guter Qualität diese Maßnahme. In schweren Böden ist nicht nur die Auswaschung der Salze behindert, sondern es kommt bei falscher Bewirtschaftung des Standortes durch kapillaren Aufstieg des Wassers und der darin gelösten Salze zur Ausbildung einer sekundären Salinität. Bereits vor fast zwanzig Jahren wurde angeregt, Kulturpflanzen genetisch an saline Bedingungen anzupassen (EPSTEIN *et al.* 1980). Trotz erheblicher züchterischer Bemühungen konnte eine wesentliche Verbesserung der Salzresistenz bisher nicht erzielt werden. Als Grund wird generell die multigene Vererbung von Merkmalen angeführt, die zur Salzresistenz beitragen.

Nach einem Modell von MUNNS (1993) wird das Wachstum von Kulturpflanzen durch Salinität zunächst durch osmotische Effekte, später durch Ioneneffekte beeinträchtigt. Unsere Erfahrungen mit Mais stützen im wesentlichen dieses Modell und zeigen, daß die Ionentoxizität bei Mais in erster Linie auf Na^+ zurückzuführen ist (FORTMEIER und SCHUBERT 1995). Ausgehend von diesem Modell haben wir daher ein physiologisches Konzept entwickelt, die Salzresistenz von Mais über osmotische Anpassung und Na^+-Exklusion zu verbessern. In den vergangenen Jahren ist es gelungen, eine Na^+-ausschließende Inzuchtlinie zu erstellen, die als zukünftiges Zuchtmaterial vielversprechend ist. Im folgenden sollen die physiologischen Grundlagen der Na^+-Exklusion und ihre Bedeutung für die Salzresistenz von Mais beschrieben werden.

Beitrag der Na^+-Exklusion zur Salzresistenz von Mais

Die Bedeutung der Na^+-Exklusion für die Salzresistenz von Mais war lange Zeit umstritten (SCHUBERT 1990). Hierfür waren zwei Gründe ausschlaggebend. Zunächst wurden Untersuchungen nur über relativ kurze Zeiträume im vegetativen Stadium durchgeführt, die eine Rolle der Na^+-Exklusion für die Salzresistenz nicht nachweisen konnten. Erst die Formulierung des Zweiphasenmodells von MUNNS (1993) ermöglichte einen wesentlichen Durchbruch. Nach diesem Modell sind bei Salzbehandlung einer Kulturpflanze zunächst im wesentlichen osmotische Effekte für eine Verminderung des Wachstums verantwortlich (Abb. 1).

Pflanzen zeigen in dieser Phase ein gehemmtes Streckungswachstum, das zu einem gedrungenen Habitus und dunkelgrüner Farbe der Blätter führt. Erst nach längerer Applikationsdauer ist nach diesem Modell mit Ionentoxizität zu rechnen. Der Vergleich zwischen dem effizient Na^+-ausschließenden Maishybriden ‚Pioneer 3906‘ und der weniger stark ausschließenden Sorte ‚Across 8023‘ zeigte daher erst nach siebenwöchiger NaCl-Behandlung (100 mM) signifikante genotypische Unter-

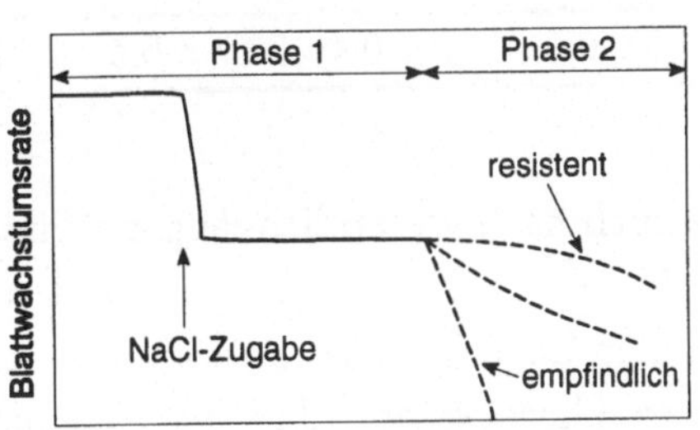

Abb. 1. Modell der zweiphasigen Wachstumsreaktion von drei unterschiedlich salztoleranten Genotypen (nach MUNNS 1993).

schiede: Während ‚Pioneer 3906' bis zur Reife keine Toxizitätssymptome aufwies, entwickelten sich bei der Sorte ‚Across 8023' beginnend an den alten Blättern zunächst Chlorosen und später Nekrosen, die auf die jüngeren Blätter übergriffen und schließlich zum Absterben der Pflanzen führten (FORTMEIER und SCHUBERT 1995).

Eine weitere Ursache für die Schwierigkeit, einen Nachweis für Na^+-Toxizität auch schon in der ersten Phase zu führen, ist, daß Vergleiche von Varianten unterschiedlicher Ionenkonzentrationen angestellt wurden, ohne das Wasserpotential der Lösungen auszugleichen. Wird ein osmotischer Streß, induziert durch Polyethylenglycol (PEG 6000), bei gleichem Wasserpotential mit dem Einfluß von 100 mM NaCl verglichen, so zeigt sich nach fünf Tagen ein signifikant ($P \leq 0,01$) stärker reduziertes Blattwachstum durch NaCl im Vergleich zu PEG (Tab. 1).

Ein Vergleich verschiedener Salzlösungen äquivalenter Ionenkonzentration mit PEG bei gleichem Wasserpotential (in den Salzlösungen eingestellt mit PEG) spricht dafür, daß auch hier der Einfluß des Kations, speziell des Natriums, die dominierende Rolle spielt (Tab. 2).

Tab. 1. Auswirkung von Wasser- (PEG) sowie Salzstreß (100 mM NaCl) auf die Länge [cm] des vierten Blattes von Mais nach fünftägiger Behandlung bei gleichem Wasserpotential des Wurzelmediums (eingestellt mit PEG, nach Sümer, unveröffentlicht).

Kontrolle	PEG	NaCl
$26,6 \pm 0,3$	$23,2 \pm 0,4$	$20,7 \pm 0,6$

Tab. 2. Auswirkung von Salzstreß bei verschiedener Ionenzusammensetzung des Mediums auf die Länge [cm] des vierten Blattes von Mais nach eintägiger Behandlung mit PEG sowie Salzen (NaCl: 100 mM, Na_2SO_4: 50 mM, $MgCl_2$: 50 mM) bei gleichem Wasserpotential des Wurzelmediums (eingestellt mit PEG, nach Sümer, unveröffentlicht).

PEG	NaCl	Na_2SO_4	$MgCl_2$
$18,2 \pm 0,5$	$15,5 \pm 0,2$	$15,5 \pm 0,3$	$16,5 \pm 0,2$

Da auch nach wesentlich längerer Einwirkung von Na^+ keine Toxizitätssymptome in der ersten Phase auftreten, andererseits mit einem Na^+/K^+-Antagonismus zu rechnen ist und K^+ das Streckungswachstum limitiert, ist zu vermuten, daß in der ersten Phase keine echte Na^+-Toxizität auftritt, sondern ein latenter K^+-Mangel induziert wird. Diese Hypothese ist jedoch noch zu überprüfen.

Strategien der Na^+-Exklusion von Mais

Als Strategien der Na^+-Exklusion werden verschiedene organisatorische Stufen definiert, auf denen die Pflanze eine schrittweise Reduzierung der Na^+-Konzentration bis hin zu ihrem empfindlichsten Teil, nämlich dem photosynthetisch aktiven Gewebe, realisieren kann (SCHUBERT 1990). Mais verfolgt in erster Linie zwei Strategien der Na^+-Exklusion, und zwar an der Wurzeloberfläche und im Zentralzylinder der Wurzeln. Die effiziente Na^+-Exklusion der Maishybridsorte ‚Pioneer 3906' ist auf beide Strategien zurückzuführen. Als Einfachhybride (F1) wird diese durch Kreuzung der beiden Inzuchtlinen ‚Pioneer 165' und ‚Pioneer 605' erstellt. Die effiziente Na^+-Exklusion an der Wurzeloberfläche von ‚Pioneer 3906' wird von der Inzuchtlinie ‚Pioneer 165' vererbt. Bezieht man die gesamte von der Pflanze aufgenommene Na^+-Menge auf die Wurzelmasse, so erhält man ein Maß für die Na^+-Exklusion an der Wurzeloberfläche. Während ‚Pioneer 3906' und ‚Pioneer 165' identische Na^+-Nettoaufnahme an der Wurzeloberfläche aufweisen, ist sie bei der Inzuchtlinie ‚Pioneer 605' signifikant ($P \leq 0,05$) erhöht (Abb. 2).

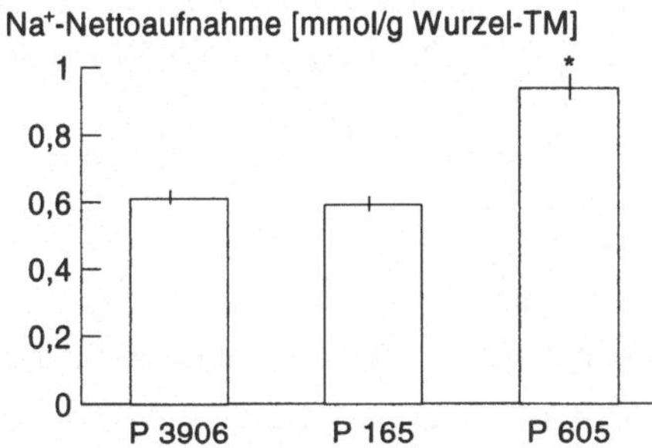

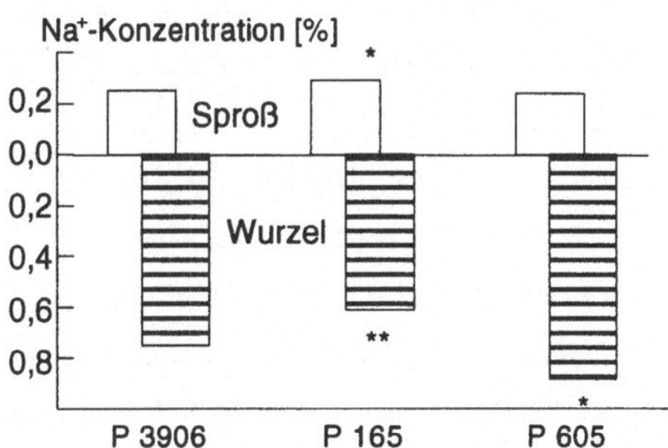

Abb. 2. Na^+-Nettoaufnahme an der Wurzeloberfläche der Hybridsorte ‚Pioneer 3906' und ihrer elterlichen Inzuchtlinien ‚Pioneer 165' und ‚Pioneer 605' (nach SCHUBERT 1990).

Abb. 3. Na^+-Konzentrationen in Wurzeln und Sproß der Hybridsorte ‚Pioneer 3906' und ihrer elterlichen Inzuchtlinien ‚Pioneer 165' und ‚Pioneer 605' (nach SCHUBERT 1990).

Vergleicht man die Na^+-Konzentrationen in der Sproßmasse der drei Genotypen, so zeigt die Inzuchtlinie ‚Pioneer 165' trotz niedrigerer Konzentrationen in den Wurzeln signifikant höhere Na^+-Konzentrationen in den oberirdischen Pflanzenteilen (Abb. 3). Dieses Ergebnis spricht dafür, daß die effiziente Na^+-Exklusion aus dem Sproß durch die Inzuchtlinie ‚Pioneer 605' vererbt wird.

Entwicklung einer effizient Na^+ ausschließenden Inzuchtlinie

Aufbauend auf den Kenntnissen der Na^+-Exklusion und ihrer Bedeutung für die Salzresistenz von Mais sollte eine Inzuchtlinie entwickelt werden, die nicht nur beide Na^+-Exklusionsstrategien in sich vereinigt, sondern möglichst noch bessere Exklusionseigenschaften aufweist als ‚Pioneer 3906'. Zu diesem Zweck wurde diese

Hybridsorte geselbstet und das F2-Material hinsichtlich der beiden Exklusionsstrategien überprüft. Erwartungsgemäß ergab sich bei beiden Merkmalen eine starke Aufspaltung in der F2-Generation, wobei besonders Typen mit wesentlich schlechteren Exklusionseigenschaften gefunden wurden. Während keine Nachkommen mit verbesserter Na^+-Exklusion an der Wurzeloberfläche auftraten, wurden F2-Individuen mit verbesserter Na^+-Exklusion aus dem Sproß identifiziert (SCHIERHOLT 1995).

Im folgenden wurde ein Selektionsverfahren entwickelt, das es erlaubt, innerhalb von wenigen Wochen aus mehreren hundert Individuen effizient ausschließende Genotypen zu selektieren. Es beruht auf der definierten Behandlung der Individuen mit einer NaCl-Konzentration (150 mM) für sieben Tage, wobei die Konzentration zuvor schrittweise täglich um 25-mM-Stufen bis zur Endkonzentration gesteigert wird. Als geeignetes Selektionskriterium für beide Na^+-Exklusionsstrategien stellte sich die Na^+-Konzentration im dritten Blatt heraus. Nach wiederholten Selbstungen und Selektionen liegt mittlerweile die fünfte Inzuchtgeneration (IP 5) vor, die gegenüber dem Ausgangsmaterial ein wesentlich verbessertes Na^+-Exklusionsvermögen aufweist, da die Na^+-Konzentration im dritten Blatt drei- bis viermal niedriger als bei dem Hybriden 3906 liegt (Tab. 3).

Tab. 3. Na^+-Konzentration des dritten Blattes der Hybridsorte ‚Pioneer 3906' (P 3906) und der Inzuchtlinie (IP5) nach siebentägiger Na^+-Behandlung (150 mM NaCl) .

Genotyp	Experiment 1	Experiment 2
P 3906	11,12 ± 0,22	13,90 ± 0,36
IP 5	3,78 ± 0,13	4,03 ± 0,16

Schlußfolgerungen

Die Entwicklung einer effizient ausschließenden Inzuchtlinie wird voraussichtlich im nächsten Jahr abgeschlossen. Dies wird als eine wesentliche Basis für die Entwicklung einer salzresistenten Hybridsorte angesehen, die auf salinen Standorten befriedigende Erträge realisieren kann. Hierzu ist allerdings auch noch die Resistenz gegenüber osmotischem Streß zu verbessern.

Literaturverzeichnis

EPSTEIN, E.; NORLYN, J. D.; RUSH, D. W., KINGSBURY, R. W., KELLEY, D. B.; CUNNINGHAM, G. A.; WRONA, A. F., 1980: Saline culture of crops: a genetic approach. *Science* **210**, 399–404.
FORTMEIER, R.; SCHUBERT, S., 1995: Salt tolerance of maize (*Zea mays* L.): the role of

sodium exclusion. *Plant, Cell and Environment* **18**, 1041–1047.

MUNNS, R., 1993: Physiological processes limiting plant growth in saline soils: some dogmas and hypotheses. *Plant, Cell and Environment* **16**, 15–24.

SCHIERHOLT, A. S., 1995: Untersuchungen zum Vererbungsgang zweier Natrium-Exklusionsmechanismen bei Mais (*Zea mays* L.). Diplomarbeit an der Fakultät für Agrarwissenschaften I der Universität Hohenheim.

SCHUBERT, S., 1990: *Natriumexklusion von Maiswurzeln und ihre Bedeutung für die Salzresistenz der Pflanze.* Habilitationsschrift am Fachbereich Ernährungs- und Haushaltswissenschaften der Justus-Liebig-Universität Gießen.

3

Wurzelabscheidungen — Beeinflußbarkeit und Funktionen

Stoffumsatz im wurzelnahen Raum.
9. Borkheider Seminar zur Ökophysiologie des Wurzelraumes.
Hrsg.: W. MERBACH, L. WITTENMAYER und J. AUGUSTIN
B. G. Teubner Stuttgart · Leipzig 1999, S. 83–90.

Beziehungen zwischen pH-Wert, Sulfat- und Nitratkonzentrationen und der Arylsulfatase-Aktivität in der Rhizosphäre

Udo KNAUFF und Heinrich W. SCHERER
Agrikulturchemisches Institut der Rheinischen Friedrich-Wilhelms-Universität Bonn,
Meckenheimer Allee 176, D-53115 Bonn

Abstract

In the present investigation, the relationship between the pH in the rhizosphere of *Brassica napus* and *Triticum aestivum* and the influence of the concentration of different anions, respectively, on the activity of arylsulfatase-activity was investigated.

Following results were obtained: The activity of arylsulfatase is influenced by the pH of the rhizosphere. While the arylsulfatase-activity is not influenced by the concentration of NO_3^- and SO_4^{2-}, respectively, it decreased with increasing PO_4^{3-}-concentration.

Einleitung

Vorausgegangene Untersuchungen von KNAUFF und SCHERER (1998) führten zu folgenden Ergebnissen:

a) Die Arylsulfatase-Aktivität in der Rhizosphäre der untersuchten Pflanzenarten kann mit folgender Reihenfolge beschrieben werden: Raps = Gelbsenf >> Winterweizen > Weidelgras.

b) Es wurden hochsignifikante Unterschiede bei den verwendeten Versuchsböden hinsichtlich der Enzymaktivität festgestellt: Kompost > Stallmist > Mineraldünger.

c) Der Einfluß des Versuchsparameters Wachstumsdauer (7, 14 und 21 Tage) stellte sich als nicht signifikant heraus.

d) Während bei Raps die Enzymaktivität in unmittelbarer Wurzelnähe (0–3 mm) im Vergleich zum wurzelfernen Boden niedriger ist, verhielt sich Gelbsenf umgekehrt. Winterweizen zeigte nur bei den Kompostvarianten eine erhöhte Arylsulfatase-Aktivität in der Rhizosphäre, ansonsten wurde ähnlich dem Weidelgras kein bedeutsamer Einfluß der Wurzelentfernung festgestellt.

Zur Erklärung der erzielten Ergebnisse wurde zunächst der pH-Wert in der Rhizosphäre von Raps und Winterweizen untersucht. Weiterhin wurde überprüft, inwiefern die Arylsulfatase-Aktivität von den Anionen SO_4^{2-} und NO_3^- beeinflußt wird.

Beziehung zwischen dem pH-Wert in der Rhizosphäre von *Brassica napus* und *Triticum aestivum* und der Arylsulfatase-Aktivität

Material und Methoden

Der Versuchsaufbau entsprach im wesentlichen dem der zur Bestimmung der Arylsulfatase-Aktivität (KNAUFF und SCHERER 1998), da die gleichen Versuchsgefäße, Böden (langjährige Zufuhr von Mineraldünger, Stallmist und Kompost), Erntetermine (7, 14, und 21 Tage) und Klimabedingungen ausgewählt wurden. Allerdings wurden nur zwei Pflanzenarten (Winterweizen, Raps) in die Untersuchungen einbezogen und die Wasserversorgung der Versuchsgefäße aus Platz- und Kostengründen nicht über Keramikplatten, sondern über ein Kiesbett vorgenommen.

Nach der Ernte erfolgte die Gewinnung des Bodens in definierten Wurzelabständen mit einer von uns entwickelten Methode. Dazu wurde der Bodenmonolith in flüssigem N gefroren und anschließend mittels einer Drehbank in 0,5 mm dicke Schichten zerlegt.

Die Bestimmung des pH-Wertes erfolgte nach der VDLUFA-Methode A 5.1.1. Da je nach Dichte des Versuchsbodens nur 1,0–1,4 g Boden anfielen, mußte die Messung in Reagenzgläsern mit einer speziellen Glaselektrode (Einstabmeßkette der Fa. Mettler Toledo, ⌀ 6 mm, Modell InLab) erfolgen.

Ergebnisse

Aus Platzgründen wird auf die Darstellung von Einzelergebnissen verzichtet und direkt ein Vergleich zwischen den untersuchten Kulturen exemplarisch an der langjährig mineralisch gedüngten Bodenvariante durchgeführt (Abb. 1) sowie der Versuch unternommen, durch einen optischen Vergleich von Diagrammen (mathematischer Vergleich steht noch aus), Beziehungen zwischen Arylsulfatase-Aktivität und pH-Wertveränderung darzulegen (Abb. 2).

Während beim Weizen nach 14 Tagen immer noch keine bedeutende Veränderung zur Kontrolle auftrat, wurde beim Raps eine weitere Absenkung auf einen Durchschnittswert von etwa 6,9 festgestellt. Nach einer Wachstumsdauer von 21 Tagen hatten beide Pflanzenarten den Rhizosphären-pH im Mittel auf 6,8 abgesenkt, wobei auffällt, daß beim Weizen in unmittelbarer Wurzelnähe die Absenkung stärker ausgeprägt war.

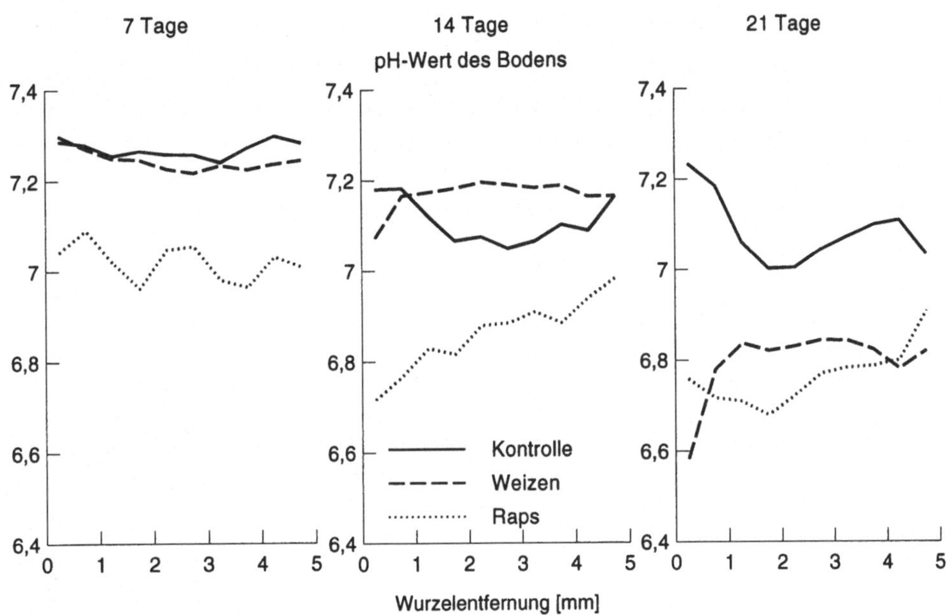

Abb. 1. Beeinflussung des Boden-pH durch Weizen und Raps bei einem langjährig mineralisch gedüngten Boden in Abhängigkeit von der Wurzelentfernung und Wachstumsdauer.

Auch bei der langjährig mit Stallmist gedüngten Variante (nicht dargestellt) senkte Raps insbesondere in unmittelbarer Wurzelnähe (0,0–1,75 mm) den pH-Wert innerhalb der ersten 14 Tage stärker als Weizen ab. Nach 21 Tagen hat Weizen auch hier den „Rückstand" kompensiert. Auf eine graphische Darstellung der langjährig mit Kompost gedüngten Variante muß an dieser Stelle ebenfalls verzichtet werden. Es sei aber angemerkt, daß auch hier Raps innerhalb der ersten 14 Tage den pH-Wert stärker absenkte. Insgesamt fallen aber die Effekte mit einer durchschnittlichen Abnahme von 0,2 pH-Einheiten deutlich geringer aus. Dies ist wahrscheinlich auf die stärkere Pufferkapazität des Bodens zurückzuführen.

In Abb. 2 werden exemplarisch am Winterweizen die Ergebnisse der Arylsulfatase-Aktivität den entsprechenden pH-Werten gegenübergestellt. Vergleicht man den Kurvenverlauf beider Diagramme vor dem Hintergrund, daß das pH-Optimum der Arylsulfatase bei etwa 6,3 liegt, kann hier durchaus ein Zusammenhang zwischen beiden Parametern erkannt werden. Nach 21 Tagen hatte Weizen den pH-Wert besonders in direkter Wurzelnähe deutlich in Richtung pH-Optimum abgesenkt. Im gleichen Zeitraum erhöhte sich die Arylsulfatase-Aktivität, wobei die Aktivitätszunahme besonders stark in Wurzelnähe ausgeprägt war. Bei der langjährig mit Stallmist gedüngten Bodenvariante (nicht dargestellt) ist der Kurvenverlauf ähnlich wie bei dem mineralisch gedüngten Boden (Abb. 2), lediglich die Arylsulfatase-Aktivität der 21-Tage-Variante fällt schwächer aus. Tendenzen einer gegenseitigen Beeinflussung sind durchaus erkennbar.

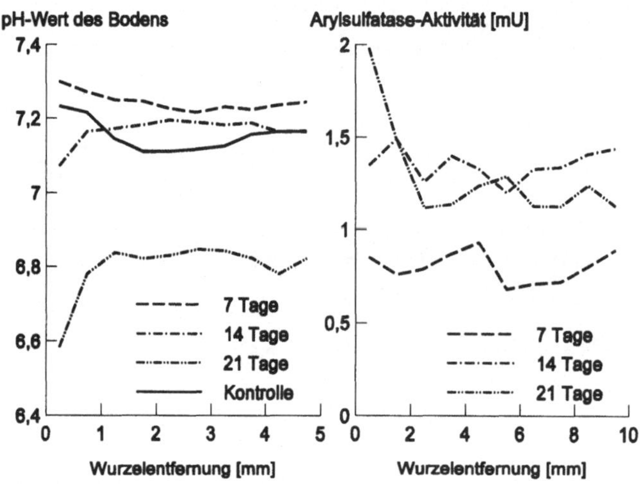

Abb. 2. Arylsulfatase-Aktivität und pH-Wert in der Rhizosphäre von Winterweizen bei einem langjährig mineralisch gedüngten Boden in Abhängigkeit von Wurzelentfernung und Wachstumsdauer.

Wesentlich besser korrelieren beide Parameter auf dem langjährig mit Kompost gedüngten Boden (nicht dargestellt), da auch hier niedrige pH-Werte hohen Enzymaktivitäten gegenüberstehen. Weiterhin stehen im Vergleich zur mineralisch gedüngten Variante geringere pH-Effekte einem schwächer ausgeprägtem Anstieg der Arylsulfatase-Aktivität gegenüber. Die Berechnung eines Gesamtmittelwertes für jede Kultur unterstützt durchaus die These einer nicht unbedeutenden Korrelation zwischen pH-Wert und Arylsulfatase-Aktivität (Abb. 3).

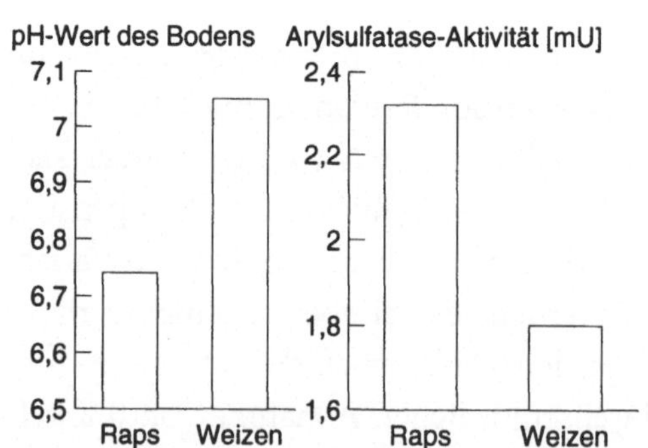

Abb. 3. Gegenüberstellung der Gesamtmittelwerte (drei Böden, drei Erntetermine, 0–5 mm Wurzelentfernung) von pH-Wert und Arylsulfatase-Aktivität bei Raps und Weizen.

Arylsulfatase-Aktivität in Abhängigkeit vom Nährstoffgehalt des Bodens

Daß Sulfat und bestimmte Schwermetalle die Arylsulfatase-Aktivität beeinflussen, ist u. a. von TABATABAI und BREMNER (1970) nachgewiesen worden. Inwieweit dies auch für andere Nährstoffe zutrifft, ist noch zu ermitteln. Daher wurde zunächst überprüft, wie stark der Einfluß steigender Nährstoffgehalte auf die Arylsulfatase-Aktivität ist. In diesem Zusammenhang wurden in Zusammenarbeit mit dem Institut für Bodenkunde der Universität Bonn Nährstoffprofile in Abhängigkeit von der Wurzelentfernung erstellt.

Material und Methoden

Die Bestimmung der Arylsulfatase-Aktivität erfolgte wie bisher nach TABATABAI und BREMNER (1970). Allerdings wurden zusätzlich steigende Nährsalzmengen mit dem wie bisher verwendeten Acetatpuffer zugeführt (SO_4^{2-} als K_2SO_4; PO_4^{3-} als KH_2PO_4; NO_3^- als KNO_3). Bei der graphischen Darstellung der Ergebnisse in Abb. 4 sind die eingesetzten Nährsalzmengen aus Gründen der besseren Vergleichbarkeit auf 100 g Boden umgerechnet worden.

Weiterhin wurde anstelle des sonst zu analysierenden Bodens eine definierte Enzymmenge (15 mU/Probe) hinzugegeben, um unerwünschte Effekte der Bodenmatrix auszuschließen.

Ergebnisse

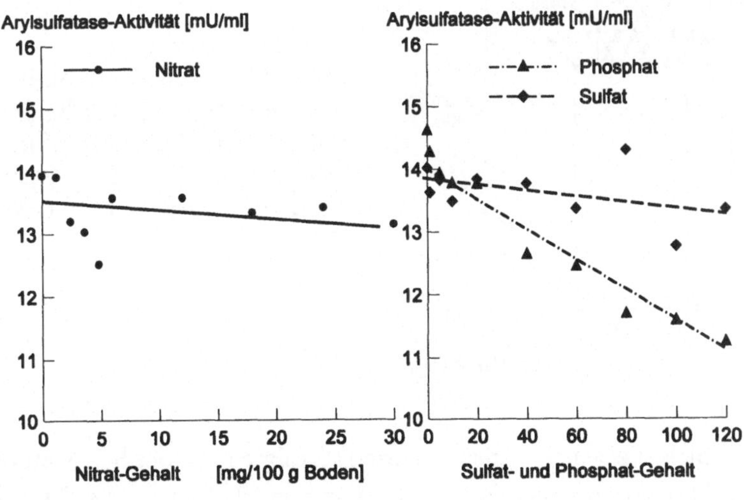

Abb. 4. Einfluß steigender Nährstoffgehalte [mg/ 100 g Boden] auf die Arylsulfatase-Aktivität des Bodens.

Die Diagramme der Abb. 4 zeigen eine Abnahme der Arylsulfatase-Aktivität von etwa 20 % bei einer Zunahme des Phosphatgehaltes von 0 auf 120 mg/100 g Boden. Eine Steigerung des Sulfatgehaltes von 0 auf 120 mg/100 g Boden bewirkte einen Aktivitätsverlust von etwa 5 %. Steigende Nitratgehalte von 0 auf 30 mg/100 g Boden haben keinen bedeutenden Einfluß.

Vergleichende Betrachtung von Nährstoffgehalten und Arylsulfatase-Aktivität des Bodens in Abhängigkeit von der Wurzelentfernung

Material und Methoden

Da bei bestimmten Anionen, insbesondere bei Sulfat und Nitrat, eine Verlagerung mit der Wasserbewegung im Boden stattfindet und bei der „Kuchenbuch-Technik" (KUCHENBUCH 1983) eine von unten nach oben, d. h. in Richtung Wurzeln gerichtete Wasserbewegung stattfindet, mußte für die Untersuchungen zur Ermittlung der Nährstoffprofile in Abhängigkeit von der Wurzelentfernung eine neue Versuchstechnik entwickelt werden (siehe Abb. 6).

Anstelle der bisher verwendeten waagerechten Ausrichtung treten nun zwei senkrecht angeordnete Gazen. Durch diese Anordnung entstehen drei Segmente, wobei die beiden äußeren den Versuchsboden beinhalten und im mittleren die Pflanzen wachsen. Letzteres enthält ausgewaschenen Sand mit einer Körnung von 0,63–1,00 mm als Substrat. Als Versuchspflanzen dienten Weizen und Gelbsenf.

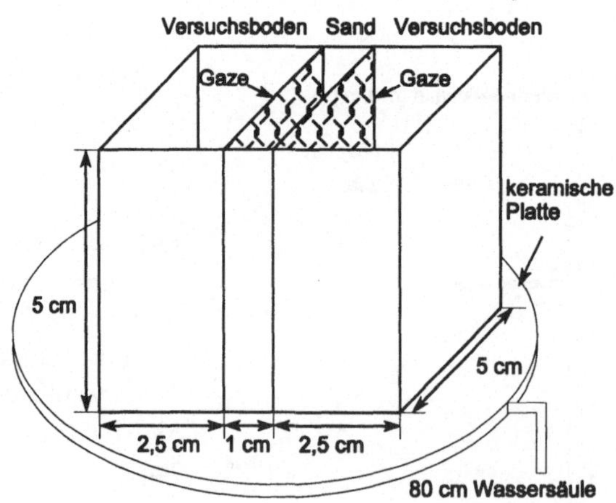

Abb. 5. Schematischer Aufbau der Versuchsgefäße zur Bestimmung von Nährstoffprofilen. Maschenweite der Gaze 1 µm, Korngröße des Sandes 0,63–1,00 mm.

Die Extraktion des schichtweise gewonnenen Bodens erfolgte nach der S_{min}-Methode mit 0,0125 M CaCl$_2$ und anschließender Ultrafiltration (0,45 µm). Die Ermittlung der Ionenkonzentration von SO_4^{2-} und NO_3^- wurde mittels Ionenchromatographie (Dionex DX 100) durchgeführt, welche mit einer Anionen-Vorsäule (Modell IonPac AG14) und einer Anionen-Hauptsäule (Modell IonPac AS14) ausgestattet war. Der Eluent bestand aus 1,5 mM Na_2CO_3 und 1 mM $NaHCO_3$, die Durchflußrate betrug 1 ml/min.

Ergebnisse

Die Entwicklung des Nitratgehaltes und der Arylsulfatase-Aktivität in Abhängigkeit von Wurzelentfernung und Bewirtschaftungsform nach 14tägiger Wachstumszeit von Weizen ist in Abb. 6 dargestellt. Ähnliche Ergebnisse wurden beim Nitrat auch nach sieben und 21 Tagen erzielt. Ein positiver Einfluß von Nitrat auf die Enzymaktivität kann aus den Ergebnissen nicht abgeleitet werden.

Die Ursache für die ähnlichen Kurvenverläufe ist sehr wahrscheinlich in den unterschiedlichen Humusgehalten der Versuchsböden begründet. Mit steigendem Humusgehalt erhöht sich das Nahrungsangebot und somit die mikrobielle Aktivität, was im Falle eines mikrobiellen Ursprungs der Arylsulfatase den ähnlichen Verlauf der Enzym-Aktivität und des Sulfatgehaltes erklären würde.

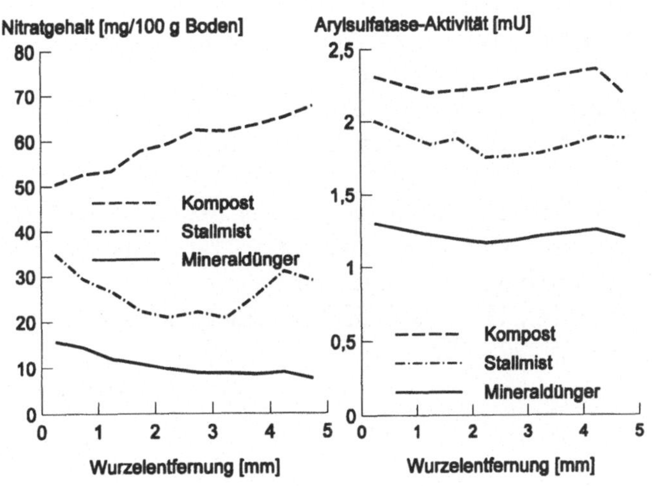

Abb. 6. Nitratgehalt (links) und Arylsulfatase-Aktivität (rechts) in Abhängigkeit von Wurzelentfernung und Bewirtschaftungsform nach 14tägiger Wachstumszeit von Weizen.

Auch hohe Sulfatgehalte gehen mit hohen Enzym-Aktivitäten einher und umgekehrt (Abb. 7). Diese positive Korrelation bestätigte sich auch bei der mineralisch und bei der mit Stallmist gedüngten Variante (nicht dargestellt).

Dieses Ergebnis spricht gegen die Vermutung, daß Sulfatmangel im Boden zu einer erhöhten und eine ausreichende Sulfatversorgung zu einer verringerten Enzymaktivität führt bzw. eine Endprodukthemmung der Arylsulfatase existiert.

Der geringe Einfluß der Sulfatkonzentration auf die Arylsulfatase-Aktivität wurde auch schon in Abb. 4 dargelegt. Folglich hat die Enzym-Aktivität einen bedeutenden Einfluß auf den Sulfatgehalt des Bodens und nicht umgekehrt.

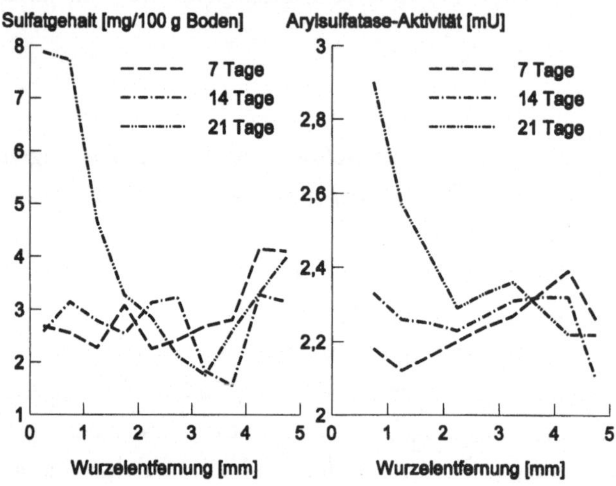

Abb. 7. Sulfatgehalt (links) und Arylsulfatase-Aktivität (rechts) eines langjährig mit Kompost gedüngten Bodens in Abhängigkeit von der Wurzelentfernung und Wachstumsdauer.

Literaturverzeichnis

KNAUFF U.; SCHERER H. W., 1998: Arylsulfatase-Aktivität im Kontaktraum Boden/ Wurzeln bei verschiedenen landwirtschaftlichen Kulturen. *Pflanzenernährung, Wurzelleistung und Exsudation*. 8. Borkheider Seminar zur Ökophysiologie des Wurzelraumes. Hrsg.: W. Merbach. Stuttgart, Leipzig: B. G. Teubner Verlagsgesellschaft, 196–204.

KUCHENBUCH, R., 1983: *Die Bedeutung von Ionenaustauschprozessen im wurzelnahen Boden für die Pflanzenverfügbarkeit von Kalium*. Dissertation, Fachbereich Agrarwissenschaften der Georg-August-Universität Göttingen.

TABATABAI, M. A.; BREMNER, J. M., 1970: Arylsulfatase activity of soils. *Soil Science Society of America Proceedings* **34**, 225–229.

Stoffumsatz im wurzelnahen Raum.
9. Borkheider Seminar zur Ökophysiologie des Wurzelraumes.
Hrsg.: W. Merbach, L. Wittenmayer und J. Augustin
B. G. Teubner Stuttgart · Leipzig 1999, S. 91-97.

Untersuchung der Wurzelexsudation nach unterschiedlicher Eisen- und Kupferversorgung am Beispiel von *Lupinus albus* L.

Christoph Jung*, Felix Funk*, Felix Mächler[‡], Emmanuel Frossard[‡] und Hans Sticher*

*Eidgenössische TH Zürich, Institut für Terrestrische Ökologie, Grabenstrasse 3, CH-8952 Schlieren; [‡]Eidgenössische TH Zürich, Institut für Pflanzenwissenschaften, Versuchsstation Eschikon, Eschikon 33, CH-8315 Lindau

Abstract

Providing *Lupinus albus* L. with nutrient solutions varying in their iron and copper content resulted in different root exudation patterns. Iron deficiency caused a high release of phenolic compounds and protons and an accumulation of copper in the roots. After plant exposition to copper deficiency, increased amounts of dissolved organic carbon in the medium were measured. Plants grown under excess of copper accumulated the metal in the roots and translocated a part to the shoot. Additionally, higher amounts of phenolics in the medium were found.

Einleitung

Viele Pflanzen verfügen über Nährstoffaneignungs- und Translokationsvermögen, welche eine den äußeren Bedingungen angepaßte Aufnahme von Mineralstoffen ermöglichen. Dazu gehören z. B. Veränderungen der Rhizosphäre, die von Wurzeln induziert werden und zu einer erhöhten Verfügbarkeit des Nährstoffs führen. Bei Eisenmangel kommt es bei vielen Pflanzenarten in apikalen Wurzelzonen zur pH-Absenkung, Erhöhung der Reduktionskapazität der Wurzeln und der Eisenaufnahme (Marschner *et al.* 1986). Niedermolekulare Wurzelexsudate, wie z. B. organische Säuren, Phenole und Aminosäuren, können ebenfalls eine Mobilisierung von Mineralstoffen bewirken.

Einen besonderen Mechanismus zur Mobilisierung von Phosphat im Wurzelraum besitzt die Weiße Lupine (*Lupinus albus* L.). Unter Phosphatmangel kommt es bei ihr zur Bildung von sogenannten Proteoidwurzeln, die in erhöhtem Maß Protonen, organische Säuren und Reduktionsmittel bilden und ausscheiden. Über das Exsudationsverhalten der Weißen Lupine bei Kupfer- und Eisenmangel oder bei toxischen

Kupferkonzentrationen ist bisher noch wenig bekannt.

Material und Methoden

Anzucht

Die Kultivierung der Versuchspflanze Weiße Lupine (*Lupinus albus* L.) erfolgte unter sterilen, hydroponischen Bedingungen. Zur Vorbehandlung der Samen wurden diese zunächst 5 min in destilliertem Wasser, dann 5 min in 97%igem Ethanol und anschließend 30 min in einer 1%igen $Ca(OCl)_2$-Lösung gewaschen. Die Keimung der Samen erfolgte auf Agar (Merck, „Standard-Nähragar-I"). Sobald die Pflanzen eine geeignete Sproßhöhe erreicht hatten, wurden sie in 30 cm hohe Glaszylinder (JUNG et al. 1998), welche mit Nährlösung gefüllt waren, transferiert. Eine flexible Paraffinschicht, die den Stengel umschloß, verhinderte das Verschmutzen der Nährlösung mit Fremdpartikeln. Der Wurzelraum konnte so bis zu zehn Tagen steril gehalten werden.

Als Medium der Referenzpflanzen (L6 und L8) diente eine Lösung nach Hoagland–Arnon (HOAGLAND und ARNON 1950), die u. a. 0,5 µM Cu^{2+} und 0,1 mM Fe^{3+} enthielt. Die Lösungen der mit zusätzlichem Kupfer behandelten Pflanzen enthielten 10, 50 und 200 µM Cu^{2+} (L1, L2 und L3). Des weiteren wuchsen zwei Pflanzen unter Kupfermangel (L5 und L7), eine unter Eisenmangel (L10) und eine unter Phosphatmangel (L4) auf. Die Probennahme erfolgte alle vier Tage und insgesamt achtmal. Den verschiedenen Analysen entsprechend wurden mehrere Proben von insgesamt 50 ml entnommen. Der *p*H-Wert wurde unmittelbar nach der Probennahme gemessen, die restlichen Proben wurden bis zur Analyse bei –20 °C aufbewahrt.

Analytik

Bestimmung der organischen Säuren mittels Ionenchromatographie: Modell Dionex DX 500; Säule: IonPac ICE-AS6; Eluent: 0,4 mM Heptafluorbuttersäure; Eluentfließgeschwindigkeit: 1,0 ml/min; Suppressor: Anion-ICE Micro Membran Suppressor. *Cu-Bestimmung* mittels Atom-Absorptions-Spektrometrie: Flammen-AAS, Varian Spectra 400. *pH-Messung*: Metrohm *p*H-Meter 632. *Phenolanalytik*: Kolorimetrische Bestimmung nach Swain (SWAIN und HILLIS 1959, KAKAC 1974). *DOC-Bestimmung*: Shimadzu Automatic Analyser TOC-5000.

Ergebnisse

Aufgrund der gewählten Probennahme (alle vier Tage, pro Pflanze insgesamt achtmal) wurden Kinetiken von Wurzelausscheidungen erhalten.

pH-Werte

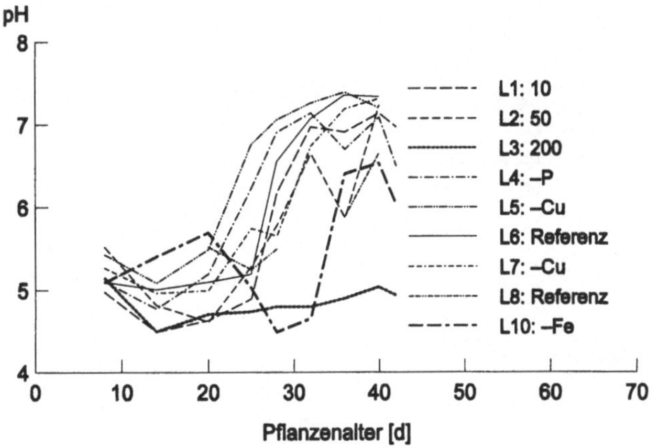

Abb. 1. pH-Werte der Nährlösungen.

In den zeitlichen Verläufen der pH-Werte (Abb. 1) zeigte sich bei den meisten Pflanzen, abgesehen von L3 und L10, eine relativ einheitliche Entwicklung. Anfänglich fielen die Werte von pH 5,2 ± 0,3 (8. Tag) geringfügig auf 4,8 ± 0,3 (14. Tag) ab. Nach 20 Tagen erfolgte ein steiler Anstieg auf pH-Werte zwischen 6,5 und 7,5, wobei am Ende (nach 30 Tagen) bei den meisten Pflanzen ein Plateau erreicht zu sein schien. Die Pflanzen L3 (200 µM Cu) und L10 (–Fe) zeigten dagegen ein anderes Bild. Bei L10 war der Verlauf zwar ähnlich, allerdings um ca. zehn Tage verschoben. Des weiteren überstieg der pH den Wert 6,5 nicht. Das Medium der Pflanze L3 blieb bis zum Ende der Versuchsdauer schwach sauer (4,7 ± 0,3).

DOC-Gehalte

Die Gehalte an gelöstem organischem Kohlenstoff lagen in den meisten Fällen zwischen 3 und 7 µg/ml (Abb. 2). Einzig die Lupine L5, die ohne Kupferzufuhr aufwuchs, sonderte sich mit ihrem DOC-Verlauf von den anderen Pflanzen deutlich ab. Ab dem 20. Tag erfolgte bei ihr ein stetiger und steiler Anstieg von 2,5 auf 27 ppm exsudierten organischen Kohlenstoff.

Phenolgehalte

Auch hier zeigten zwei Varianten eine zeitliche Entwicklung, die sich von den der anderen unterschied. Das Medium von Lupine L2 (50 µM Cu^{2+}) enthielt nach 32 Tagen 37 µM und nach 36 Tagen 41 µM an phenolischen Komponenten, d. h. etwa

viermal soviel, wie durchschnittlich in den Exsudatproben aller anderen Pflanzen
enthalten war. Daneben schied auch L10 (–Fe) mehr Phenole als die restlichen
Pflanzen aus (Abb. 3).

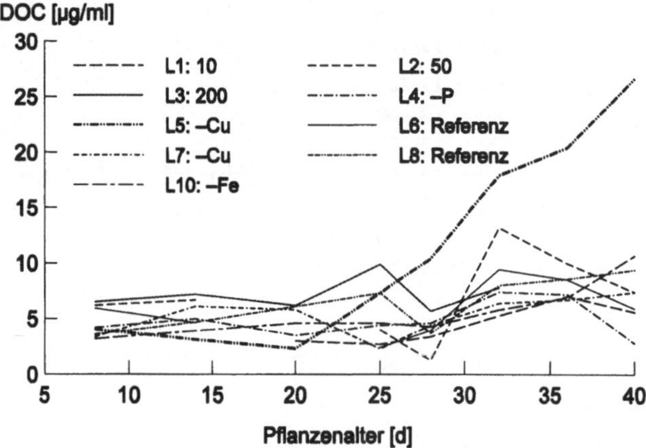

Abb. 2. Gehalte an löslichem organischem Kohlenstoff in den Nährlösungen.

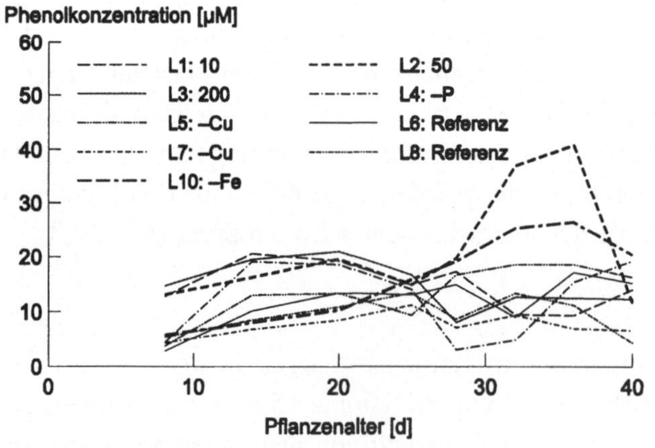

Abb. 3. Phenolgehalte in den Nährlösungen.

Niedermolekulare organische Säuren

Bei den organischen Säuren konnte keine eindeutige Korrelation zwischen der
Behandlungsart und dem Exsudationsmuster festgestellt werden. Glykolsäure
wurde von allen Pflanzen in den größten Mengen (12–18 µM) ausgeschieden.
Weiterhin wurden Äpfel-, Malon-, Milch-, Citronen-, Essig- und Ameisensäure in

Konzentrationen von 1–8 µM in den Nährmedien nachgewiesen. Viele Pflanzen zeigten nach unterschiedlicher Behandlung z. T. sehr ähnliche Zeitverläufe der ausgeschiedenen Säuren (keine Abb.).

Kupfergehalte in den Pflanzen

In den Wurzeln der kupferbehandelten Pflanzen wurden hohe Anteile an Kupfer gemessen. Auffallend ist, daß beträchtliche Mengen an Kupfer auch im Sproß enthalten waren, wobei diese Gehalte mit zunehmender Kupferbehandlung anstiegen. Von den übrigen Pflanzen zeigte nur eine Pflanze eine erhöhte Kupferanreicherung im Wurzelbereich. Die Pflanze L10, die ohne Eisenzufuhr heranwuchs, akkumulierte eine fünfmal höhere Menge an Kupfer in den Wurzeln als die Referenzpflanzen.

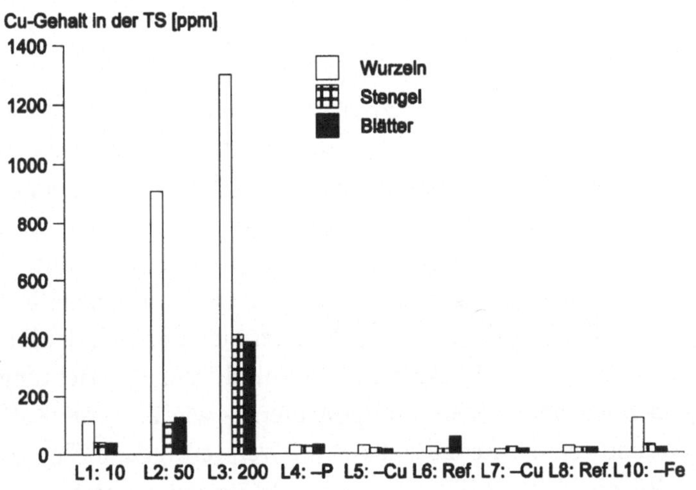

Abb. 4. Kupfergehalte in Wurzeln, Stengel und Blättern.

Diskussion

In den hier vorgestellten ersten Versuchen mit *Lupinus albus* L. wurde bei ansteigenden Kupferkonzentrationen in den Nährmedien zunehmende Kupferanteile in den Wurzeln gemessen (Abb. 4). Die zusätzliche Kupferanreicherung im Sproß steht im Gegensatz zu den Beobachtungen bei *Helianthus-annuus*-Pflanzen (Jung *et al.* 1998), die unter gleichen Bedingungen keine zusätzlichen Kupfermengen in die Blätter verlagerten. Die Weiße Lupine scheint demnach über Mechanismen zum Weitertransport von Kupfer in der Pflanze zu verfügen und kann diesbezüglich als kupfereffizient bezeichnet werden.

Eine Kupferkonzentration in der Nährlösung von 200 µM wirkte auf die Weiße Lupine stark toxisch. Das ist dem pH-Verlauf von L3 (Abb. 1) zu entnehmen, der nach anfänglichem leichtem Abfall konstant niedrig blieb. Die ausbleibende Alkalisierung des Mediums, welche bei allen anderen Pflanzen zu beobachten war, deutet auf eine gestörte NO_3^--Aufnahme durch die Wurzeln und auf einen generell ungenügenden Stoffwechsel hin. Der Pflanzenhabitus von L3 war entsprechend schlecht.

Die höchsten Phenolgehalte (maximal 40 µM) wurden im Medium von L2 gefunden, die mit 50 µM Cu^{2+} behandelt wurde. Diese Gehalte sind ausreichend, um bedeutende Anteile des Kupfers zu binden. Fragestellung laufender Untersuchungen in einer ausgeweiteten Versuchsreihe ist, inwiefern die Ausscheidung von Phenolen der Abwehr von toxischen Kupfermengen dient. Eine Ausfällung mit Polyphenolen sowie eine Adsorption an phenolbedeckte Wurzeln analog der Schutzfunktion der Mucilage (MOREL *et al.* 1986) sind denkbar.

Unter Eisenmangel zeigte die Lupine L10 ein zu den übrigen Pflanzen in mehrfacher Hinsicht abweichendes Exsudationsverhalten. Zum einen schied sie bis zum 32. Wachstumstag vermehrt Protonen aus, erst später überwog die Alkalisierung aufgrund wachsender NO_3^--Aufnahme (Abb. 1). Zum anderen war auch die Phenolausscheidung erhöht (Abb. 3). Es ist anzunehmen, daß dieses Ausscheidungsverhalten durch den Eisenmangel im Medium hervorgerufen wurde. So ist aus verschiedenen Studien (OLSEN *et al.* 1981, RÖMHELD *et al* 1983) bekannt, daß Eisenmangel bei Pflanzen zu den oben genannten reduktiven Bedingungen in der Rhizosphäre führen kann. Allerdings ist die Rolle der Phenole bezüglich der Eisenaufnahme noch unklar. OLSEN *et al.* (1981) gehen aufgrund ihrer Beobachtungen davon aus, daß hauptsächlich phenolische Komponenten — wie z. B. die Kaffeesäure — verantwortlich sind für die Reduktion des schwer verfügbaren Fe^{3+} zum leicht verfügbaren Fe^{2+}. Römheld *et al.* (1983) dagegen befürworten einen enzymatischen Mechanismus der Fe^{3+}-Reduktion und sprechen den Phenolen eine besondere Rolle bei der Chelatisierung von Fe^{3+} zu.

Weiterhin war bei der Eisenmangelpflanze L10 eine veränderte Wurzelmorphologie zu erkennen. Statt der hell- bis dunkelbraunen Farbe bei allen übrigen Pflanzen waren die Wurzeln von L10 dunkel- bis hellgelb gefärbt. Zusätzlich wurden um die Wurzeln aller Pflanzen makroskopische Ausflockungen in den entsprechenden Farben beobachtet, die allesamt als Phenole identifiziert werden konnten. Wir gehen davon aus, daß die braune Farbe auf Oxidationsprodukte der Phenole (z. B. Polyphenole) zurückzuführen ist. Durch das Fehlen von Fe^{3+}, welches katalytisch wirkt, fand bei L10 die Oxidation der Phenole nicht statt, was die gelbe Farbe der

Wurzeln erklären würde.

Außerdem wurden in den Wurzeln von L10 fünfmal höhere Kupfergehalte gemessen als in denen der Referenzpflanzen, obwohl die Nährlösung vergleichbare Mengen an Cu^{2+} enthielten. Die Vermutung liegt nahe, daß sich als Nebeneffekt der erhöhten Phenolausschüttung mehr Kupfer an die Wurzeln anlagerte. Die Aufklärung dieses Phänomens ist ebenfalls Gegenstand laufender Untersuchungen.

Literaturverzeichnis

HOAGLAND, D. R.; ARNON, I. R., 1950: The water culture method for growing plants without soil. University of California, *Experimental Station Circular*, 347.

JUNG, C.; FUNK, F.; MÄCHLER, F.; FROSSARD, E.; STICHER, H., 1998: Einfluß einer Kupferbehandlung auf die Exsudation von organischen Säuren bei *Helianthus annuus*. In: *Pflanzenernährung, Wurzelleistung und Exsudation*. 8. Borkheider Seminar zur Ökophysiologie des Wurzelraumes. Hrsg. W. Merbach. Stuttgart, Leipzig: B. G. Teubner Verlagsgesellschaft, 183.

KAKAC, B.; VEJDELEK, Z. J., 1974: *Handbuch der photometrischen Analyse organischer Verbindungen*. Band **1**. Weinheim: Verlag Chemie, S. 109ff.

MARSCHNER, H.; RÖMHELD, V.; HORST, W. J.; MARTIN, P., 1986: Root-induced changes in the rhizosphere: importance for the mineral nutrition of plants. *Zeitschrift für Pflanzenernährung und Bodenkunde* **149**, 441–456.

MOREL, J. L.; MENCH, M.; GUCKERT, A., 1986: Measurement of Pb^{2+}, Cu^{2+} and Cd^{2+} binding with mucilage exudates from maize (*Zea mays* L.) roots. *Biology and Fertility of Soils* **2**, 29–34.

OLSEN, R. A.; BENNET, J. H.; BLUME, D., BROWN, J. C., 1981: Chemical aspects of the Fe stress response mechanism in tomatoes. *Journal of Plant Nutrition* **3**, 905–921.

RÖMHELD, V.; Marschner, H., 1983: Mechanism of Iron Uptake by Peanut Plants. *Plant Physiology* **71**, 949–954.

SWAIN, T.; HILLIS, W. E., 1959: The phenolic constituents of *Prunus domestica*. I. The quantitative analysis of phenolic constituents. *Journal of the Science of Food and Agriculture* **10**, 63–68.

Stoffumsatz im wurzelnahen Raum.
9. Borkheider Seminar zur Ökophysiologie des Wurzelraumes.
Hrsg.: W. MERBACH, L. WITTENMAYER und J. AUGUSTIN
B. G. Teubner Stuttgart · Leipzig 1999, S. 98–104.

Abgabe von ^{15}N an den Boden durch intakter Weizenpflanzen in der gesamten Vegetationsperiode

Evan RROÇO und Konrad MENGEL
Institut für Pflanzenernährung der Justus-Liebig-Universität, Südanlage 6, D-35390 Gießen

Abstract

Nitrogen release from intact wheat roots (*Triticum aestivumn* L.) into the soil was investigated at different growth stages and under two temperature regimens and flooding conditions. The influence of vanadate was also studied. Since methods used until now for such studies have their shortcomings we developed therefore a new technique: Spring wheat seedlings were at first labelled in a ^{15}N nutrient solution and then transplanted into soil pots.

^{15}N labelled compounds released during the entire growth period into the soil (control) amounted to 11 % of the total ^{15}N in the plant and soil at the beginning of the experiment but was significantly higher at flooding, high temperature and vanadate application (plasmalemma ATPase inhibitor). Highest release rates were found in the period from ear emergence until grain filling.

Zusammenfassung

Der durch die Wurzeln an den Boden abgegebene ^{15}N betrug bei Vollreife 11 % der ^{15}N-Menge, die zum Experimentsbeginn in Pflanze und Boden enthalten war. Die höchste Abgaberate wurde zwischen Ährenschieben und Beginn der Kornfüllung ermittelt. Die Abgabe von ^{15}N an den Boden war bei erhöhter Temperatur, stauender Nässe und besonders nach Applikation von Vanadat (Hemmer der Plasmalemma-ATPase) im Vergleich zur Kontrolle signifikant erhöht.

Einleitung

Die Abgabe von Stickstoff über die Wurzel an den Boden wurde von verschiedenen Autoren untersucht. Die hierbei gefundenen Ergebnisse waren sehr unterschiedlich und schwankten zwischen 6 und 33 % des Gesamt-N in der Pflanze (LYNCH und WHIPPS 1990, TOUSSAINT et al. 1995, REINING et al. 1995, JANZEN 1990, JANZEN und BRUINSMA 1993). Diese Diversität mag teilweise durch verschiedene Versuchsbedingungen, wie Pflanzenart, Entwicklungsstadium der Pflanzen, Dauer der Untersuchung, besonders aber auch durch die angewandte Versuchstechnik bedingt sein. Es ist zweckmäßig, derartige Versuche mit markiertem N durchzuführen. Dafür haben wir ein neues Verfahren der Markierung intakter Pflanzen mit ^{15}N entwickelt. Das Prinzip dieses Verfahrens besteht darin, daß Pflanzen zunächst in Nährlösung mit ^{15}N für eine gewisse Zeit angezogen, anschließend in Boden sorgfältig eingepflanzt und weiter kultiviert werden.

Es wird angenommen, daß Aminosäuren sowie andere N-haltige Verbindungen über das Phloem in die Wurzeln verlagert, in den Wurzelapoplasten entladen und von dort durch einen H^{+}-Cotransport in die Zellen des Wurzelgewebes transportiert werden. Ein Teil dieses Amino-N könnte dann aus dem Apoplasten der Wurzeln in die Rhizosphäre ausgeschieden werden (MATZKE und MENGEL 1993). Um die Richtigkeit dieser Hypothese zu überprüfen, wurden zur Zeit des Ährenschiebens drei Parallel-Varianten angesetzt: Verwendung eines ATPase-Inhibitors (Vanadat), stauende Nässe, erhöhte Temperatur. Diese sollten über eine Hemmung der ATPase (Vanadat) oder unzureichende ATP-Versorgung der Wurzeln (stauende Nässe, erhöhte Temperatur) den H^{+}-Cotransport von Assimilaten durch die Membranen der Wurzelzellen hemmen und damit die Netto-Freisetzung wurzelbürtiger N-Verbindungen fördern.

Ziel der Untersuchung war, die Abscheidung von ^{15}N zu physiologisch definierten Stadien von Sommerweizen zu bestimmen und den Abscheidungsmechanismus näher zu erläutern.

Material und Methoden

Der Versuch umfaßte vier Entwicklungsstadien (Bestockung, Ährenschieben, Beginn der Kornfüllung und Vollreife), wobei die ^{15}N-Abgabe an den Boden untersucht wurde. Zwischen Ährenschieben und Beginn der Kornfüllung wurden zwölf Gefäße hoher Temperatur und weitere zwölf stauender Nässe ausgesetzt. In zwölf zusätzlichen Gefäßen wurde Vanadat appliziert.

Pro Variante wurden zwei Versuchsreihen mit jeweils sechs Wiederholungen (Gefäße) angesetzt. In der ersten Versuchsreihe wurde die ^{15}N-Menge nur in der Pflanze (Sproß und Wurzel getrennt) analysiert, wobei die Wurzeln aus dem Boden sehr vorsichtig ausgewaschen wurden. In der zweiten Versuchsreihe wurde die ^{15}N-Menge im gesamten Boden–Pflanze-System bestimmt. Der an den Boden abgegebene ^{15}N konnte somit durch Differenzbildung ermittelt werden: ^{15}N-Abgabe an den Boden = ^{15}N[(Wurzel + Boden) + (Sproß)] – ^{15}N[Wurzel + Sproß].

Der absolute Verlust an ^{15}N-markiertem Stickstoff über die jeweilige Versuchs-

periode (vier verschiedene Entwicklungsstadien) entspricht der Differenz:
^{15}N[gesamte Pflanze + Boden zu Versuchsbeginn] – ^{15}N [gesamte Pflanze + Boden zu verschiedenen Entwicklungsstadien].

Die Samen von Sommerweizen (*Triticum aestivum* cv. ‚Star') wurden in 0,5 mM $CaSO_4$ vorgequollen und dann vier Tage auf 0,1 mM $CaSO_4$ angefeuchtetem Filterpapier zum Keimen ausgelegt. Die jungen Pflanzen wurden dann in eine modifizierte Hoagland-Nährlösung mit der folgenden Zusammensetzung eingesetzt: 4 mM K_2SO_4, 2 mM $MgSO_4$, 0,3 mM NaH_2PO_4, 2 mM NH_4NO_3, 4 mM $CaCl_2$, 2 µM H_3BO_3, 0,1 µM $CuSO_4$, 0,01 µM Na_2MoO_4, 0,2 µM $MnSO_4$, 0,1 µM $ZnSO_4$, 100 µM Fe als Na-EDTA-Salz. NH_4NO_3 war doppelmarkiert (98 at.-% ^{15}N exc.).

Die Pflanzen wurden in der Nährlösung 22 Tage angezogen (Bestockungsstadium). Danach wurden sie in den Boden eingepflanzt, und zwar drei Pflanzen pro Gefäß mit je 900 g Boden. Nach der Umpflanzung in Boden wurde Wasser zugegeben in einer Menge, die 70 % der maximalen Wasserkapazität entsprach. Der Boden war eine Parabraunerde aus Löß (Luvisol) (RROÇO *et al.* 1997). Jedes Gefäß wurde mit 140 mg K und 56 mg P als K_2HPO_4 und 160 mg N als NH_4NO_3 gedüngt.

Die Pflanzen wurden während der gesamten Vegetationsperiode in Klimakammern angezogen. Die Belichtungsdauer betrug 16 h/d, die Lichtintensität 180 µE/ (s · m^2). Die Tagestemperatur lag bei 25 °C, die Nachttemperatur bei 15 °C und die relative Luftfeuchtigkeit schwankte zwischen 45 und 55 %. Bei der Variante mit erhöhte Temperatur betrug die Tag/Nacht-Temperatur zwischen Ährenschieben und Beginn Kornfüllung (zwölf Tage) 35 bzw. 25 °C. Bei der Variante mit stauender Nässe wurde der Wasserspiegel 1 cm über der Bodenoberfläche gehalten, und zwar in zwei Intervallen: fünf Tage stauende Nässe — zwei Tage Austrocknung — fünf Tage stauende Nässe. 25 mg Vanadat/Gefäß kamen als wäßrige NH_4VO_3-Lösung zum Einsatz.

Die Wurzelauswaschung erfolgte auf einem 0,15-mm-Sieb, um abgelöste Wurzelteilchen zu sammeln (RROÇO *et al.* 1997). Die Gesamt-N- und ^{15}N-Analysen wurden mit einem „vario EL" Gerät, das mit einem NOI-6-PC gekoppelt war, im Institut für Rhizosphärenforschung und Pflanzenernährung in Müncheberg durchgeführt (Emissionsspektrometrie).

Ergebnisse und Diskussion

Die kumulative ^{15}N-Abgabe an den Boden sowie die absoluten ^{15}N-Verluste im Verlaufe der Vegetationsperiode sind in Abb. 1 dargestellt. Die bis zur Bestockung vorliegende Differenz zwischen der ^{15}N-Menge in Pflanze und Boden und ^{15}N-Menge in der Pflanze war nicht signifikant. Das heißt, daß nach der Umpflanzung bis zum ersten Probenahmetermin keine statistisch signifikanten ^{15}N-Mengen an den Boden abgegeben wurden und während der Wurzelauswaschung keine wesentlichen ^{15}N-Verluste auftraten. Wie aus Abb. 1 weiter zu erkennen ist, nahm die ^{15}N-Abgabe der Pflanzen an den Boden mit fortschreitender Entwicklung deutlich zu.

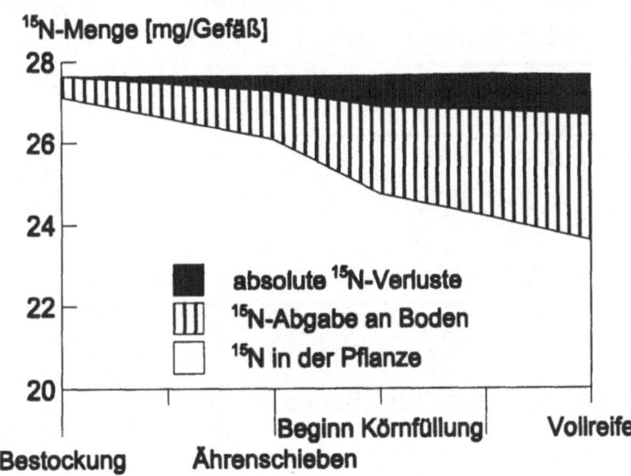

Abb. 1. Kumulative ^{15}N-Abgabe an den Boden sowie absolute ^{15}N-Verluste im Verlaufe der Vegetationsperiode.

Zum Zeitpunkt des Ährenschiebens betrug der Anteil des an den Boden abgegebenen ^{15}N am ^{15}N, der zu Beginn des Experimentes in der Pflanze vorhanden war, etwa 4 %, zur Kornfüllung annähernd 7 % und zur Vollreife ca. 11 % (Tab. 1). Dieses Ergebnis macht deutlich, daß die Rate der ^{15}N-Abgabe an den Boden in der Phase vom Ährenschieben bis zu Beginn der Kornfüllung relativ hoch war. Es bleibt demnach festzuhalten, daß im Zeitraum zwischen Beginn des Ährenschiebens bis zum Beginn der Kornfüllung, also in einer Phase hoher CO_2-Assimilation, relativ viel ^{15}N an den Boden abgegeben wurde.

Die von JANZEN und BRUINSMA (1993) gefundenen ^{15}N-Verluste an den Boden betrugen 7–14 % des gesamten ^{15}N-Gehalts der Pflanze. Die erhöhte Abgabe von ^{15}N wurde in diesem Fall bei Wasserstreß gefunden. Bei JANZEN (1990) zeigte sich auch, daß die Abgabe von Stickstoff in der Phase zwischen Kornfüllung und Vollreife am höchsten war.

Die absolute ^{15}N-Verluste aus dem System Pflanze-Boden betrugen zur Vollreife 3,5 % (Tab. 1.). Davon waren etwa 0,8 % der ^{15}N-Verluste auf die Antherenbildung zurückzuführen. Die restlichen ^{15}N-Verluste (2,7 %) könnten durch Entweichen von ^{15}NH_3$ aus Boden und Pflanze entstanden sein. Auf Grund der Verdünnung der abgeschiedenen ^{15}N-Menge durch Bodenstickstoff dürften die gemessenen ^{15}N-Verluste hauptsächlich von der Pflanze stammen. Diese Annahme stimmt mit

Untersuchungen von O'Deen und Porter (1986) und O'Deen (1989) überein, die auch bei Weizen eine Abgabe von NH_3-N in einer Größenordnung von 3–4 % des gesamten, markierten Stickstoffs fanden.

Tab. 1. ^{15}N-Abgabe an den Boden und absolute ^{15}N-Verluste während der Vegetation (n = 6).

Entwicklungsstadium	^{15}N-Gehalt, mg/Gefäß		^{15}N-Abgabe an den Boden		Signifikanzniveau	Absolute ^{15}N-Verluste		Signifikanzniveau
	Pflanze	P + B[‡]	mg	%		mg	%	
Bestockung	27,12	27,64	0,52	1,90	n. s.[†]	—	—	—
Ährenschieben	26,07	27,27	1,20	4,36	*	0,37	1,34	n. s.
Beginn Kornfüllung	24,74	26,87	2,13	7,71	***	0,77	2,79	n. s.
Vollreife	23,61	26,66	3,05	11,03	**	0,99	3,58	*

[†]): nicht signifikant; *), **), ***): signifikant für P ≤ 0,05, P ≤ 0,01 bzw. P ≤ 0,001 zur ^{15}N-Menge in der Pflanze bei Versuchsbeginn, [‡]): Pflanze und Boden.

Bereits drei Tage nach der Applikation verursachte Vanadat (NH_4VO_3) eine hochsignifikante ^{15}N-Abgabe an den Boden, die etwa 20 % des aufgenommenen ^{15}N betrug (Tab. 2).

Tab. 2. Einfluß von Vanadat, erhöhter Temperatur und stauender Nässe auf der ^{15}N-Abgabe an den Boden (n = 6).

Varianten	^{15}N-Menge [mg]		^{15}N-Abgabe an den Boden			Differenz zur Kontrolle		
	Pflanze + Boden	Pflanze	mg	%	Signifikanzniveau	mg	%	Signifikanzniveau
Bestockung	27,12	27,64	0,52	1,89	n. s.[†]	—	—	—
Ährenschieben								
Kontrolle	27,27	26,07	1,21	4,36	*	—	—	—
Vanadat	27,09	21,28	5,81	21,02	***	4,61	16,66	***
Beginn Kornfüllung								
Kontrolle	26,87	24,74	2,13	7,71	***	—	—	—
stauende Nässe	26,77	24,15	2,62	9,47	***	0,49	1,76	*
Temperatur	26,48	22,47	4,01	14,51	***	1,88	6,80	***

[†]): nicht signifikant; *), ***): signifikant für P ≤ 0,05 bzw. P ≤ 0,001.

Die von Beginn des Ährenschiebens bis zur Kornfüllung (zwölf Tage) applizierte stauende Nässe und besonders die erhöhte Temperatur führten zu einer signifikant erhöhten ^{15}N-Abgabe an den Boden (Tab. 2). Es wird angenommen, daß im Zeitraum zwischen Beginn des Ährenschiebens und Beginn der Kornfüllung die Wurzel noch einen beachtlichen Sink für Assimilate einschließlich für Aminosäuren darstellte. Die im Phloemsaft transportierten Aminosäuren werden im physiologischem Sink aus den Siebzellen in den Wurzelapoplasten passiv abgeschieden und von dort per H^+-Cotransport durch das Plasmalemma in die stoffwechselaktiven Wurzelzellen transportiert (KOSEGARTEN und MENGEL 1998). Der H^+-Cotransport benötigt H^+ und ATP. Da Vanadat die Plasmalemma-H^+-Pumpe hemmt, dürfte auch die Aufnahme der vom Phloem abgeschiedenen Aminosäuren in die Wurzelzellen behindert gewesen sein, so daß sie vermehrt aus dem Wurzelapoplasten in das Nährmedium diffundierten. Die beachtliche ^{15}N-Abgabe der Wurzel an den Boden bei Einwirkung von Vanadat (Tab. 2) stützt diese Interpretation. Das Ergebnis entspricht den Befunden von MATZKE (1988), der im Wasserkulturversuch nach Vanadat-Applikation eine erhöhte Aminosäuren-Abscheidung der Wurzeln in das Nährmedium fand.

Die Erhöhung der ^{15}N-Abgabe an den Boden bei stauender Nässe (Tab. 2) dürfte durch den O_2-Mangel der Wurzel bedingt gewesen sein. Eine gehemmte Wurzelatmung behindert die ATP-Synthese, so daß der Plasmalemma-ATPase weniger Energie zur Verfügung stand. In analoger Weise dürfte die erhöhte Temperatur zu Assimilatverlusten infolge erhöhter Atmung in den oberirdischen Teilen der Pflanzen geführt und damit die Versorgung der Wurzel mit Assimilaten beeinträchtigt haben.

Literaturverzeichnis

JANZEN, H. H., 1990: Deposition of nitrogen into rhizosphere by wheat roots. *Soil Biology and Biochemistry* **22**, 1155–1160.

JANZEN, H. H.; BRUINSMA, J., 1993: Rhizosphere N-deposition by wheat under varied water stress. *Soil Biology and Biochemistry* **25**, 631–632.

KOSEGARTEN, H.; Mengel K., 1998: Starch depositions in storage organs and the importance of nutrients and external factors. *Zeitschrift für Pflanzenernährung und Bodenkunde* **161**: 273–287.

LYNCH, J. M.; WHIPPS, J. M., 1990: Substrate flow in the rhizosphere. *Plant and Soil* **129**, 1–10.

MATZKE, H., 1988: Anionenabgabe der Wurzel bei symbiontisch ernährtem *Trifolium pratense*. Dissertation. FB Biologie der Justus-Liebig-Universität Gießen.

MATZKE, H.; MENGEL, K., 1993: Importance of plasmalemma ATPase resulted in the retention and exclusion of organic ions. *Zeitschrift für Pflanzenernährung und Bodenkunde* **156**, 515-519.

REINING, E.; MERBACH, W.; KNOF, G., 1995: ^{15}N distribution in wheat and chemical fractionation of root borne ^{15}N in the soil. *Isotopes in Environmental and Health Studies* **31**, 345-349.

RROÇO, E.; STEFFENS, D.; MENGEL, K., 1998: N-Abgabe von Sommerweizen in verschiedenen Entwicklungsstadien. In: *Pflanzenernährung, Wurzelleistung und Exsudation*. 8. Borkheider Seminar zur Ökophysiologie des Wurzelraumes. Hrsg.: W. Merbach. Stuttgart, Leipzig: B. G. Teubner Verlagsgesellschaft, 205-212.

TOUSSAINT, V.; MERBACH, W.; REINING, E., 1995: Deposition of ^{15}N into soil layers of different proximity to roots by wheat plants. *Isotopes in Environmental and Health Studies* **31**, 351-355.

Stoffumsatz im wurzelnahen Raum.
9. Borkheider Seminar zur Ökophysiologie des Wurzelraumes.
Hrsg.: W. MERBACH, L. WITTENMAYER und J. AUGUSTIN
B. G. Teubner Stuttgart · Leipzig 1999, S. 105–109.

Die räumliche Verteilung der Abgabe von Wurzelabscheidungen von Raps- und Maispflanzen

Andreas GRANSEE* und Silke RUPPEL[‡]
Institut für Bodenkunde und Pflanzenernährung der Martin-Luther-Universität Halle-Wittenberg, Adam-Kuckhoff-Straße 17b, D-06108 Halle/Saale; [‡]Institut für Gemüse- und Zierpflanzenforschung Großbeeren/Erfurt e. V., Theodor-Echtermeyer-Weg 1, D-15979 Großbeeren

Abstract

The objective of the experiments was to study the connection between root exudates and the involved root segments. Rape plants show an increase in the exudation of carboxylic acids from the upper to the bottom segments. In comparison, maize roots show a decrease of sugar exudation from the upper to the bottom parts. At the same time, the release of carboxylic acids increased clearly. The root exudates are concentrated to the root tips in rape plants. Maize roots, however, exudated organic substances uniformly over the whole root surface.

Einleitung

Dem wurzelnahen Bereich kommt bei der Beurteilung der Nährstoffverfügbarkeit eine große Bedeutung zu. Untersuchungen beim Phosphat haben gezeigt, daß Pflanzen durch die Abgabe organischer Verbindungen in die Rhizosphäre einen erheblichen Einfluß auf die P-Mobilisierung haben (SCHILLING et al. 1998, GRANSEE et al. 1995). Neben Menge und Zusammensetzung der Wurzelabscheidungen spielt deren räumliche Verteilung an der Wurzel und im Boden für die Wirksamkeit der Verbindungen eine große Rolle. Denn ein enger Kontakt zwischen den zur P-Lösung befähigten Mikroben einerseits und den schwerlöslichen Bodenphosphaten andererseits ist für eine Verbesserung der P-Mobilität in der Rhizosphäre wichtig. Aus diesem Grund sollte geprüft werden, ob die Abgabe der Wurzelabscheidungen gleichmäßig über das gesamte Wurzelsystem erfolgt oder ob es Zonen besonders intensiver Abgabe gibt

Material und Methoden

Die Pflanzen wurden in Quarzsand in Plasteröhren angezogen, die einen Durchmesser von 10 cm und eine Höhe von 15 cm hatten. Es wurde eine für Raps und Weizen sowie die Kultivierungsbedingungen optimale Nährstoffversorgung gewählt. Die Wasserversorgung erfolgte durch tägliches Gießen mit destilliertem Wasser, wobei durch Gewichtskontrolle eine Wasserkapazität von 70 % der maximalen Wasserkapazität des Substrates eingestellt wurde.

War das Versuchsstadium erreicht (in der Regel nach drei bis vier Wochen), wurden die Pflanzen für drei Tage in Plexiglasküvetten gestellt und mit $^{14}CO_2$ unter definierten Bedingungen begast (ADGO 1995, GRANSEE und WITTENMAYER 1996). Die Verwendung von $^{14}CO_2$ diente dem Ziel, die während der Begasungszeit freigesetzten organischen Verbindungen von denen zu unterscheiden, die vorher im Boden vorhanden oder durch Wurzeln abgegeben und möglicherweise mikrobiell verändert worden waren. Um einen mikrobiellen Umsatz der gewonnenen ^{14}C-Verbindungen zu verhindern, wurden diese sofort mit flüssigem Stickstoff schockgefroren und danach gefriergetrocknet. Nach Aufnahme in 5 ml Wasser wurden die Proben einem Analysengang unterzogen, der durch Ionenaustauscherchromatographie zunächst eine Auftrennung in Stoffgruppen (Zucker, Aminosäuren/Amide, Carbonsäure/Phenole) ermöglichte (GRANSEE und WITTENMAYER 1995).

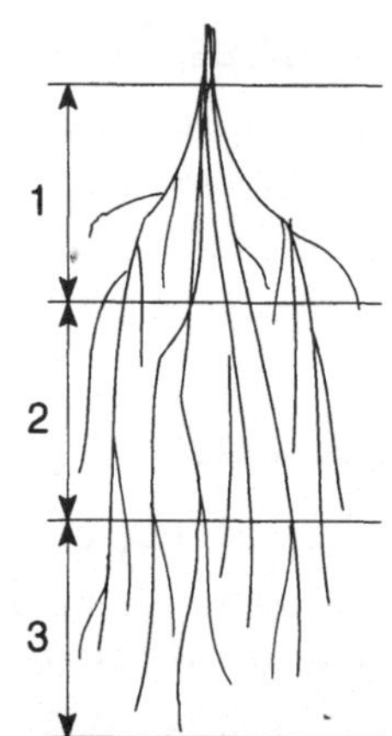

Abb. 1. Segmenteinteilung der Wurzeln bei der fraktionierten Abstauchung, Segment 1: oben, 2: Mitte, 3: unten.

Zusätzlich zur Bestimmung der über die Gesamtwurzeln abgegebenen Verbindungen sollte auch der Ort ihrer Abgabe näher charakterisiert werden. Dazu diente ein Verfahren, bei dem die Wurzeln nach der Entnahme aus dem Gefäß horizontal in drei Teile geteilt wurden (Abb. 1). Die Schnittstellen wurden sofort mit flüssigem Paraffin verschlossen, um ein Ausfließen von Zellinhalt zu vermeiden. Die einzelnen Wurzelteile wurden dann dem oben beschriebenen Analysengang unterzogen, so daß am Schluß die in den einzelnen Bodentiefen abgegebenen organischen Verbindungen ermittelt werden konnten. Zum Vergleich wurde eine unverletzte Wurzel herangezogen.

Neben dieser Einteilung der Wurzeln in verschiedene Segmente sollte auch versucht werden, die Abgabe ^{14}C-markierter Verbindungen direkt sichtbar zu machen. Dazu wurden die Pflanzen in flachen Wurzelkästen angezogen, deren Untergrund mit Quarzsand gefüllt war und deren Oberseite aus einer Plexiglasscheibe bestand, an der die Pflanzenwurzeln entlangwuchsen. Wenn sie sich im Gefäß verteilt hatten, wurden die Pflanzen für drei Tage in eine $^{14}CO_2$-haltige Atmosphäre überführt und nach dieser Behandlung auf die Oberfläche der Wur zelkästen eine Agarplatte aufgebracht, die in engem Kontakt mit den Wurzeln stand. In Abb. 2 ist diese Versuchsanordnung schematisch dargestellt.

Nach 72 h wurde die Agarplatte von dem Wurzelkasten entfernt und an einem Dünnschichtscanner die Verteilung der Radioaktivität auf dieser Platte bestimmt. Dadurch wurde nur diejenige Aktivität erfaßt, die von den Wurzeln nach außen an den Agar aufgegeben wurde. Durch Vergleich mit der Wurzelstruktur konnten somit die Zonen der intensiven Abgabe ^{14}C-markierter Verbindungen bestimmt werden.

Ergebnisse und Diskussion

Zuerst wurde mit der Paraffinmethode geprüft, ob die Abgabe über das gesamte Wurzelsystem gleich bleibt, oder ob sich Veränderungen in Abhängigkeit vom untersuchten Wurzelsegment zeigen. Die Ergebnisse sind in Tab. 1 für Raps- und Maiswurzeln dargestellt.

Es ist zu erkennen, daß beim Raps keine Unterschiede in der Verteilung der Zuckerfraktion vorhanden waren, bei der Aminosäurefraktion sich ein indifferentes Bild ergab und die Säureabscheidungen von den oberen zu den unteren Wurzelsegmenten leicht anstiegen. Völlig anders ist das Bild bei Mais. Hier ist ein deutliches Absinken der Zuckerabscheidungen von den oberen Wurzelteilen zu den unteren Wurzelteilen zu erkennen, verbunden mit einem Anstieg der Carbonsäureabgabe. Die Aminosäurefraktion wurde dagegen nicht statistisch signifikant beeinflußt.

Abb. 3 zeigt ein deutlich unterschiedliches Verteilungsmuster bei Raps und Mais. Während die Abgabe ^{14}C-markierter Verbindungen bei Mais relativ gleichmäßig über das gesamte Wurzelsystem verteilt war, konzentrierte sich die Abgabe bei Rapspflanzen hauptsächlich an den Wurzelspitzen. Bei der Bestimmung der Wurzelsegmente wurden solche Unterschiede aber nicht gefunden. Das mag mit der Einteilung der Wurzel zusam-

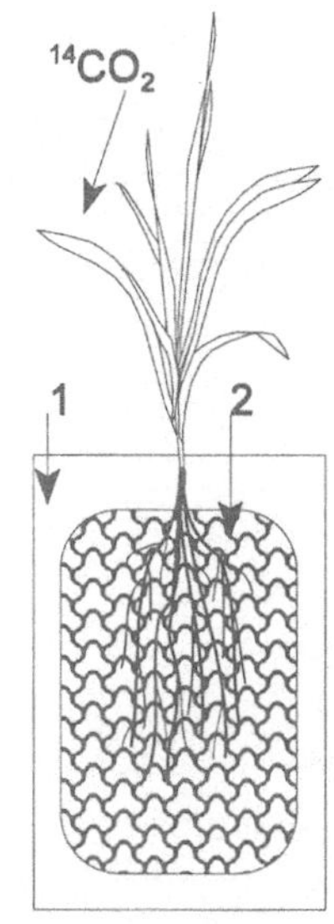

Abb. 2. Versuchsanordnung zur Bestimmung der Verteilung der Wurzelabscheidungen. 1: mit Quarzsand gefüllter Wurzelkasten, 2: Agarplatte.

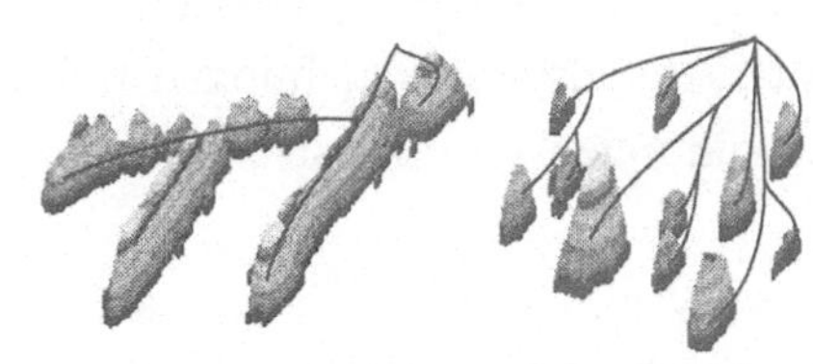

Abb. 3. ^{14}C-Verteilung entlang der Wurzel von Mais- (links) und Rapspflanzen (rechts); Methodik vgl. Abb. 2; schwarze Linien zeigen schematisch den Verlauf der Wurzeln an.

menhängen. Da beim Schneiden nur der Abstand von der Wurzelspitze berücksichtigt wurde, nicht aber das Alter der Wurzeln, könnte die erhöhte Abgabe an den Wurzelspitzen beim Raps nicht zum Tragen gekommen sein.

Tab. 1. Wurzelabscheidungen von Mais und Raps in Abhängigkeit von den Wurzelsegmenten. Angaben in kBq/g TM.

Stoffgruppe	Segment	Pflanzenart			
		Raps		Mais	
		kBq/g TM	%	kBq/g TM	%
Zucker	oben	0,33	32	1,21	42
	Mitte	0,33	32	0,88	31
	unten	0,36	36	0,79	27
	alle	1,02	54	2,88	59
Aminosäuren/	oben	0,20	48	0,36	31
Amide	Mitte	0,09	21	0,38	33
	unten	0,13	31	0,42	36
	alle	0,42	22	1,16	24
Carbonsäuren	oben	0,10	23	0,16	20
	Mitte	0,16	36	0,23	29
	unten	0,18	41	0,41	51
	alle	0,44	23	0,8	17
insgesamt		1,88	100	4,84	100
GD (Tukey, P ≤ 0,05)		0,05		0,08	0,08

Es sind in jedem Segment ähnlich viele Wurzelspitzen vorhanden gewesen, da die an der Hauptwurzel inserierten Nebenwurzeln in diesem Segment verblieben. Weitergehende Untersuchungen müssen dem Rechnung tragen und die Wurzelabscheidungen an unterschiedlich alten Wurzelteilen bestimmen. Die Ergebnisse zeigen aber dennoch, daß die Verteilung der Wurzelabscheidungen über das Wurzelsystem von der Pflanzenart abhängt und bei Raps- und Maiswurzeln deutlich verschieden ist. Es muß geprüft werden, ob unterschiedliche Wachstumsbedingungen (Nährstoffversorgung, Wasserversorgung) dieses Verteilungsmuster weiter differenzieren. Solche Kenntnisse sind wichtig, um eine eventuell vorhandene Beziehung zwischen dem Verteilungsmuster und der Besiedlung mit nährstoffmobilisierenden Mikroben zu erkennen und damit auch praktisch nutzen zu können.

Literaturverzeichnis

ADGO, E.; SCHULZE, J.; SCHILLING, G., 1995: Auslesekriterien für die Auffindung von Körnerleguminosenidiotypen mit N_2-Fixierung nach der Blüte. In: *Pflanzliche Stoffaufnahme und mikrobielle Wechselwirkungen in der Rhizosphäre.* 6. Borkheider Seminar zur Ökophysiologie des Wurzelraumes. Hrsg.: W. Merbach. Stuttgart, Leipzig: B. G. Teubner Verlagsgesellschaft, 111-118.

GRANSEE, A.; DEUBEL, A.; STRÖHMER, G., 1995: Phosphatmobilisierung in der Rhizosphäre durch direkte und indirekte Wirkungen von Wurzelabscheidungen höherer Pflanzen. *Mitteilungen der Deutschen Bodenkundlichen Gesellschaft* **76**, 779–782.

GRANSEE, A.; WITTENMAYER, L., 1995: Eine neuartige Methode zur Gewinnung und Identifizierung von Wurzelabscheidungen bei Kulturpflanzen. *VDLUFA-Schriftenreihe* **40**, 733-736.

SCHILLING, G.; GRANSEE, A.; DEUBEL, A.; LEŽOVIČ, G.; RUPPEL, S., 1998: Phosphorus availability, root exudates, and microbial activity in the rhizosphere. *Zeitschrift für Pflanzenernährung und Bodenkunde* **161**, 465-478.

Stoffumsatz im wurzelnahen Raum.
9. Borkheider Seminar zur Ökophysiologie des Wurzelraumes.
Hrsg.: W. MERBACH, L. WITTENMAYER und J. AUGUSTIN
B. G. Teubner Stuttgart · Leipzig 1999, S. 110–114.

Wurzelabscheidungen in Böden und deren Auswirkung auf die Phosphatmobilisierung

Wolfram SCHAECKE[1], Andreas GRANSEE und Wolfgang MERBACH
Institut für Bodenkunde und Pflanzenernährung der Martin-Luther-Universität Halle-Wittenberg, Adam-Kuckhoff-Straße 17 b, D-06108 Halle/Saale

Abstract

The objective of the experiments was to study the behaviour of different sugars and other C compounds, which were identified in root exudates, in soil and to elucidate the phosphate-dissolving effect of these substances under sterile and unsterile conditions. For this purpose, the behaviour of water soluble citric acid, malic acid, glutaric acid and D-glucose was analysed in small blocks ($10 \times 20 \times 20$ mm). Under sterile conditions, the substances being trickled on the block frontage showed no differences to the dissolved phosphate. Distinct differences between the substances were observed in the sterile variants. In comparison to this, the greatest effect on the dissolved phosphate showed water soluble citric acid. The experiment suggest that the P-dissolving effect of the investigated substances seems to be caused mainly by their microbial metabolites.

Einleitung

Durch Abgabe organischer Verbindungen in die Rhizosphäre können höhere Pflanzen die P-Aufnahme wesentlich beeinflussen. In der Literatur werden hauptsächlich Aminosäuren und sonstige Carbonsäuren (u. a. Citronensäure), welche in Wurzelexsudaten identifiziert worden sind, für die erhöhte Löslichkeit des Phosphates in der Rhizosphäre verantwortlich gemacht (GERKE 1994, STAUNTON und LEPRICE 1996). Der Eintrag von organischen Substanzen und der zusätzliche Effekt durch Mikroorganismen könnten je nach Boden einen mehr oder weniger großen Einfluß auf die DL-P-Löslichkeit haben. Unter unsterilen Bodenbedingungen dürften diese organischen Säuren jedoch oft nicht lange genug stabil sein, um eine merkliche Erhöhung des P-Gehaltes zu bewirken, denn die Bodenmikroben metabo-

---

[1] neue Adresse: Umweltforschungszentrum Leipzig-Halle GmbH, Theodor-Lieser-Straße 4, D-06120 Halle/Saale.

lisieren abgeschiedene Substanzen (DEUBEL 1996). Aus der Arbeit von LEŽOVIČ (1997) ging hervor, daß die Verteilung ^{14}C markierter Verbindungen, welche unter sterilen Bedingungen auf Bodenblöcke aufgetropft wurden, sich relativ gleichmäßig nach drei Tagen im Bodenblock verteilten. Unter unsterilen Bedingungen war jedoch offensichtlich ein großer Teil durch Mikroorganismen veratmet worden. Die vorliegende Arbeit hatte das Ziel, die Auswirkungen verschiedener in Wurzelabscheidungen identifizierten Substanzen (Citronensäure, DL-Äpfelsäure, L- und D-Glucose) auf die DL-Löslichkeit von Bodenphosphaten unter sterilen und unsterilen Bedingungen zu studieren und verschiedene Böden miteinander zu vergleichen.

Material und Methoden

Der Oberboden der Versuchsböden [Haplic Phaeozem, pH (CaCl$_2$) 6,3, Dystric Cambisol, pH 4,3 und Calcaric Regosol, pH 7,1], wurde mit einer Bodendichte von ca. 1,13–1,46 g/cm^3 lufttrocken in einen Plexiglascontainer (10 x 20 x 20 mm) eingefüllt. Das Prinzip bestand darin, die Substanzen auf die Stirnseite des gebildeten Bodenblockes aufzutropfen, damit diese sich im Bodenblock durch Diffusion verteilen konnten (Abb. 1).

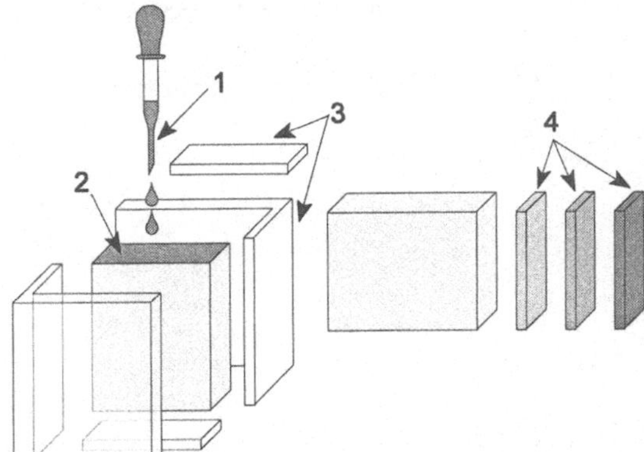

Abb. 1. Bodenblockmethode zur Untersuchung des Einflusses von Wurzelabscheidungen auf die Löslichkeit von Phosphaten; links: Auftropfen von wasserlöslichen Wurzelabscheidungen (1) auf die Stirnseite (2) eines von einem Plexiglascontainer (3) umgebenen Bodenblockes (1×2×2 cm); rechts: Schneiden von 0,4 mm starken Bodenplättchen (4), von der Stirnseite beginnend.

Der Gesamtwassergehalt betrug nach dem Verabreichen der Substanzen je nach Boden 22–24 %. Der Bodenblock wurde zur Verhinderung von Wasserbewegungen mit Paraffin abgedichtet und drei Tage bei konstanter Temperatur und Luftfeuchtigkeit gelagert. Nach dem anschließenden Einfrieren der Blöcke mit flüssigem N$_2$, dem Zerschneiden mit Hilfe eines Gefriermikrotoms in 1,6 mm dicke Scheiben und Gefriertrocknung erfolgte die Bestimmung des Gehaltes an DL-löslichem Phosphat in den Bodenscheiben nach EGNÈR und RIEHM (1955).

Ergebnisse

Die Abb. 2 und 3 zeigen beispielhaft den Gehalt an DL-löslichem Phosphat im Bodenblock des Calcaric Regolsols nach Auftropfen von deionisiertem Wasser und Citronensäure (drei Tage Diffusion) in An- und Abwesenheit von aktiven Mikroorganismen. Die Phosphatlöslichkeit in den einzelnen Bodenschnitten war unter sterilen Bedingungen bei der Zugabe von H_2O gegenüber der unsterilen Variante leicht erhöht. Dies deutet darauf hin, daß Mikroben einen gewissen Einfluß auf die DL-P-Verfügbarkeit im Boden haben. In der unsterilen Variante gibt es wahrscheinlich Konkurrenzerscheinungen der Mikroben um den leicht verfügbaren C-Pool des Bodens, welche wiederum die P-Löslichkeit beeinflussen.

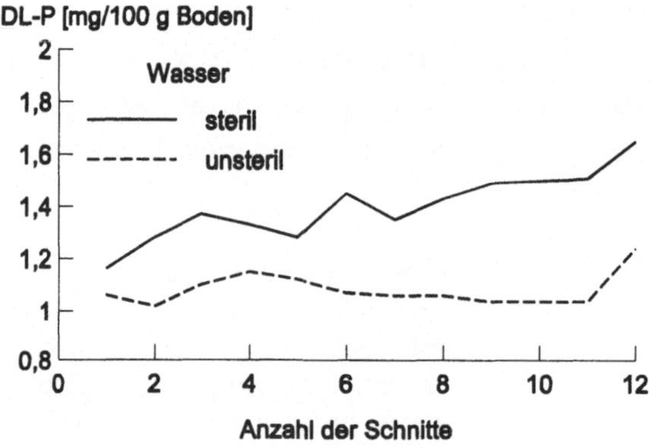

Abb. 2. DL-P-Gehalte in einem Calcaric Cambisol bei Verwendung von deionisiertem Wasser als Auftropflösung unter sterilen und unsterilen Bedingungen.

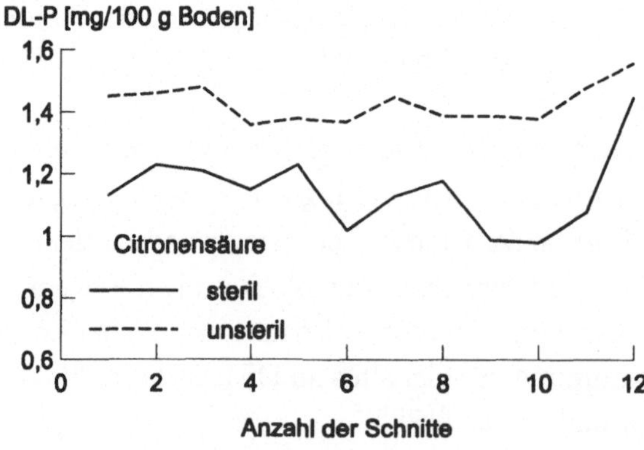

Abb. 3. Einfluß von Citronensäure auf die extrahierbare DL-P-Menge in einem Calcaric Cambisol unter sterilen und unsterilen Bedingungen.

Aus der Abb. 3 ist zu erkennen, daß bei Zugabe einer relativ leicht verfügbaren organischen Verbindung, welche auch in den Wurzelexsudaten identifiziert wurde, sich die Verhältnisse umkehren. Bei der Sterilvariante mit Citronensäure zeigte sich gegenüber der Unsterilvariante eine höhere Phosphatlöslichkeit. Das läßt darauf schließen, daß die Citronensäure wahrscheinlich zum einen die im Boden vorhandenen Ca-Phosphate teilweise gelöst hat und zum anderen die Mikroorganismen die Citronensäure als leicht verfügbare C-Quelle nutzen und somit ihre Aktivitäten hinsichtlich der P-Mobilisierung steigern konnten.

Aufgrund des erheblichen Anteils an den wasserlöslichen Wurzelabscheidungen wurde weiterhin Glucose in diese Untersuchungen mit aufgenommen. In der Abb. 4 wurde unter unsterilen Bedingungen die Wirkung verschiedener Substanzen auf die P-Mobilisierung aufgezeigt. Hieraus geht hervor, daß durch die Zugabe von Glucose und insbesondere von Citronensäure eine Erhöhung des DL-P-Gehaltes in den Bodenschnitten gegenüber der Vergleichsvariante „nur Wasser" erzielt werden konnte.

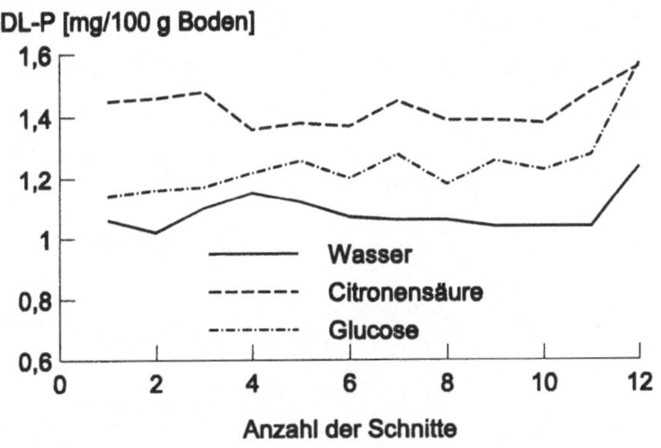

Abb. 4. Einfluß von Mikroorganismen auf die extrahierbare DL-P-Menge in einem Calcaric Cambisol bei Verwendung von verschiedenen Substanzen als Auftropflösung.

Diskussion

Die vorgestellten Ergebnisse bestätigen zunächst, daß die in Wurzelabscheidungen gefundenen Substanzen den Gehalt an DL-löslichem Bodenphosphat erhöhen. Unter unsterilen Bedingungen wurde bei gleicher Menge zugesetzter organischer Substanz teilweise ein größerer Effekt festgestellt als im Sterilversuch. Dieses Untersuchungsergebnis basiert wahrscheinlich auf der Tatsache, daß die aufgetropften Verbindungen von den Mikroorganismen relativ leicht verwertet werden können und somit ein erhöhter Einfluß auf die DL-P-Löslichkeit zustand kommt. Weiterhin ist ersichtlich, daß der Einfluß der aufgegebenen Verbindungen auf den

Doppellaktat-P-Gehalt im Boden differenziert zu betrachten ist. Ob darüber hinaus die durch Umwandlung der ursprünglichen Verbindungen entstandenen neuen Stoffe andere Lösungsaktivitäten besitzen, bleibt zunächst offen. Diese Ergebnisse zeigen jedoch, daß die mikrobiellen Prozesse in Verbindung mit den aufgetropften, in Wurzelexsudaten identifizierten Verbindungen und die dabei entstandenen Metabolite bedeutsam für den extrahierbaren DL-P-Gehalt im Boden sind.

Literaturverzeichnis

DEUBEL, A., 1996: Einfluß wurzelbürtiger organischer Kohlenstoffverbindungen auf Wachstum und Phosphatmobilisierungsleistung verschiedener Rhizosphärenbakterien. Dissertation, Martin-Luther-Universität Halle-Wittenberg.

EGNÈR, H.; RIEHM, H., 1955: *Methodenbuch.* Band I: *Die Untersuchung von Böden.* Radebeul, Berlin: Neumann-Verlag, 3. Auflage, 177–185.

GERKE, J., 1994: Kinetics of soil phosphate desorption as affected by citric acid. *Zeitschrift für Pflanzenernährung und Bodenkunde* **157**, 17–22.

LEŽOVIČ, G., 1997: Verhalten und Metabolisierung wasserlöslicher Wurzelabscheidungen in der Rhizosphäre. In: *Pflanzenernährung, Wurzelleistung und Exsudation.* 8. Borkheider Seminar zur Ökophysiologie des Wurzelraumes. Hrsg.: W. Merbach. Stuttgart, Leipzig: B. G. Teubner Verlagsgesellschaft, S. 230–247.

STAUNTON, S.; LEPRICE, F., 1996: Effect of pH and some organic anions on the solubility of soil phosphate: implications for P bioavailability. *European Journal of Soil Science* **47**, 231–239.

Stoffumsatz im wurzelnahen Raum.
9. Borkheider Seminar zur Ökophysiologie des Wurzelraumes.
Hrsg.: W. MERBACH, L. WITTENMAYER und J. AUGUSTIN
B. G. Teubner Stuttgart · Leipzig 1999, S. 115–121.

Induktion von Symptomen der Bodemüdigkeit bei Apfelsämlingen im Gefäßversuch

Lutz WITTENMAYER und Annette DEUBEL
Institut für Bodenkunde und Pflanzenernährung der Martin-Luther-Universität Halle-Wittenberg, Adam-Kuckhoff-Straße 17b, D-06108 Halle/Saale

Abstract

A method for the cultivation of apple and cherry seedlings in plastic pots on aquarium sand was developed. Using this method under standardized conditions in a growth chamber, the apple seedlings reached the 8...10-leaves stadium four to six weeks after sowing. Under these growth conditions, infection occurred only when the surface of the sand was covered with a layer of sick soil. This measure largely excludes a direct contact of exuded compounds with soil particles, thereby, avoiding their absorption and metabolization. Therefore, the procedure seems to be suitable for the collection of root exudates from infected plants.

The formation of the terminal bud of apple seedlings may be regarded as an indicator for the infection of apple seedlings by actinomycetes.

Einführung

Nach bisher vorliegenden Untersuchungsergebnissen (OTTO *et al.* 1993) wird die vor allem in Baumschulen auftretende Bodenmüdigkeit bei Apfel mit ziemlicher Sicherheit durch wurzelpathogene Actinomyceten hervorgerufen. Diese möglicherweise ubiquitär vorkommenden Erreger vermehren sich beim Erstanbau von Apfel im Epidermis- und Rindenbereich der Faserwurzeln stark. Sie zerstörten dabei das Gewebe und gelangen somit wieder in den Boden, der mit diesen Keimen angereichert wird. Beim artgleichen Nachbau findet dessen Faserwurzelsystem stark belasteten Boden vor, so daß mit erheblichen Wuchs- und Ertragsbeeinträchtigungen gerechnet werden muß.

Interessanterweise konnten bei Kirschen (*Prunus mahaleb, Prunus avium, Prunus cerasus*) die bei Apfel wirksamen Actinomyceten in den Faserwurzeln auch dann nicht gefunden werden, wenn sie auf apfelmüdem Boden angezogen wurden. Die Nachbauprobleme bei Kirsche haben also offenbar eine andere Ursache (WINKLER *et al.*, 1992), und die Apfelmüdigkeit besitzt gewisse Artspezifität. Diese Befunde könnten sich so deuten lassen, daß Wurzelabscheidungen von Apfelpflanzen

116

Ruheformen des Erregers aktivieren, die dann virulent werden.

Über die Wurzelabscheidungen von Apfel- und Kirschpflanzen ist bisher nichts Konkretes bekannt. Die Arbeit von ZHANG *et al.* (1991), in der Apfelsämlinge neben einjährigen Pflanzen bezüglich der Zn-Mobilisierung im Wurzelraum geprüft wurden, lieferte hierfür keine Grundlage.

So stellte sich zunächst die Aufgabe der Entwicklung einer Anzuchtmethode mit festem Substrat für Apfel- und Kirschsämlinge zur Gewinnung ihrer Wurzelabscheidungen mit und ohne Zusatz von apfelmüdem Boden.

Entwicklung einer Anzuchtmethode für Apfel- und Kirschsämlinge zur Gewinnung von Wurzelabscheidungen mit und ohne Zusatz von apfelmüdem Boden

Material und Methoden

Die Anzucht mußte in festem Substrat erfolgen und hatte zu gestatten, Wurzelabscheidungen von entnommenen Pflanzen durch Abstauchen in wäßrigen Lösungsmitteln fraktioniert und möglichst quantitativ zu gewinnen. Der Einfluß von Rhizosphärenmikroben auf die organischen Abscheidungen war dabei zu minimieren. Das Standardanzuchtverfahren gestaltete sich daher folgendermaßen: Samen vom Apfel *(Malus × domestica* cv. ‚Bittenfelder Sämling‘) und von Kirschen (*Prunus cerasus* cv. ‚Fanal‘*)* wurden nach Stratifikation in autoklaviertem keimfreiem Aquariumsand (1–2 mm ⌀) ausgesät. Dies geschah in Keimschalen, in welche das mit gesättigter $CaSO_4$-Lösung angefeuchtete Substrat ca. 3 cm hoch eingefüllt worden war. Die Samen wurden mit einem Abstand von 1,5 × 4 cm in eine Tiefe von 1 cm eingebracht und im Phytotron bei 22 °C in der Lichtphase (14 h, 22 klux, HQL und Glühfadenlampen) sowie 18 °C in der Dunkelphase (10 h) keimen gelassen. Die relative Luftfeuchtigkeit betrug ständig 75 %. Nach drei bis fünf Tagen erfolgte das Vereinzeln in runde Plastegefäße mit 8 cm ⌀ und 7 cm Höhe, die unten Belüftungslöcher besaßen. Die Substraftfeuchte entsprach 80–90 % der maximalen Wasserkapazität. Die Gefäße blieben im Phytotron unter den gleichen Bedingungen stehen und wurden täglich ein- bis dreimal mit einer Nährlösung folgender Zusammensetzung gegossen: 3,0 mM KNO_3, 2,5 mM $Ca(NO_3)_2$, 0,5 mM $Ca(H_2PO_4)_2$, 1,0 mM $MgSO_4$, 12 µM Fe-EDTA, 4,0 µM $MnCl_2$, 22,0 µM H_3BO_3, 0,4 µM $ZnSO_4$, 1,6 µM $CuSO_4$, 0,05 µM Na_2MoO_4 (JOHNSON *et al.* 1994). Der *p*H-Wert der fertigen Nährlösung wurde mit 0,5 M NaOH oder 0,1 M HCl auf 6,5 eingestellt. Die Pflanzen erreichten unter diesen Bedingungen nach vier bis sechs Wochen das 8...10-Blattstadium.

Die Actinomyceteninfektion von Wurzeln war mit dem Standard-Anzuchtverfahren nicht ohne weiteres möglich. Der Einsatz von apfelmüdem Boden als Substrat kam nicht in Frage, weil Sorptionseffekte an Bodenbestandteilen die Gewinnung der Wurzelabscheidungen in ursprünglicher Zusammensetzung verhindern würden und der Einfluß von sonstigen Bodenmikroben zu groß gewesen wäre. Daher wurde untersucht, ob das Tränken des Vegetationssandes mit einem Extrakt aus müdem Boden (90 g Boden mit 90 ml Nährlösung eine Stunde extrahiert und über 100 µm Sieb getrennt) ausreicht, eine Infektion hervorzurufen. Außerdem ist das Aufbringen einer Deckschicht aus müdem Boden als Infektionsquelle geprüft worden, weil sich diese vor dem Abstauchen der Wurzeln zur Gewinnung der Wurzelabscheidungen leicht entfernen läßt. Die genannten Varianten standen im Vergleich zur homogenen Mischung beider Substratkomponenten im selben Verhältnis (Sand:lufttrockener Boden 90:10 m/m) sowie zu einer Kontrolle mit reinem Sand.

Bei dem genannten Versuch wurden die Apfelsamen also vier Wochen im Aquariumsand angezogen, aber dann in die vier Varianten unterteilt, die gemeinsam im Phytotron aufwuchsen. Der Zuwachs ist fortlaufend messend verfolgt worden, und zur Ernte erfolgte die Bonitierung im Hinblick auf die Schädigung des Wurzelgewebes und die Terminalknospenbildung.

Ergebnisse und Diskussion

Tab. 1 zeigt die Resultate des Vergleichs der vier gewählten Substrate zur Induktion von Symptomen der Bodenmüdigkeit bei Apfelsämlingen. Die Zahlen lassen folgendes erkennen: Im Vergleich zur Kontrolle wird der Sproßlängenzuwachs durch die homogene Einmischung müden Bodens stark gehemmt. Zugleich machen sich Wurzelschäden bemerkbar, und die Pflanzen bilden vorzeitig eine Terminalknospe aus. Das sind die typischen Symptome des Actinomycetenbefalls im apfelmüden Boden. Wird der müde Boden nur als Deckschicht verwendet, gibt es gleichartige Symptome, wenn auch ein wenig abgeschwächt. Die Verwendung eines Extraktes aus müdem Boden führt dagegen nicht zu den Effekten.

Offenbar genügt es also, müden Boden als Deckschicht einzusetzen, wenn Infektionen erreicht werden sollen. Um dies endgültig zu beweisen, und zwar unabhängig von etwaigen sonstigen Wirkungen des Bodens, wurde ein weiterer Versuch durchgeführt. Bei ihm ist bei sonst ähnlichen Bedingungen nur mit Aufbringen einer actinomycetenhaltigen Bodendeckschicht gearbeitet worden. Bei einer Variante handelte es sich jedoch um nativen Boden, bei der anderen war dieser vorher durch γ-Bestrahlung sterilisiert worden (^{60}Co, 4 h bei 25 kGy, Boden keimfrei). Tab. 2 zeigt die wichtigsten Ergebnisse.

Tab. 1. Einfluß verschiedener Applikation apfelmüder Substrate zu fünf Wochen alten ‚Bittenfelder Sämlingen' auf deren Schädigung. Versuch im Phytotron, drei Wiederholungen je Variante.

Termin	Kontrolle ohne Boden (nur Aquarium-sand)		Homogene Mischung aus 90 % Aquari-umsand + 10 % müdem Boden		Aquariumsand mit Deckschicht aus müdem Boden		Aquarium-sand mit Extrakt aus müdem Bo-den	
Sproßlänge	cm	%	cm	%	cm	%	cm	%
am 6. März 1996	11,9	100 a†	11,7	100 a	13,6	100 a	12,9	100 a
am 12. März 1996	13,7	114	13,2	113	15,8	116	14,3	111
am 18. März 1996	16,2	136	14,1	121	17,2	125	16,9	132
am 1. April 1996	21,2	179 d†	14,5	124 c	17,9	131 b	22,2	174 d
Terminalknospe am 1. April 1996	Nein		Ja		Ja		Nein	
Zustand der Wurzeln am 1. April 1996	Normal (hell, gut ver-zweigt)		Geschädigt (braun, sehr dünn)		Geschädigt (braun, wenig gesunder Neu-austrieb)		Normal (hell, gut verzweigt)	

[†]): Unterschiedliche Buchstaben zeigen das Vorliegen statistisch signifikanter Differenzen an (Tukey-Test, P ≤ 0,05); [‡]): Bodenzusatz

Tab. 2. Sproßlänge und Blattzahl bei infizierten und nicht infizierten Apfelsämlingen. Anzucht auf Aquariumsand mit Nährlösung. Infizierung durch Bodendeckschicht; neun Wiederholungen.

Variante	Sproßlänge [cm]		Blattzahl	
	28. August	25. September	28. August	25. September
sterilisierter Boden	25,6	36,4	20,1	27,9
nativer Boden	25,1	27,3	20,8	24,0
GD (t-Test, P ≤ 0,05)	3,2	5,5	1,7	3,1

Wenn auch die histologische Untersuchung noch nicht abgeschlossen ist, so bestätigen die Resultate doch, daß die Infektion offenbar über die Bodendeckschicht gelingt. Damit war die prinzipielle Möglichkeit gegeben, Wurzelabscheidungen von gesunden und infizierten Apfelsämlingen aus festen Substraten zu gewinnen, ohne daß Sorptionseffekte im Boden das Spektrum der erfaßbaren Verbindungen wesentlich veränderten. Keimfreiheit war weder notwendig noch erwünscht, weil sie unter natürlichen Bedingungen auch nicht gegeben ist.

Qualitative und quantitative Analyse der Wurzelabscheidungen von Apfel- und Kirschsämlingen

Methode

Methodisch wurde im wesentlichen wie bei einjährigen Pflanzen vorgegangen (WITTENMAYER *et al.* 1995). Das Prinzip bestand darin, die Vegetationsgefäße drei bis fünf Tage vor der Ernte in Plexiglasküvetten zu stellen und mit $^{14}CO_2$ unter exakt definierten Bedingungen zu begasen (SCHULZE 1995).

Die *gefriergetrockneten Wurzelabscheidungen* wurden danach in 5 ml micropurhaltigem destilliertem Wasser aufgelöst, zentrifugiert, und der Überstand unterlag der Auftrennung durch Ionenaustauschchromatographie in ungeladene Verbindungen (Zucker, Alkohole; durchlaufen einen Kationenaustauscher und einen Anionenaustauscher ohne Sorption), Aminosäuren und Amide (werden im Kationenaustauscher zurückgehalten) sowie Nichtamino-Carbonsäuren und Phenole (im Anionenaustauscher sorbiert).

Die *gefriergetrockneten Pflanzenproben* wurden in Sproß und Wurzel unterteilt, gewogen und zwecks Ermittlung der ^{14}C-Gehalte in einem Verbrennungsautomaten (Biological Material Oxydizer OX-500, R. J. Harvey Instruments Corp., Zinsser Analytik, Frankfurt/M.) verbrannt sowie mittels Flüssigkeitsszintillationsspektrometer radiometrisch untersucht. Die Zahlen dienten zu Bilanzierungs- und Vergleichszwecken.

Ergebnisse und Diskussion

Zur Analyse der Wurzelabscheidungen nicht mit Actinomyceten infizierter Kirsch- und Apfelsämlinge während des aktiven Sproßwachstums wurden zwei Versuche mit gleichartigen Ergebnissen ausgewählt, von denen einer in den Tab. 3 und 4 dargestellt wird. Tab. 3 zeigt, daß sich Apfel und Kirsche bezüglich der Trockenmassenverteilung zwischen Sproß und Wurzel relativ wenig voneinander unterscheiden. Immer entfallen etwa ⅔ auf den Sproß und ⅓ auf die Wurzel. Anders verhält es sich mit der ^{14}C-Einlagerung während der achttägigen Begasungsperiode, die bei den Apfelwurzeln nur etwa ein Zehntel derjenigen der Kirsche ausmacht. Offenbar sind die Apfelwurzeln in den Tagen der ^{14}C-Begasung viel weniger gewachsen. Tab. 4 bringt die Verteilung der Wurzelabscheidungen auf wasserlösliche und nicht wasserlösliche Verbindungen.

120

Tab. 3. Trockenmasse- und ^{14}C-Verteilung bei Apfel- und Kirschpflanzen (10–12-Blatt-stadium) nach achttägiger Begasung in $^{14}CO_2$-haltiger Atmosphäre (350 ppm $^{14}CO_2/CO_2$). Anzucht auf Aquariumsand mit Nährlösung im Gewächshaus. Drei Wiederholungen zu je drei Pflanzen. Angaben je Pflanze, Relativzahlen in Klammern.

	Kirsche		Apfel		GD (t-Test, P ≤ 0,05)	
Insgesamt:						
Trockenmasse[†] [g]	3,9	(100)	5,7	(100)	1,8	
Radioaktivität [kBq]	43,7876	*(100)*	50,8587	*(100)*	28,6	
davon Sproß:						
Trockenmasse [g]	2,5	(64)	4,1	(72)	1,28	(8)
Radioaktivität [kBq]						
insgesamt	31,2	*(71,3)*	49,52	*(97,4)*	28,61	*(9,15)*
je g Trockenmasse	12,6		11,72		4,71	
davon Wurzel:						
Trockenmasse [g]	1,4	(36)	1,6	(28)	0,66	(8)
Radioaktivität [kBq]						
insgesamt	12,5	*(28,5)*	1,31	*(2,5)*	2,24	*(9,19)*
je g Trockenmasse	9,5		0,9		3,27	
davon Wurzelabschei-dungen (20 °C + 60 °C-Fraktion) [kBq]	0,0861	(0,2)	0,0287	(0,06)	0,055	(0,10)

[†]) ohne Wurzelabscheidungen, da mengenmäßig belanglos

Tab. 4. ^{14}C-Verteilung innerhalb der Wurzelabscheidungen bei den Apfel- und Kirsch-pflanzen aus Tab. 3.

	Kirsche			Apfel			GD (t-Test, P ≤ 0,05)		
insgesamt, Bq und (%)	86,1	(100)		28,7	(100)		55,5		
davon wasserlöslich	52,5	(61)	*(100)*	12,5	(44)	*(100)*	38,1	(10)	
hiervon									
Zucker			*(48)*			*(53)*			*(28)*
Aminosäuren/Amide			*(17)*			*(14)*			*(14)*
organische Säuren			*(35)*			*(33)*			*(18)*
davon im Zentrifugations-rückstand	33,7	(39)		16,1	(56)		18,2	(10)	

Man erkennt, daß der wasserlösliche Anteil bei den Kirschsämlingen mit 61 % größer ist als bei den Apfelpflanzen mit 44 % mit ihren minimalen Mengen an

Gesamtabscheidungen. Ungeachtet dessen ist die absolute Menge der wasserunlöslichen Verbindungen je Pflanze bei Äpfeln natürlich geringer als bei Kirschen. Bei der Aufteilung der wasserlöslichen Verbindungen auf die drei säulenchromatographisch getrennten Stoffgruppen verhalten sich jedoch beide Pflanzenarten etwa gleich: Die Fraktion der ungeladenen Moleküle (Zuckerfraktion) macht etwa 50 % der Gesamtmenge aus, gefolgt von den „weiteren organischen Säuren" mit über 30 % und den Aminosäuren und Amiden mit unter 20 %. Dies entspricht im übrigen durchaus den früheren Befunden bei einjährigen Pflanzen (SCHULZE 1994).

Beim Vergleich der Stoffgruppenzusammensetzung von Apfel- und Kirschwurzelabscheidungen konnte somit keine Obstartspezifität beobachtet werden. In weiteren Untersuchungen sollen die Einzelverbindungen der jeweiligen Stoffgruppen bestimmt werden, um hier die für die Infektion erforderliche Substanz(en) zu identifizieren. Darüber hinaus soll die Veränderung des Abscheidungsmusters der Wurzeln nach Actinomyceteninfektion bestimmt werden.

Dank

Der Deutschen Forschungsgemeinschaft sei für die finanzielle Unterstützung gedankt (Az Schi 373/2-1 und Wi 1354/1-1).

Literaturverzeichnis

JOHNSON, J. F.; ALLAN, D. L.; VANCE, C. P, 1994. Phosphorus stress-induced proteoid roots show altered metabolism in *Lupinus albus. Plant Physiology* **104**: 657-665.

OTTO, G.; WINKLER, H.; SZABÓ, K., 1993. Zum Stand der Erkenntnisse über die Ursache der Bodenmüdigkeit bei einigen Rosaceen-Arten. *Mitteilungen der Biologischen Bundesanstalt* (Berlin–Dahlem) **289**, 11-25.

SCHULZE, J., 1993. *Untersuchungen zur Kohlenstoffbilanz bei Leguminosen und Nichtleguminosen unterer besonderer Berücksichtigung der organischen Wurzelabscheidungen.* Dissertation. Landwirtschaftliche Fakultät der Martin-Luther-Universität Halle-Wittenberg.

WINKLER, H.; OTTO, G.; MADEL, H., 1992. Untersuchungen zum Nachbauproblem bei Kirsche (Teil I, II). *Erwerbs-Obstbau* **34**, 70–75, 106–109.

WITTENMAYER, L.; Gransee, A.; Schilling, G., 1995. Untersuchungen zur quantitativen und qualitativen Bestimmung von organischen Wurzelabscheidungen bei Mais und Erbsen. *Mitteilungen der Deutschen Bodenkundlichen Gesellschaft* **76**, 971-974.

ZHANG, F.; RÖMHELD, V.; MARSCHNER, H., 1991. Release of zinc mobilizing root exudates in different plant species as affected by zinc nutritional status. *Journal of Plant Nutrition* **14**, 675-686.

4

Mikroben–Wurzel-Interaktionen

Stoffumsatz im wurzelnahen Raum.
9. Borkheider Seminar zur Ökophysiologie des Wurzelraumes.
Hrsg.: W. MERBACH, L. WITTENMAYER und J. AUGUSTIN
B. G. Teubner Stuttgart · Leipzig 1999, S. 125–130.

Einfluß der P-Ernährung und der Applikation P-lösender Bakterien auf die funktionelle Diversität der Rhizosphärenmikroflora von Mais

Silke RUPPEL*, Carmen FELLER* und Andreas GRANSEE[‡]
*Institut für Gemüse und Zierpflanzenbau Großbeeren/Erfurt e. V., Theodor-Echtermeyer-Weg 1, D-14979 Großbeeren; [‡]Institut für Bodenkunde und Pflanzenernährung der Martin-Luther-Universität Halle–Wittenberg, Adam-Kuckhoff-Straße 17b, D-06108 Halle/Saale

Abstract

The effect of P-fertilizer formulation (without P fertilization, with hardly soluble $CaHPO_4$ and with easily available NaH_2PO_4) on the microbial community structure in the rhizosphere and its activity was investigated in a greenhouse pot experiment with quartz sand. Furthermore, the effect of a P-solubilizing bacterial strain *Pantoea agglomerans* on the microbial community structure was tested. The community structure and C substrate use activity were measured using Biolog gram negativ and gram positive plates. The results showed an increased microbial activity with increasing P availability in the rhizosphere. Distinctive patterns of C source utilization were apparent for each P-fertilizer formulation. The P-solubilizing bacterial strain improved total C substrate use activity when $CaHPO_4$ was the only phosphate source. After bacterial inoculation the rhizosphere microbial community structure changed and the substrate use activity of some carboxylic acids was increased. Thus, these changes depend on nutritional conditions and bacterial inoculation which should be taken into account by interpreting bacterial inoculation experiments.

Einleitung

Pflanzenarten unterscheiden sich in ihrer Fähigkeit, schwer lösliche P-Verbindungen zu mobilisieren und zu metabolisieren (TADANO *et al.* 1993). Diese Pflanzenartenspezifik wird einerseits auf die unterschiedliche Wurzelentwicklung und andererseits auf Unterschiede in der Menge und Zusammensetzung der Wurzelexsudate zurückgeführt. Zunehmend werden mikrobielle Effekte bei der Mobilisierung schwerlöslicher Calciumphosphate diskutiert. So sind ca. 20–30 % der isolierten

Bodenmikroorganismen in der Lage, schwerlösliches Phosphat zu mobilisieren (MUELLER *et al.* 1997). In Reinkultur konnte diese Fähigkeit in Abhängigkeit von der angebotenen C-Quelle anhand verschiedenster P-Verbindungen nachgewiesen werden (DEUBEL 1996, SCHILLING *et al.* 1998).

In vorliegender Arbeit soll geprüft werden, ob die P-Ernährung der Maispflanzen die mikrobielle Populationsstruktur in der Rhizosphäre sowie die mikrobielle Aktivität beeinflußt und ob *Pantoea agglomerans*, das in Reinkultur schwerlösliches Calciumphosphat löst (DEUBEL 1996, RUPPEL 1987), Phytohormone produziert und in Assoziation mit Pflanzenwurzeln Luftstickstoff bindet (SCHOLZ-SEIDEL und RUPPEL 1992, RUPPEL und MERBACH 1997), P aus CaHPO$_4$ für die Maispflanzen mobilisieren kann. Gleichzeitig wird geprüft, ob der applizierte Bakterienstamm die Rhizosphärenpopulationsstruktur von Mais und deren Aktivität verändert.

Material und Methoden

Im Gefäßversuch in Quarzsand wurde Mais (Sorte ‚Becemara') unter optimaler Ernährung angezogen. Nur die P-Düngung wurde wie folgt variiert: i) ohne P, ii) mit CaHPO$_4$ (0,5 g P/Gefäß) und iii) mit NaH$_2$PO$_4$ (0,5 g P/Gefäß).

Die Inokulation des P-lösenden Bakterienstammes *Pantoea agglomerans* (D5/23) erfolgte in einer Menge von 10^7 Zellen je Pflanze nach deren Aufgang. Nach sechs Wochen wurden die Pflanzen geerntet, Wurzel- und Sproßtrockenmasse sowie deren P-Gehalt (nach Veraschung und Aufnahme in HCl am „Epos-analyzer") bestimmt. Die Analyse der mikrobiellen Populationsstruktur und deren Aktivität erfolgte an aliquoten Wurzelproben (0,5 g je Wiederholung), die vor der gesamten Aufbereitung der Pflanzen unter sterilen Bedingungen entnommen wurden. Diese Proben wurden bei 4 °C mit je zehn Glasperlen in 0,05 M NaCl-Lösung geschüttelt, anschließend bei 2500 U/min 5 min zentrifugiert, um die Wurzeln vom Überstand zu trennen. Die Überstände wurden erneut bei 5300 U/min für 20 min zentrifugiert, um die Bakterien zu sedimentieren. Das Entfernen der restlichen Wurzelexsudate erfolgte durch zweimaliges Waschen und Zentrifugieren der Bakterien in steriler physiologischer Kochsalzlösung. Mit der gewaschenen Bakteriensuspension wurden einerseits die Gesamtkeimzahl der Bakterien auf Hirte-Medium sowie die Keimzahl der Enterobacteriaceae auf Endo-Medium mittels MPN-Methode bestimmt und andererseits Gramnegativ- und Grampositiv-Biolog-Testplatten mit 150 µl je Testplatz inokuliert. Die Inkubation der Biolog-Platten erfolgte bei 29 °C im Dunklen. Nach 6, 24, 30, 48, 54 und 72 h wurde am Testplattenphotometer bei einer Wellenlänge von 590 nm die Extinktion gemessen. Anhand der Färbung und der Farbtiefe konnte die Substratverwertungsaktivität der

Mikroflora für das jeweilige Substrat bestimmt werden. Dabei entspricht die Gesamtaktivität der Summe der Extinktionswerte aller Substrate. Die C-Quellen der Biolog-Platten wurden in die Gruppen Kohlenhydrate, Carbonsäuren, Aminosäuren, Amine/Amide, Polymere und sonstige (GARLAND und MILLS 1991) eingeordnet, um die durchschnittliche Substratverwertung je Substratgruppe bestimmen zu können. Für die Analyse der Substratverwertungsmuster (je Gruppe) wurden Diskriminanzanalysen angewandt. Als räumliches Trennmaß werden die Mahalanobisdistanzen herangezogen.

Ergebnisse und Diskussion

Einfluß der P-Düngung

Die P-Düngung mit schwerlöslichem $CaHPO_4$ oder leicht pflanzenverfügbarem NaH_2PO_4 veränderte nicht die Gesamtkeimzahl der Bakterien in der Maisrhizosphäre gegenüber der ungedüngten Kontrolle (Tab. 1).

Tab. 1. Einfluß der P-Düngung auf die Bakteriengesamtkeimzahl, die Keimzahl (KZ) der Enterobacteriaceae in der Rhizosphäre von Maispflanzen sowie auf die Gesamtaktivität (Summe aller Extinktionswerte) und die durchschnittliche Substratverwertungsaktivität der Rhizosphärenmikroflora je Substratgruppe (Angaben der Extinktionswerte).

	P-Düngung			HSD, P ≤ 0,05
	ohne P	$CaHPO_4$	Na_2PO_4	
Bakteriengesamtkeimzahl [log KZ/g Wurzel-TM]	7,17	6,88	7,44	1,87
KZ Enterobacteriaceae [log KZ/g Wurzel-TM]	6,34	6,25	6,82	1,02
Gesamtaktivität	142,6 a	162,5 ab	186,6 b	34,9
Durchschnittliche Substratverwertungsaktivität				
Kohlenhydrate	0,75 a	0,86 ab	0,98 b	0,19
Carbonsäuren	0,79 a	0,89 a	1,06 b	0,21
Aminosäuren	0,93 a	0,99 a	1,06 a	0,19
Amine/Amide	0,62 a	0,72 ab	0,82 b	0,15
Polymere	0,70 a	0,81 ab	0,93 b	0,16
sonstige Substrate	0,54 a	0,86 b	0,84 c	0,15

Sie hatte ebenso keinen Einfluß auf die Keimzahl der Enterobacteriaceae. Die Gesamtaktivität der Rhizosphärenmikroflora — gemessen als Substratverwertungsaktivität aller auf Gramnegativ- und Grampositiv-Biolog-Platten angebotener Sub-

128

strate — stieg mit zunehmender P-Verfügbarkeit signifikant an (Tab. 1). Diese Erhöhung der Substratverwertungsaktivität der Mikroflora widerspiegelt sich in allen Substratgruppen außer in der Aminosäuregruppe.

Neben der Veränderung der mikrobiellen Substratverwertungsaktivität führte die P-Düngung zu einem veränderten Substratverwertungsmuster der Rhizosphärenmikroflora (Abb. 1). Die Diskriminierung zwischen den P-Düngungsvarianten, die in den Substratgruppen der Kohlenhydrate, Carbonsäuren und der Aminosäuren besonders deutlich wird, läßt auf eine funktionelle Diversität der Rhizosphärenmikroflora bei variierter P-Düngung schließen. Diese funktionelle Diversität wird auch als Veränderung der mikrobiellen Populationsstruktur diskutiert (CAMPBELL *et al.* 1997).

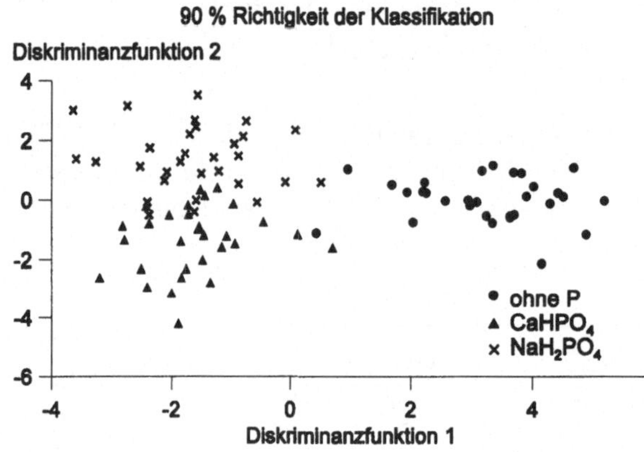

Abb. 1. Klassifikation der Substratverwertungsmuster der Rhizosphärenmikroflora bei Mais in der Stoffklasse der Carbonsäuren nach dem Einfluß der P-Düngerform mittels Gramnegativ- und Grampositiv-Biolog-Platten. Die Diskriminanzfunktionen 1 und 2 erklären 81 % bzw. 19 % der Gesamtvarianz.

Es ist jedoch nicht eindeutig geklärt, ob die Veränderung der Substratverwertungsmuster der Mikroflora auf einer veränderten Art- und Gattungsstruktur der Bakterien oder nur auf einer veränderten Substratverwertung der gleichen Population beruht (GRIFFITHS *et al.* 1997).

Einfluß der Applikation von *Pantoea agglomerans*

Die Applikation von *Pantoea agglomerans* aus der Familie der *Enterobacteriaceae* erhöhte signifikant die Keimzahl der *Enterobacteriaceae* in der Rhizosphäre von Mais gegenüber der nichtinokulierten Variante von 6,05 log KZ/g Wurzel TM auf 6,89 log KZ/g Wurzel TM. Neben dieser Keimzahlerhöhung war die Gesamtaktivität der Mikroflora in der mit CaHPO$_4$ gedüngten Variante nahezu auf das Niveau der Aktivität der voll mit P ernährten Variante erhöht (Abb. 2).

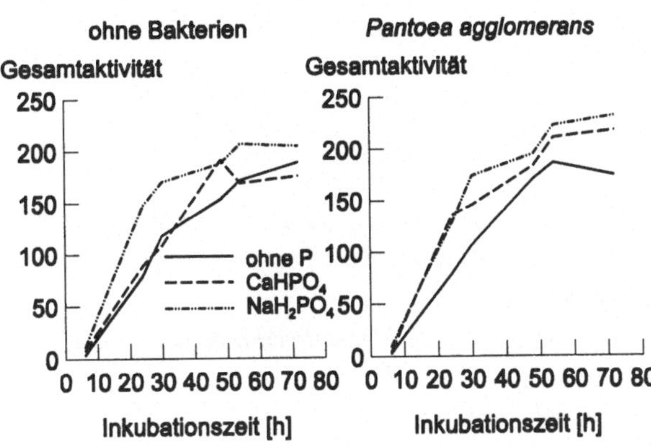

Abb. 2. Gesamtaktivität (Summe der Extinktionswerte aller Substrate der Gramnegativ- und Grampositiv-Biolog-Platten) der Rhizosphärenmikroflora von Mais (sechs Wochen alte Pflanzen) während der Inkubationszeit von 72 h ohne und mit Applikation von *Pantoea agglomerans* in Abhängigkeit von der P-Düngerform (ohne P-Düngung, mit schwerlöslichem Calciumhydrogenphosphat und mit leichtverfügbarem Natriumdihydrogenphosphat).

Tab. 2 faßt die Carbonsäuren, die verstärkt nach Bakterienapplikation von der Rhizosphärenmikroflora in der mit schwerlöslichem $CaHPO_4$-gedüngten Variante metabolisiert wurden, zusammen. Die Ergebnisse zeigten, daß sowohl die P-Düngung als auch die Applikation des P-mobilisierenden Bakterienstammes zu einer Veränderung der Populationsstruktur der Mikroflora in der Rhizosphäre und zu einer Erhöhung der Substratverwertungsaktivität der Mikroflora führte. In welchem Zusammenhang die funktionelle Diversität der Mikroflora und die erhöhte Substratverwertungsaktivität der Rhizosphärenmikroflora mit der P-Mobilisierungsleistung der Mikroorganismen steht, muß in weiteren Versuchen analysiert werden.

Tab. 2. Einfluß der Inokulation von *Pantoea agglomerans* in der mit $CaHPO_4$ gedüngten Variante auf die Substratverwertungsaktivität der Rhizosphärenmikroflora von Mais am Beispiel ausgewählter Carbonsäuren.

Carbonsäure	Inokulation		GD (Tukey, $P \leq 0,05$)
	ohne Inokulation	mit *Pantoea agglomerans*	
Propionsäure	0,70	1,05	0,18
Cininsäure	0,81	1,14	0,26
Sebacinsäure	0,54	0,89	0,21
Bernsteinsäure	0,61	1,15	0,20
D-Galacturonsäure	0,75	1,07	0,20

130

Dank

Diese Arbeit wurde durch die Deutsche Forschungsgemeinschaft (Projekt-Nr. Gr 1507/1-1, Ru 649/1-1) gefördert.

Literaturverzeichnis

CAMPBELL, C. D.; GRAYSTON, S. J.; HIRST, D. J., 1997: Use of rhizosphere carbon sources in sole carbon source tests to discriminate soil microbial communities. *Journal of Microbiological Methods* **30**, 33–41.

DEUBEL, A., 1996: *Einfluß wurzelbürtiger organischer Kohlenstoffverbindungen auf Wachstum und Phosphatmobilisierungsleistung verschiedener Rhizosphärenbakterien.* Dissertation, Martin-Luther-Universität Halle–Wittenberg.

GARLAND, J. L.; MILLS, A. L., 1991: Classification and characterization of heterotrophic microbial communities on the basis of patterns of community-level sole-carbon-source utilization. *Applied Environmental Microbiology* **57**, 2351–2359.

GRIFFITHS, B. S.; RITZ, K.; WHEATLEY, R. E., 1997: Relationship between functional diversity and genetic diversity in complex microbial communities. In: *Microbial Communities.* Hrsg.: H. Insam, A. Rangger. Berlin, Heidelberg, New York: Springer, 1–9.

MUELLER, T.; JENSEN, L. S.; MAGID, J.; NIELSEN, N. E., 1997: Temporal variation of C and N turnover in soil after oilseed rape straw incorporation in the field — simulations with the soil–plant–atmosphere model DAISY. *Ecological Modelling* **99**, 247–262.

RUPPEL, S., 1987: *Isolation diazotropher Bakterien aus der Rhizosphäre von Winterweizen und Charakterisierung ihrer Leistungsfähigkeit.* Dissertation, Akademie der Landwirtschaftswissenschaften der DDR.

RUPPEL, S.; MERBACH, W., 1997: Effect of ammonium and nitrate on $^{15}N_2$-fixation of *Azospirillum* spp. and *Pantoea agglomerans* in association with wheat plants. *Microbiological Research* **152**, 377–383.

SCHILLING, G.; GRANSEE, A.; DEUBEL, A.; LEŽOVIČ, G.; RUPPEL, S., 1998: Phosphorus availability, root exudates, and microbial activity in the rhizosphere. *Zeitschrift für Pflanzenernährung und Bodenkunde* **161**, 465–478.

SCHOLZ-SEIDEL, C.; RUPPEL, S., 1992: Nitrogenase and phytohormone activities of *Pantoea agglomerans* in culture and their reflection in combination with wheat plants. *Zentralblatt für Mikrobiologie* **147**, 319–328.

TADANO, T.; OZAWA, K.; SAKAI, H.; OSAKI, M.; MATSUI, H., 1993: Secretion of acid phosphatase by the roots of crop plants under phosphorus-deficient conditions and some properties of the enzyme secreted by lupin roots. *Plant and Soil* **155/156**, 95–98.

Stoffumsatz im wurzelnahen Raum.
9. Borkheider Seminar zur Ökophysiologie des Wurzelraumes.
Hrsg.: W. MERBACH, L. WITTENMAYER und J. AUGUSTIN
B. G. Teubner Stuttgart · Leipzig 1999, S. 131–136.

Einfluß der Mykorrhiza (*Glomus mosseae*) auf die Freisetzung spezifisch gebundenen NH_4^+ in einer Gley-Braunerde

Maren FROST und Heinrich W. SCHERER

Agrikulturchemisches Institut der Rheinischen Friedrich-Wilhelms-Universität Bonn,
Meckenheimer Allee 176, D-53115 Bonn

Abstract

The content of nonexchangeable NH_4^+ in the top soil ranges between 1 and 25 % of the total N and in the lower horizons it is up to 90 %. It is known that this N-fraction can be partly used by plants and microorganisms. However the impact of mycorrhiza on the release of nonexchangeable NH_4^+ has not been investigated so far. We studied the influence of the fungus *Glomus mosseae* in symbiosis with *Zea mays* and *Tagetes patula* on the mobilization of nonexchangeable NH_4^+. The first experiment showed that plants with mycorrhiza-fungus are able to improve the release of nonexchangeable NH_4^+ in comparison to non infected plants. The results of the second experiment in compartment containers indicated that a N-uptake of mycorrhizal hyphae took place, which was probably linked with a higher release of nonexchangeable NH_4^+.

Einleitung

Böden mit hohen Anteilen an 2:1-Tonmineralen an der Gesamttonfraktion enthalten z. T. beachtliche Mengen an spezifisch gebundenen Ammonium (spez. geb. NH_4^+). Mit einer Nettofreisetzung von spez. geb. NH_4^+ ist dann zu rechnen, wenn die NH_4^+-Konzentration der Bodenlösung niedrig ist. Daher ist diese Fraktion nicht statisch, sondern steht Pflanzen (SCHERER und MENGEL 1986) und zum Teil auch Mikroorganismen (SCHERER und SCHNEIDERS 1995) in gewissem Maße als N-Quelle zur Verfügung. Untersuchungen über den Einfluß der Mykorrhiza auf die Mobilisierung des spezifisch gebundenen NH_4^+ liegen in der Literatur nicht vor. Aufgrund der von JOHANSEN *et al.* (1993) beobachteten NH_4^+-Aufnahme der Hyphen wäre jedoch eine erhöhte Diffusion der NH_4^+-Ionen aus den Zwischenschichten zu erwarten. In den durchgeführten Untersuchungen sollte überprüft werden, ob die Freisetzung des spez. geb. NH_4^+ durch die Mykorrhizierung der Pflanzen erhöht wird und ob Mykorrhiza-Hyphen in der Lage sind, diese N-Fraktion direkt zu mobilisieren.

Material und Methoden

Versuch I

Hier wurden in vierfacher Wiederholung die beiden Pflanzenarten Mais (*Zea mays*) und Tagetes (*Tagetes patula*) mit folgenden drei Varianten kombiniert: mit Mykorrhiza (+AM), ohne Mykorrhiza (–AM) und Brache. Je nach Variante wurde in den Boden (2 kg/Gefäß) das Mykorrhiza-Inokulum (*Glomus mosseae*) oder das filtrierte und anschließend autoklavierte Mykorrhiza-Inokulum eingebracht und anschließend die entsprechende Pflanze (bis auf die Brache-Variante) eingesät. Nach acht Wochen Versuchsdauer wurden die Pflanzen geerntet.

Versuch II

Als Versuchsgefäße dienten PVC-Gefäße mit zwei Kompartimenten, die durch ein Nylonnetz (30 μm Maschenweite) getrennt wurden. Im Pflanzenkompartiment (PK) konnten sich Pflanzenwurzeln mit Mykorrhiza etablieren, während in das Hyphenkompartiment (HK) nur die Hyphen der Mykorrhiza hineinwachsen konnten. Der Boden wurde vor Versuchsbeginn sieben Tage bei 80 % der Wasserkapazität mit 100 mg N/kg Boden als $(NH_4)_2SO_4$ inkubiert. Dadurch konnte der Gehalt des spezifisch gebundenen NH_4^+-N von 250 auf 330 mg N/kg Boden erhöht werden. Für den Boden des HK wurde ^{15}N-markiertes Ammoniumsulfat $[(^{15}NH_4)_2SO_4;$ 10 at.-% ^{15}N exc.] zur Inkubation verwendet. Der Versuch wurde in dreifacher Wiederholung mit zwei Varianten (+AM/–AM) mit Mais angelegt und nach acht Wochen Versuchsdauer geerntet.

Ergebnisse und Diskussion

Versuch I

Der Gehalt an spezifisch gebundenen NH_4^+ nahm nach Versuchsbeginn deutlich zu (Abb. 1). Da die N-Düngung zu Beginn in Nitratform zugegeben wurde, ist das zusätzlich fixierte Ammonium auf die durch Befeuchtung des Bodens in Verbindung mit Pflanzenbewuchs und Düngung angeregte Mineralisation zurückzuführen. Beim Versuch mit Mais traten in der Brache-Variante im Versuchsverlauf kaum Veränderungen im Gehalt des spezifisch gebundenen NH_4^+ auf, wogegen dieser beim Versuch mit Tagetes größeren Schwankungen unterlag. Die Differenzen sind wahrscheinlich auf Temperaturunterschiede (die Versuche konnten aus technischen

Gründen nicht zeitgleich durchgeführt werden) und somit auf unterschiedliche Mikroorganismenaktivität zurückzuführen, was die Ergebnisse von SCHERER und SCHNEIDERS (1995) bestätigt.

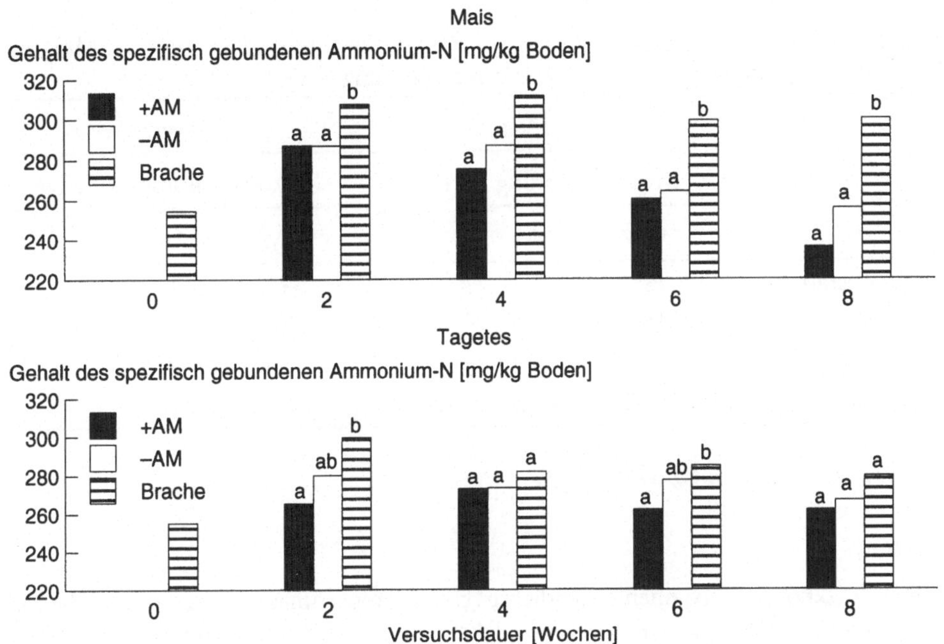

Abb. 1. Einfluß arbusculärer Mykorrhiza bei Mais und Tagetes auf die Mobilisierung von spezifisch gebundenen NH_4^+ bei einer Gley-Braunerde während einer Versuchsdauer von acht Wochen. Unterschiedliche Buchstaben kennzeichnen signifikante Unterschiede zwischen den Varianten an einem Termin bei GD (Tukey, $P \leq 0,05$).

Bei Mais ohne Mykorrhiza wurde das gesamte frisch fixierte NH_4^+ bis zu Versuchsende freigesetzt. Durch eine Mykorrhizierung konnte der Gehalt des spezifisch gebundenen NH_4^+ allerdings noch weiter abgesenkt werden. Die erhöhte NH_4^+-Mobilisierung von mykorrhizierten Pflanzen war jedoch nicht signifikant und wirkte sich nicht auf den Trockenmasse- (TM-) Ertrag, den N-Gehalt und den N-Entzug der Maispflanzen aus (Tab. 1). Bei den Tagetes-Pflanzen war der Einfluß der Mykorrhizierung und auch der Pflanzenbewuchs auf die Freisetzung des spez. geb. NH_4^+ weniger deutlich ausgeprägt und schwankte während der gesamten Vegetationszeit. Allerdings konnte hier in der +AM-Variante ein signifikant höherer N-Entzug im Vergleich zur −AM-Variante nachgewiesen werden, der sich jedoch nicht deutlich auf die Freisetzung des spezifisch gebundenen NH_4^+ auswirkte. Die Ergebnisse des Versuches I lassen vermuten, daß der Einfluß der Pflanze, aber auch bodenspezifische Prozesse (Mineralisation, Refixierung) die Auswirkung einer Mykorrhizierung auf die Mobilisierung des spezifisch gebundenen NH_4^+ überlagern können.

Tab. 1. Infektionsrate, Trockenmasseertrag, Nährstoffgehalte und -entzüge bei Mais- und Tagetes-Pflanzen in Abhängigkeit einer Mykorrhizierung — Versuch I.

	Mais			Tagetes		
	Mykorrhizierung		t-Test (P ≤ 0,05)	Mykorrhizierung		t-Test (P ≤ 0,05)
	+AM	–AM		+AM	–AM	
Infektionsrate [%]	28	0	—	59	0	—
TM-Ertrag [g/Gefäß]	44,1	48,1	n. s.*	7,7	5,7	n. s.
N-Gehalt [%]	1,00	0,90	n. s.	3,93	4,17	n. s.
N-Entzug [mg/Gefäß]	439,2	428,1	n. s.	300,5	233,6	s.[†]

*): nicht signifikant; [†]): signifikant.

Versuch II

Tab. 2. Infektionsrate, Hyphenlängendichte (HLD), Trockenmasseertrag, Nährstoffgehalte und -entzüge bei Maispflanzen in Abhängigkeit von der Mykorrhizierung — Versuch II.

	Mykorrhizierung		t-Test (P ≤ 0,05)
	+AM	–AM	
Infektionsrate [%]	68	0	—
HLD [m/cm^3]	2,4	0	—
TM-Ertrag [g/Gefäß]	105	107	n. s.*
N-Gehalt [%]	0,73	0,66	n. s.
N-Entzug [mg/Gefäß]	765	704	n. s.
^{15}N-Abundanz [at.-% exc.]	0,56	0,54	n. s.
N-Düngerentzug [mg/Gefäß]	42,8	38,0	s.[†]
P-Gehalt [%]	0,11	0,08	s.
P-Entzug [mg/Gefäß]	116	87	s.

*): nicht signifikant; [†]): signifikant.

Es konnte eine Mykorrhizierung von rund 70% an den Pflanzenwurzeln und eine durchschnittliche Hyphenlängendichte im HK von 2,4 m/cm^3 festgestellt werden (Tab. 2). In der –AM-Variante wurde keine Infektion mit dem Pilz beobachtet. Im

TM-Ertrag traten keine signifikanten Unterschiede zwischen den Varianten auf.

Der N-Gehalt und der N-Entzug waren in der +AM-Variante höher als in der −AM-Variante, jedoch konnte nur der höhere Düngerentzug signifikant abgesichert werden. Einerseits läßt dieses Ergebnis auf eine direkte N-Aufnahme durch die Hyphen des Pilzes aus dem HK vermuten. Andererseits weist der ^{15}N-Gehalt der −AM-Variante darauf hin, daß es auch zu einem Mykorrhiza-unabhängigen N-Transport aus dem HK in das PK gekommen ist. In diesem Zusammenhang zeigt der signifikant höhere P-Gehalt und P-Entzug der mykorrhizierten Pflanzen, daß die Mykorrhizierung der Pflanzen zu ihrer verbesserten P-Versorgung führte, die auch der Grund für den höheren $^{(15)}$N-Gehalt und -Entzug der mykorrhizierten Pflanzen im Vergleich zu nichtmykorrhizierten Pflanzen sein kann.

Der Gehalt an spezifisch gebundenem NH_4^+ nahm während der gesamten Versuchsdauer in beiden Kompartimenten ab und war zu jedem Termin im PK niedriger als im HK (Abb. 2). Im PK wurde nahezu das gesamte „frisch fixierte" NH_4^+ bis Versuchsende freigesetzt. In der achten Woche konnte eine signifikant höhere Freisetzung des spez. geb. NH_4^+ in der +AM-Variante aufgezeigt werden.

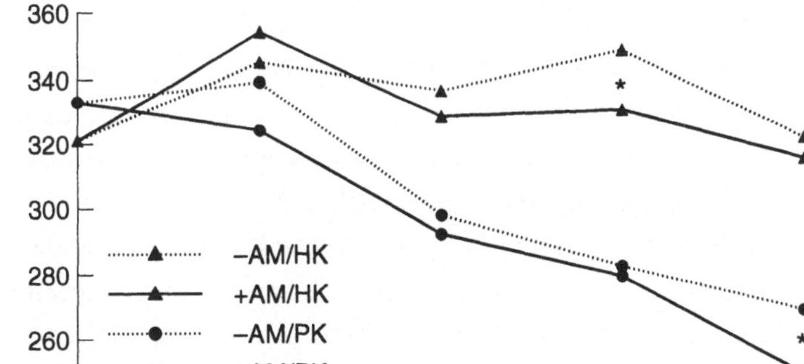

Abb. 2. Einfluß von Mykorrhiza auf den zeitlichen Verlauf des Gehaltes an spezifisch gebundenem NH_4^+-N bei einer Gley-Braunerde; * kennzeichnet signifikante Unterschiede in einem Kompartiment zwischen +AM/−AM (t-Test, $P \leq$ 0,05).

Im HK kam es in den ersten zwei Wochen nach Versuchsbeginn zu einer Fixierung von NH_4^+-N, die auf eine verstärkt ablaufende Mineralisation nach Befeuchtung des Bodens hinweist. Ab der zweiten Woche wurde in der +AM-Variante spez. geb. NH_4^+ freigesetzt. Allerdings war der Unterschied zu der −AM-Variante nur in der sechsten Woche signifikant.

Um eine ledigliche Umverteilung des NH_4^+ von der spez.-geb.-NH_4^+-Fraktion in die austauschbare NH_4^+-Fraktion auszuschließen, wurde zum letzten Probenah-

136

metermin zusätzlich das austauschbare NH_4^+ bestimmt (Abb. 3).

Es konnten keine signifikanten Unterschiede zwischen den Varianten des jeweiligen Kompartimentes nachgewiesen werden, jedoch wurde im HK die Differenz des gesamten Ammoniums (austauschbares + spezifisch gebundenes NH_4^+) zwischen den Varianten zu gleichen Teilen aus beiden Fraktionen gebildet und somit eine alleinige Umverteilung ausgeschlossen, so daß es zu einer „echten" Freisetzung des spezifisch gebundenen NH_4^+ im HK gekommen ist.

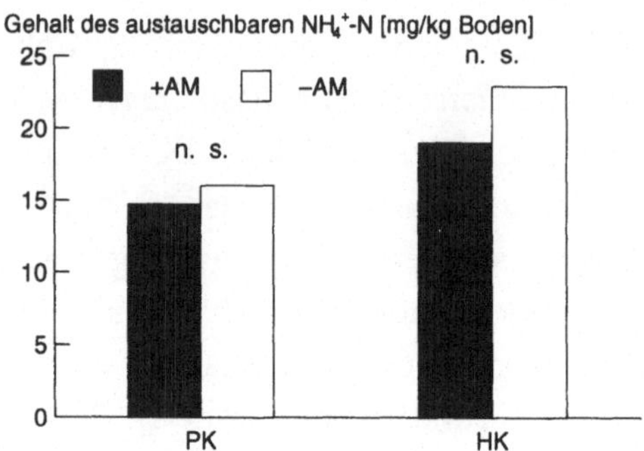

Abb. 3. Einfluß von Mykorrhiza auf den Gehalt des austauschbaren Ammonium bei Mais nach acht Wochen; n. s. nicht signifikante Unterschiede zwischen den Varianten +AM/−AM in einem Kompartiment (t-Test, $P \leq 0,05$).

Zusammenfassung

Durch eine Mykorrhizierung der Pflanzen wurde der TM-Ertrag nicht beeinflußt.

Der N-Entzug der Pflanzen konnte durch den Pilz teilweise gesteigert werden, was allerdings auch in Verbindung mit der signifikant höheren P-Versorgung dieser Pflanzen stehen kann. Jedoch weisen die Ergebnisse des eingesetzten ^{15}N-Isotopes auch auf eine direkte N-Aufnahme der Mykorrhiza-Hyphen hin.

Die Freisetzung des spezifisch gebundenen NH_4^+ konnte teils durch die Mykorrhizierung verstärkt werden. Auch im wurzelfreien Raum konnte eine Freisetzung des spez. geb. NH_4^+ durch die Mykorrhizierung beobachtet werden, die jedoch wahrscheinlich durch Prozesse wie Mineralisation und Refixierung des Ammoniums überlagert werden kann.

Literaturverzeichnis

JOHANSEN, A.; JAKOBSEN, I.; JENSEN, E. S., 1993: Hyphal transport by a vesicular-arbuscular mycorrhizal fungus of N applied to the soil as ammonium or nitrate. *Biology and Fertility of Soils* **16**, 66-70.

SCHERER, H. W.; MENGEL, K., 1986: Importance of soil type on the release of non-exchangeable NH_4^+ and availability of fertilizer NH_4^+ and fertilizer NO_3^-. *Fertilizer Research* **8**, 249-258.

SCHERER, H. W.; SCHNEIDERS, M., 1995: Verfügbarkeit von spezifisch gebundenem Ammonium für Mikroorganismen. *Agribiological Research* **48**, 138-145.

Stoffumsatz im wurzelnahen Raum.
9. Borkheider Seminar zur Ökophysiologie des Wurzelraumes.
Hrsg.: W. MERBACH, L. WITTENMAYER und J. AUGUSTIN
B. G. Teubner Stuttgart · Leipzig 1999, S. 137–143.

Einfluß bakterieller Mikroorganismen auf die Wurzelmorphologie der Tomate unter Pathogeneinwirkung

Rita GROSCH, Silke RUPPEL, Dietmar SCHWARZ und Andreas KOFOET
Institut für Gemüse- und Zierpflanzenbau Großbeeren/Erfurt e. V., Theodor-Echtermeyer-Weg 1, D-14979 Großbeeren

Abstract

Interactions of rhizosphere bacteria, the plant pathogen *Pythium aphanidermatum*, and plant responses were investigated. The bacteria applied had different origins. Some belong to the *Bacillus*-group and were selected in a hydroponic system or offered by a company (antagonistic strains). Others were chosen because of their ability to produce growth promoting metabolites *in vitro* (plant growth promoting rhizobacteria, PGPR). Experiments were carried out in climate chambers under constant conditions and in hydroponics. In addition to a growth analysis, root morphology was investigated. Root length was determined to test an antagonistic reaction of the bacteria strains against the pathogen.

P. aphanidermatum applied with ten oospores reduced always plant growth after a growth period of 14 days for at least 6 %. Three of the PGPR isolates and two of the antagonistic isolates stimulated shoot and root growth of tomato plants. Non of them declined plant growth. The specific root length as well as the total root length was reduced significantly by *P. aphanidermatum* and also by two bacteria isolates. Only one bacteria strain enhanced specific root length significantly. The mean root diameter was not affected neither by *P. aphanidermatum* nor by the bacteria tested. Some of the antagonistic strains suppressed *P. aphanidermatum* but non of the PGPR strains. Further studies under greenhouse conditions will be to test the suppressive reaction during a longer growth period than two weeks.

Einleitung

Die Rhizosphäre ist als Nährstofflieferant sowohl für bodenbürtige Pathogene als auch für nützliche Rhizosphärenbakterien attraktiv. In der Natur sind Interaktionen zwischen Rhizosphärenbakterien und Pflanzenpathogenen weit verbreitet und können zur Unterdrückung von Krankheiten genutzt werden (LYNCH 1990). Nach Isolation von Bakterien aus der Rhizosphäre erfolgt ein Screening *in vitro* hinsichtlich der Fähigkeit, antagonistisch wirkende Substanzen gegenüber Wurzelpathogenen (z. B. *Pythium* spp., *Fusarium* spp.) zu bilden. Zur Selektion effektiver Bakterien zur Krankheitsunterdrückung ist jedoch ein Screening unter *in vivo* Bedingungen notwendig, dessen Aufbau sowohl Kenntnisse von der Biologie des Zielpathogens als auch von dessen Einfluß auf die Pflanzenentwicklung erfordert. In unseren Untersuchungen war es das Ziel, bakterielle Mikroorganismen zur Bekämpfung von *Pythium aphanidermatum* (Edson) Fitzp. an der Tomate in erdeloser Kultur zu selektieren.

Biologische Bekämpfungsmaßnahmen sind prophylaktische Maßnahmen, die bei einem hohen Infektionsdruck des Erregers wenig erfolgversprechend sind. Dies ist beim Aufbau eines Screeningsystems zu berücksichtigen. Unter Anbaubedingungen geht die Krankheitsentwicklung durch *Pythium* spp. meist von einigen im Substrat oder im Beregnungswasser vorkommenden Oosporen aus (RAFIN und TIRILLY 1995), d. h. das Infektionspotential baut sich über einen längeren Zeitraum auf. Diese epidemische Entwicklung soll durch Einsatz effektiver Rhizosphärenbakterien verhindert werden.

Untersuchungen zum Einfluß des Erregers auf die Pflanzenentwicklung unter verschiedenen Temperaturbedingungen sowie Inokulumstufen zeigten, daß *P. aphanidermatum* bereits bei einem geringen Inokulumniveau das Wurzelsystem beeinflußt, meßbar an einer signifikant reduzierten Wurzellänge (GROSCH und SCHWARZ 1998), während die Biomasse nicht unbedingt signifikant reduziert wird und damit diese kein sicheres Kriterium in Bezug auf die Beurteilung der getesteten Bakterien gegen *P. aphanidermatum* ist. Daher wurde die Wurzellänge bei der Prüfung der Wirkung bakterieller Mikroorganismen auf das Pflanzenwachstum und speziell auf das Wurzelsystem sowie gegen *P. aphanidermatum* herangezogen.

Material und Methoden

Versuchsaufbau

Die Prüfung der Bakterienstämme hinsichtlich ihrer Fähigkeit, *P. aphanidermatum* in erdeloser Kultur zu unterdrücken, wurde an Tomatenjungpflanzen (*Lycopersicon lycopersicum* L. cv. ‚Counter‘) unter konstanten Wachstumsbedingungen bei Tag/Nacht-Temperaturen von 25/20 °C vorgenommen (GROSCH und SCHWARZ 1998). Die Bakterisierung der Pflanzen mit den zu testenden Stämmen erfolgte unmittelbar nach der Pflanzung (Zweiblattstadium), wobei die Nährlösung auf einen Titer von ca. 10^7 cfu/ml eingestellt wurde. Nach einer Adaptionszeit von drei Tagen wurden die Pflanzen mit *P. aphanidermatum* (10 Oosporen/ml Nährlösung) inokuliert.

Anzucht der Bakterienstämme

Die Isolate E 21,E 22, E 23, E 26 und E 28 wurden von Tomatenpflanzen aus erdelosem Anbau gewonnen und nach antagonistischer Wirkung gegen *Pythium* spp. und *Fusarium* spp. *in vitro* selektiert. Die Isolate sind taxonomisch der *Bacillus*-Gruppe zuzuordnen. Von der Firma FZB Biotechnik GmbH, Berlin, wurden die *Bacillus-subtilis*-Isolate FZB 44 und FZB 24 in granulierter Form zur Verfügung gestellt. Bei dem Isolat B1/3 handelt es sich um einen *Pseudomonas fluorescens* (BBA, Kleinmachnow). Die Isolate K 27, CC12/12, CC31-2, CC2/17 und CC2/12 wurden auf Grund ihrer Fähigkeit, *in vitro* wachstumsfördernde Metabolite zu bilden, sowie ihrer wachstumstimulierenden Wirkung an Winterweizen ausgewählt (RUPPEL 1987, RUPPEL und WACHE 1990).

Die zu prüfenden Bakterienstämme wurden 48 Stunden in Nährbouillon (Merck, 1.05443) bei 28 °C kultiviert und anschließend mittels 0,3%iger physiologischer Kochsalzlösung einmal gewaschen. Die Ermittlung der genauen Keimzahl (ca. 10^9 cfu/ml nach 48 h) erfolgte durch Aufplattieren auf TSA-Agar (Merck, 1.05458).

Ergebnisse und Diskussion

Nach Bakterisierung der Tomatenkeimlinge mit den Bakterienstämmen B1/3, K 27, CC12/12 war nach zweiwöchiger Kulturdauer (Pflanzen im Sechsblattstadium) eine signifikante Erhöhung der Trockenmasse von Sproß und Wurzel zu verzeichnen (Tab. 1). Keine Wachstumsstimulierung der Tomate war nach Behandlung mit den Stämmen CC31-2, CC2/12 zu beobachten. Eine Wachstumsdepression bewirkte die Applikation des Stammes CC2/17. Die *in vitro* antagonistisch wirkenden Stämme E 22 und FZB 44 bewirkten ebenfalls eine signifikante Erhöhung der Trockenmasse der Tomatenjungpflanzen. Kein Einfluß auf das Pflanzenwachstum war nach Bakterisierung mit den Stämmen E 23, E 26, E 28, FZB 24 und Kodiak zu verzeichnen.

Eine Beeinflussung der Wurzelmorphologie der Tomate war nach Bakterisierung mit den Stämmen CC12/12, E 23 und FZB 24 zu beobachten. Veränderungen in der Wurzelmorphologie finden ihren Ausdruck in einer Veränderung der spezifischen Wurzellänge oder des mittleren Wurzeldurchmessers. Bei Bildung bestimmter wachstumsfördernder Metabolite (z. B. Auxin) kann die Anzahl an Feinwurzeln erhöht oder erniedrigt sein, da die Beeinflussung von der gebildeten Menge an Metaboliten abhängig ist.

Die Werte der spezifischen Wurzellänge waren in den mit den Stämmen CC12/12 und E 23 bakterisierten Varianten im Vergleich zur Kontrolle signifikant vermindert (Versuche 1 und 3, Tab. 1). Nach Bakterisierung mit dem Stamm E 23 wurde eine geringere Wurzellänge ermittelt, die jedoch aufgrund der erhöhten Wurzelmasse im Vergleich zur Kontrolle nicht signifikant vermindert war.

Tab. 1. Pflanzenwachstums und Wurzelmorphologie der Tomate (cv. ‚Counter‘) in Containerkultur nach Bakterisierung mit verschiedenen bakteriellen Mikroorganismen nach zweiwöchiger Kultur.

Nr.	Varianten	Trockenmasse		Wurzellänge		Wasserver-brauch [ml/Pflanze]	Wasserinflux [ml/(d · dm^2)]
		Sproß [g/Pflanze]	Wurzel [g/Pflanze]	gesamt [m/Pflanze]	spezifisch [m/g]		
1	1: Kontrolle	0,94	0,13	49,9	371,7	294,4	8,0
	2: B1/3	1,12*	0,17*	67,1*	402,7	337,2*	7,1
	3: K 27	1,29*	0,21*	77,9*	380,1	374,4*	6,9
	4: CC12/12	1,19*	0,19*	59,4	317,5*	366,3*	7,9
2	1: Kontrolle	1,39	0,26	84,6	320,3	441,6	9,5
	2: CC31-2	1,26	0,23	76,1	320,6	409,9	10,7
	3: CC2/17	1,18*	0,22	61,3	272,8	390,1	10,7
	4: CC2/12	1,28	0,24	78,5	331,8	413,9	10,4
3	1: Kontrolle	1,38	0,17	53,0	319,7	453,9	14,0
	2: E 23	1,55	0,19	48,3	253,1*	525,7	17,8*
	3: E 26	1,16	0,13	40,5	305,8	405,7	13,1
	4: E 28	1,33	0,17	54,0	321,7	437,9	13,4
4	1: Kontrolle	1,10	0,13	39,4	311,9	457,4	15,4
	2: E 22	1,43*	0,15*	44,9	293,9	457,4	16,5
	3: FZB 44	1,33*	0,15	46,8	321,6	536,7	14,8
5	1: Kontrolle	1,31	0,12	50,0	414,8	408,1	10,6
	2: FZB 24	1,24	0,12	63,6	519,2*	368,9	9,5
	3: Kodiak	1,34	0,12	57,1	456,4	416,7	10,8

*): signifikant im Vergleich zur Kontrolle (Tukey-Test, P ≤ 0,1).

Dem gemessenen höheren Wasserverbrauch des Sprosses konnte die Wurzel durch eine signifikante Steigerung des Wasserinfluxes pro Flächeneinheit entsprechen. Im Versuch 1 in der Variante 4 (CC12/12) war die Wurzellänge aufgrund der deutlichen Wachstumsstimulierung der Wurzel im Vergleich zur Kontrolle erhöht. Die signifikant beeinflußten Wurzellängen in den Varianten 2 und 3 sind ebenfalls Folge der Wachstumsstimulierung, die sich in den bakterisierten Varianten auch in einem höheren Wasserverbrauch äußerte.

Nach Behandlung mit dem Isolat FZB 24 wurde im Vergleich zur Kontrolle eine längere Wurzel ermittelt. Die spezifische Wurzellänge war in dieser Variante signifikant erhöht. Aufgrund der sich daraus ergebenen größeren Wurzeloberfläche wäre eine Wachstumsstimulation zu erwarten gewesen, die jedoch an Sproß- und Wurzelmasse nicht ermittelt werden konnte. Der in allen Versuchen und Varianten gemessene Wurzeldurchmesser wurde durch Bakterisierung bzw. Pathogeninokulation nicht beeinflußt.

In allen Versuchen war bei der mit *P. aphanidermatum* inokulierten Kontrolle (Variante 2) eine signifikant geringere Wurzellänge zu verzeichnen. Damit werden frühere Versuchsergebnisse bestätigt (GROSCH und SCHWARZ 1998). Gleichzeitig mit der Verringerung der Gesamtlänge reduziert sich die spezifische Länge und die Oberfläche (Tab. 2).

Tab. 2. Wachstumsparameter der Tomate (cv. ‚Counter') in Containerkultur nach Inokulation von *Pythium aphanidermatum* (Pa) und Bakterisierung der Nährlösung.

Nr.	Varianten	Trockenmasse		Wurzellänge		Wasserverbrauch [ml/Pflanze]	Wasserinflux $[ml/(d \cdot dm^2)]$
		Sproß [g/Pflanze]	Wurzel [g/Pflanze]	gesamt [m/Pflanze]	spezifisch [m/g]		
1	1: Kontrolle	1,15	0,17	76,6	445,5	486,5	12,7
	2: Pa	0,93*	0,14	49,7*	351,5*	405,2*	14,9*
	3: Pa + E 22	1,14	0,18	74,8	421,6	524,5	12,3
	4: Pa + E 27	1,01	0,17	61,8	372,4*	469,7	13,1
2	1: Kontrolle	0,82	0,14	63,2	470,6	547,4	14,7
	2: Pa	0,62*	0,11*	39,0*	340,6*	426,8*	17,0
	3: Pa+FZB 24	0,74	0,13	57,0	452,1	555,1	15,0
	4: Pa+FZB 44	0,76	0,13	51,7	410,3	539,8	15,6
3	1: Kontrolle	0,91	0,14	78,4	543,7	576,1	13,2
	2: Pa	0,87	0,12	50,5*	403,6*	501,1*	14,9
	3: Pa + E 23	0,76*	0,11*	46,4*	423,9*	479,4*	14,3
	4: Pa + E 26	0,70*	0,10*	44,7*	437,7	425,9*	13,4
4	1: Kontrolle	0,64	0,10	49,8	505,2	360,7	16,3
	2: Pa	0,56	0,08*	32,0*	393,7*	308,2*	22,2*
	3: Pa + E 21	0,50*	0,08	31,3*	398,6*	305,9*	21,2
	4: Pa + E 28	0,64	0,10	46,7	466,5	392,0	18,5

*): signifikant im Vergleich zur Kontrolle (Tukey-Test, $P \leq 0,1$)

Außerdem kommt es zu einer verminderten Wasser- sowie Nährstoffaufnahme und in der Folge zu einer Wachstumsdepression (Tab. 1). Durch Erhöhung der Wurzelleistung in Bezug auf die Wasseraufnahme reagiert die Wurzel auf die Anforderungen des Sprosses. Eine Kompensation der Pathogeneinwirkung war nach Behandlung mit den Stämmen E 22, E 28, FZB 24 und FZB 44 zu beobachten (Tab. 2). In diesen Varianten war keine signifikante Reduktion der Wurzellänge festzustellen. Es konnten auch keine Unterschiede in der spezifischen Wurzellänge im Vergleich zur Kontrolle gemessen werden. Nach Bakterisierung mit den Isolaten FZB 24 und FZB 44 war tendenziell eine Verminderung der Trockenmasse von Sproß und Wurzel im Vergleich zur Kontrolle zu beobachten. Keine Wachstumsdepression war nach Behandlung mit den Stämmen E 22 und E 28 zu verzeichnen.

Der Stamm K 27 zeigte in den ersten Versuchen die stärkste Wachstumsförderung und wurde daher in die Untersuchung der Wechselwirkung Pflanze — Pathogen — Mikroorganismus einbezogen. Die Wachstumsförderung reichte jedoch nicht aus, um den Pathogeneinfluß zu kompensieren (Tab. 2). In der Literatur wird darauf hingewiesen, daß es keine definitiven Unterschiede zwischen antagonistisch wirkenden oder wachstumsfördernden Rhizosphärenbakterien (PGPR) gibt (KLOEPPER und SCHROTH 1981). So können z. B. PGPR indirekt das Wachstum stimulieren, indem sie andere Mikroorganismen, die das Wachstum negativ beeinflussen, hemmen. Eine kombinierte Anwendung wachstumsfördernder und antagonistisch wirkender Organismen ist daher in weiteren Versuchen zu prüfen. Nach ZHOU und PAULITZ (1994) sowie VAN PEER et al. (1991) sind Rhizosphärenbakterien in der Lage, Wurzelkrankheiten durch Nährstoffkonkurrenz mit dem Pathogen, räumlichen Ausschluß des Pathogens, Bildung von Siderophoren sowie durch Induktion einer systemischen Resistenz in der Pflanze gegen das Pathogen zu unterdrücken. Durch welche Mechanismen *P. aphanidermatum* bei Verwendung von biologischen Agenzien in erdeloser Kultur unterdrückt wird, ist nicht eindeutig bekannt.

Dank

Diese Arbeit wurde durch das Bundesministerium für Bildung, Wissenschaft, Forschung und Technologie (BMBF, Projekt-Nr. BEO 0311047) gefördert.

Literaturverzeichnis

GROSCH, R.; SCHWARZ, D., 1998: Auswirkungen eines Pathogenbefalls durch *Pythium aphanidermatum* auf die Wurzelmorphologie von Tomate. *Pflanzenernährung, Wurzelleistung und Exsudation*. 8. Borkheider Seminar zur Ökophysiologie des Wurzelraumes. Hrsg.: W. Merbach. Stuttgart, Leipzig. B. G. Teubner Verlagsgesellschaft, 65-72.

KLOEPPER, J. W.; SCHROTH, M. N., 1981: Plant growth-promoting rhizobacteria and plant growth under gnotobiotic conditions. *Phytopathology* **71**, 642-644.

Lynch, J. M., 1990: Introduction: some consequences of microbial rhizosphere competence for plant and soil. In: *The Rhizosphere*. Hrsg.: J. M. Lynch. New York: Wiley, 1-10.

Rafin, C.; Tirilly, Y., 1995: Characteristic and pathogenicity of *Pythium* spp. associated with root of tomatoes in soilless culture in Brittany, France. *Plant Pathology* **44**, 779-785.

Ruppel, S., 1987: Isolation diazotropher Bakterien aus der Rhizosphäre von Winterweizen und Charakterisierung ihrer Leistungsfähigkeit. ZALF Müncheberg, 154 S.

Ruppel, S., Wache, H., 1990: Isolation und Selektion phytoeffektiver Bakterien. *Zentralblatt für Mikrobiologie* **145**, 599-603.

Van Peer, R.; Niemann, G. J.; Schippers, B., 1991: Induced resistance and phytoalexin accumulation in biological control of *Fusarium* wilt of carnation by *Pseudomonas* sp. strain WCS417r. *Phytopathology* **81**, 728-734.

Zhou, T.; Paulitz, T. C., 1994: Induced resistance in the biocontrol of *Pythium aphanidermatum* by *Pseudomonas* spp. on cucumber. *Journal of Phytopathology* **142**, 51-63.

Stoffumsatz im wurzelnahen Raum.
9. Borkheider Seminar zur Ökophysiologie des Wurzelraumes.
Hrsg.: W. Merbach, L. Wittenmayer und J. Augustin
B. G. Teubner Stuttgart · Leipzig 1999, S. 144–149.

Wachstum von Mykorrhiza- und Nichtmykorrhiza-Strategen auf nährstoffarmen Bergbauböden nach Inokulation mit arbuskulären Mykorrhizapilzen

Birgit Schmincke, Edwin Weber und Reinhard F. Hüttl
Brandenburgische Technische Universität Cottbus, Innovationskolleg Bergbaufolge-
landschaften, Postfach 10 13 44, D-03013 Cottbus

Abstract

On lignite mine spoils poor in mineral nutrients, only few non-mycorrhizal (NM) plant species are observed in the understorey of young forest stands in Lusatia (Germany), facultative arbuscular mycorrhizal (AM) strategists are dominating. Inoculation experiments (field/pot) were performed to investigate, whether facultative AM strategists can benefit from mycorrhizal symbiosis under these conditions and whether NM strategists are disadvantaged by the presence of mycorrhizal fungi in mine spoils.

The results indicate that low nutrient availability in lignite spoil limits the growth of NM strategists. In contrast, mycorrhization can increase biomass and P uptake of facultative AM grass species not benefitting from this symbiosis under more fertile site conditions.

Einleitung

Read (1994) versteht die Mykorrhiza als Anpassungsstrategie an die sich verändernde Nährstoffverfügbarkeit im Boden bei der sekundären Sukzession. Ursache für die Abfolge der Strategien Nicht-Mykorrhiza (NM), arbuskuläre Mykorrhiza (AM) und schließlich der Ericaceen-Mykorrhiza im Unterwuchs von Bäumen, die in Symbiose mit Ektomykorrhizapilzen leben, ist nach Read (1994) die mit der Zeit abnehmende Verfügbarkeit mineralischer Nährstoffe und bei gleichzeitiger Zunahme organisch gebundener Nährstoffe in der Streu.

In einer Kiefernforst-Chronosequenz auf nährstoffarmen Kippenböden im Lausitzer Braunkohlerevier (Weber et al. 1996) fehlte ein ausgeprägtes Stadium von NM-Strategen, fakultative Mykorrhizen dominieren den Unterwuchs. In einem experimentellen Ansatz sollten die Ursachen für das Fehlen von NM-Strategen und die Rolle der Mykorrhizastrategie im Initialstadium der Vegetationsentwicklung auf Kippenböden untersucht werden.

Der NM-Stratege Salzkraut (*Salsola kali*) kommt in der Lausitz vereinzelt als Pionierpflanze in offenen Habitaten vor. Arbeiten von Allen und Allen (1984),

ALLEN *et al.* (1989) und JOHNSON (1998) zeigten auf Standorten in den USA, daß das Wachstum der Pflanze von (einwandernden) AM-Pilzen gehemmt werden kann. Der AM-Stratege Waldstaudenroggen (*Secale multicaule*) hat sich bei der Rekultivierung der Lausitzer Kippenflächen als Zwischensaat zur Verringerung der Bodenerosion bewährt.

Auf nährstoffarmem Kippenboden wurden die NM-Pflanze Salzkraut und die AM-Pflanze Waldstaudenroggen im Freiland- und Gefäßversuch mit AM-Pilzen inokuliert, um zu testen, ob (i) AM-Pilze das Wachstum des NM-Strategen hemmen und ob (ii) durch die Mykorrhizierung die Biomassebildung und Mineralstoffversorgung von fakultativen AM-Strategen unter den nährstoffarmen Standortbedingungen verbessert werden kann.

Material und Methoden

Inokulationsexperiment im Freiland

Das Experiment wurde im Tagebau Jänschwalde bei Cottbus durchgeführt. Bei dem frischgeschütteten Kippsubstrat handelte es sich um Abraum, der über dem Braunkohleflöz lagerte. Der Abraum wurde 1996 verkippt und mit Kalkmergel (10 t CaO/ha) und Mineraldünger (50 kg N, 100 kg P_2O_5 und 100 kg K_2O je ha) melioriert. Dieses Substrat enthält bei der Verkippung keine Mykorrhizapilze und ist sehr nährstoffarm (Tab. 1).

Tab. 1. Bodenparameter der Versuchsfläche im Tagebau Jänschwalde nach Melioration.

pH[†]	EC[†] [mS/cm]	N_{min}[‡] [mg/kg]	P[¤] [mg/kg]	K[¤] [mg/kg]
5,8	1,9	4,8	4	15

[†]: Wasserextrakt (1:2,5 m/V); [‡]: KCl-Extrakt (1:10 m/V); [¤]: DL-Extrakt (1:50 m/V).

Als Inokulum diente eine Mischung von AM-Pilzen, die sich auf einer Rohkippe im Tagebau Jänschwalde spontan angesiedelt hatten und an Mais vermehrt worden waren (I1). Als Kontrollen wurden das sterilisierte Kippeninokulum (I0) und eine unbehandelte Nullvariante (00) gewählt.

Die Inokulationsbehandlungen wurden im Frühjahr 1997 als randomisierte Blockanlage mit vier Wiederholungen angelegt. Das Inokulum wurde gleichmäßig in die geöffneten Reihen gestreut (10 cm Tiefe). Die Testpflanzen *Secale multicaule* und *Salsola kali* wurden daraufhin in je zwei Reihen pro Parzelle gesät. Jede Parzelle wurde mit Randreihen von *Secale multicaule* eingefaßt.

Die Ernte der Biomasse erfolgte nach 11 und 16 Wochen. Nach der ersten Ernte wurde Stickstoff (50 kg N/ha) nachgedüngt, da die Roggenpflanzen Stickstoff-Mangelsymptome gezeigt hatten.

Die Biomasse des Waldstaudenroggens in den unbehandelten Randreihen diente

146

als Kovariable bei der statistischen Auswertung der Biomasse der Versuchsvarianten, um Behandlungseffekte trotz Bodeninhomogenitäten in einer Kovarianzanalyse absichern zu können.

Inokulation im Gefäßversuch

Der Versuch wurde mit Substrat der Versuchsfläche Jänschwalde (0–20 cm Tiefe) durchgeführt. Neben den im Freiland eingesetzten Behandlungen wurden fünf weitere Inokula (Isolate von Dr. M. Vosatka, Prûhonice, Tschechien) verwendet (I2–I6) und eine Phosphat- (P-) Düngungs-Variante (80 mg/kg) ohne Inokulation (0P) in fünf Wiederholungen im vollständig randomisierten Blockdesign getestet. Als Gefäße wurden PVC-Röhren (Durchmesser 5,6 cm, Länge 25 cm) verwendet, deren untere Öffnung mit Polyamidgewebe (Maschenweite 30 µm) verschlossen wurden. Die Gefäße wurden mit 500 g feldfrischem Boden, einer Schicht des Inokulums und weiteren 200 g Boden gefüllt, auf ca. 1,5 g/cm^3 verdichtet und mit Wasser gesättigt. Anschließend wurden Samen der Versuchspflanzen *Secale multicaule* oder *Salsola kali* eingesät. Während der Versuchsdauer von sieben Wochen waren die Gefäße in Halterungen frei aufgehängt. In Intervallen von drei Tagen wurde auf ca. 85 % der maximalen Wasserkapazität bewässert. Der Versuch wurde im Sommer 1997 durchgeführt. Die Temperaturen im Gewächshaus lagen zwischen 17 und 24 °C, die relative Luftfeuchte betrug auf 50 %.

Analytik

Die getrockneten, feingemahlenen Sproßproben wurden in HNO_3 unter Druck aufgeschlossen (BZE 1994). Im Aufschluß wurde P am ICP und K am AAS gemessen. Die Gesamtstickstoffkonzentration wurde am CHN-Elementaranalysator (Leco) in gemahlenem Probenmaterial bestimmt. Die Mykorrhizierung der Wurzeln wurde wie in WEBER *et al.* (1996) quantifiziert.

Ergebnisse

Mykorrhizierung der Versuchspflanzen

Im Freiland zeigte sich, daß der Waldstaudenroggen nach elf Wochen nur in der I1-Variante mykorrhiziert war (Tab. 2). Der Boden hatte offensichtlich kein eigenes Infektionspotential, denn die Kontrollen waren nicht mykorrhiziert. Im Gefäßversuch waren alle inokulierten Varianten mykorrhiziert, die Kontrollen mykorrhizafrei. Das Salzkraut blieb in beiden Versuchen unmykorrhiziert.

Tab. 2. Mykorrhizierung von *Secale multicaule* im Freiland- und Gefäßversuch.

Variante	Inokulumquelle	Mykorrhizierte Wurzellänge [%]	
		Freiland	Gefäßversuch
I1	Rohkippe Jänschwalde	1–7	6–14
I0	Rohkippe Jänschwalde	0	0
00	–	0	0
I2[†]	Tschechien	–	4–18
I3[‡]	Tschechien	–	0–14
I4[‡]	Tschechien	–	2–14
I5[¤]	Tschechien	–	8–10
I6[¤]	Tschechien	–	6–10

[†]: Mischung; [‡]: *Glomus fistulosum*; [¤]: *Glomus geosporum*

Sproßbiomasse und P-Aufnahme im Freiland

Bei der ersten Ernte im Freiland unterschieden sich Biomasse und P-Aufnahme von mykorrhiziertem *Secale multicaule* nicht signifikant von den unmykorrhizierten Kontrollen.

Fünf Wochen später, nach der zusätzlichen Stickstoffdüngung, waren Sproßbiomasse und P-Aufnahme des mykorrhizierten Waldstaudenroggens im Freiland jedoch signifikant höher als die Kontrollen (Abb. 1). Das Salzkraut bildete unabhängig von den Versuchsvarianten nur geringe Biomasse und war zum zweiten Erntetermin im Freiland bereits abgestorben.

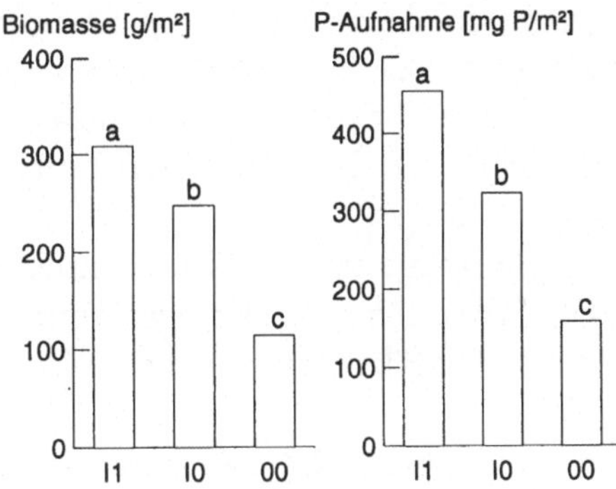

Abb. 1. Sproßbiomasse und P-Aufnahme von *Secale multicaule* im Freiland nach 16 Wochen, unterschiedliche Buchstaben kennzeichnen signifikante Differenzen (Scheffé-Test, P ≤ 0,05).

Auf benachbarten, extrem stark gekalkten und gedüngten Flächen hingegen bildete das Salzkraut eine beträchtliche Biomasse und entwickelte sich auch bis zur Samenreife.

Sproßbiomasse und P-Aufnahme im Gefäßversuch

Die Biomasse und P-Aufnahme von Waldstaudenroggen (Abb. 2) der Versuchs-varianten unterschieden sich nicht signifikant von den Kontrollen. Eine P-Düngung (ohne Inokulation) führte nicht zu einer Erhöhung der Biomasse, lediglich zur Akkumulation von P im Sproß.

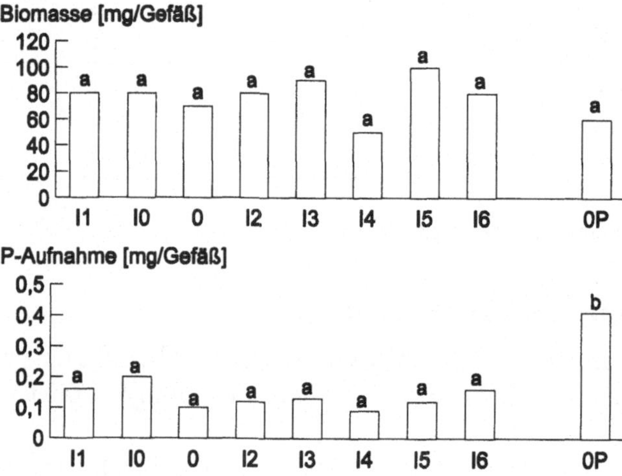

Abb. 2. Sproßbiomasse und P-Aufnahme von *Secale multicaule* im Gefäß-versuch nach sieben Wochen, unterschiedliche Buchstaben kennzeichnen signifikante Differenzen (Scheffé-Test, P ≤ 0,05).

Diskussion und Schlußfolgerungen

Zu Beginn des Freilandversuches war Stickstoff (N) der limitierende Faktor für das Pflanzenwachstum. Nachdem der N-Mangel durch die nachträgliche Düngung behoben war, wurde P zum begrenzenden Faktor. Der N-Mangel zu Versuchs-beginn limitierte zunächst wahrscheinlich auch die Aktivität der Mykorrhiza (vgl. HAWKINS und GEORGE 1998), da die P-Aufnahme bis zur Zeit der ersten Ernte in mykorrhizierten Pflanzen nicht erhöht war.

Die höhere P-Aufnahme und Biomasse von mykorrhiziertem Waldstaudenroggen nach der zusätzlichen N-Düngung zeigt, daß fakultative AM-Strategen unter P-limitierten Bedingungen durch die Symbiose mit AM-Pilzen einen (kompetitiven) Vorteil gewinnen können.

Salzkraut kann sich unter den Standortsbedingungen des Lausitzer Reviers anscheinend nur bei relativ hohem Nährstoffangebot und/oder besserer Basen-versorgung entwickeln. Schädigungen des Salzkrautes durch AM-Pilze, wie sie von anderen Autoren beobachtet wurden, konnten in diesen Experimenten nicht festgestellt werden.

Literaturverzeichnis

ALLEN, E. B.; ALLEN, M. F., 1984: Competition between plants of different successional stages: mycorrhizae as regulators. *Canadian Journal of Botany* **62**, 2625–2629.

ALLEN, M. F.; ALLEN, E. B.; FRIESE, C. F., 1989: Responses of the non-mycotrophic plant *Salsola kali* to invasion by vesicular-arbuscular mycorrhizal fungi. *New Phytologist* **111**, 45–49.

Bundesweite Bodenzustandserhebung im Wald (BZE) – Arbeitsanleitung, 1994: Hrsg.: Bundesministerium für Ernährung, Landwirtschaft und Forsten, 2. Auflage (1994).

HAWKINS, H.-J.; GEORGE, E., 1998: Uptake, metabolism and transport of organic and inorganic nitrogen by arbuscular mycorrhiza of wheat. Second International Conference on Mycorrhiza, 5–10 July 1998, Uppsala, Schweden. Abstracts, 80

JOHNSON, N. C., 1998: Responses of *Salsola kali* and *Panicum virgatum* to mycorrhizal fungi, phosphorus and soil organic matter: implications for reclamation. *Journal of Applied Ecology* **35**, 86–94.

READ, D. J., 1994: Plant-microbe mutualisms and community structure. In: *Biodiversity and Ecosystem Function.* Hrsg.: E. D. Schulze, H. A. Mooney. Springer Verlag, 183–209.

WEBER, E.; SCHMINCKE, B.; FRENS, A.; HÜTTL, R. F., 1996: Mykorrhiza in der Krautschicht von Kippenforsten in der Niederlausitz-Methodische Voruntersuchungen und erste Ergebnisse. In: *Pflanzliche Stoffaufnahme und mikrobielle Wechselwirkungen in der Rhizosphäre.* 6. Borkheider Seminar zur Ökophysiologie des Wurzelraumes. Hrsg.: W. Merbach. Stuttgart, Leipzig: B. G. Teubner Verlagsgesellschaft, S. 55–70.

Stoffumsatz im wurzelnahen Raum.
9. Borkheider Seminar zur Ökophysiologie des Wurzelraumes.
Hrsg.: W. MERBACH, L. WITTENMAYER und J. AUGUSTIN
B. G. Teubner Stuttgart · Leipzig 1999, S. 150-155.

Untersuchungen zur Charakterisierung der Pathogenität von Isolaten des *Gaeumannomyces/Phialophora*-Komplexes mittels pflanzlicher Peroxidasen

Rainer REMUS* und Claudia AUGUSTIN[‡]
*Zentrum für Agrarlandschafts- und Landnutzungsforschung (ZALF) e. V., Institut für Rhizosphärenforschung und Pflanzenernährung; [‡]Zentrum für Agrarlandschafts- und Landnutzungsforschung (ZALF) e. V., Institut für Landnutzungssysteme und Landschaftsökologie, Eberswalder Straße 84, D-15374 Müncheberg

Abstract

The aim of the study was to find a new and rapid method to characterize the pathogenicity of fungi isolates of the *Gaeumannomyces/Phialophora* complex. The results show that some hours after inoculation with a pathogen fungi isolate the activity of peroxidase of wheat roots (host plant) was enhanced. Correlation and regression analyses indicate that the peroxidase activity of the host plant roots may depend on the level of pathogenicity of the fungi isolates. Moreover, the level of the induced peroxidase activity was relatively stable over a timespan of three weeks. The results show that measurements of the peroxidase activity of wheat plant roots may provide a suitable method for rapid characterization of the pathogenicity of fungi isolates.

Einleitung

Die von pilzlichen Schaderregern der taxonomischen Gruppierung des *Gaeumannomyces/Phialophora*-Komplexes (G/P-Komplexes) hervorgerufene „Schwarzbeinigkeit" gehört zu den wichtigsten Getreidekrankheiten (HORNBY *et al.* 1993). Diese Pilzgruppe umfaßt verschiedene Arten und Varietäten, die sich in ihrer Wirtsspezifität und damit in ihrer Pathogenität unterscheiden (BATEMAN *et al.* 1992). Um die Interaktionen der verschiedenen Arten und Varietäten mit Getreide zu charakterisieren, ist eine sichere Differenzierung und Gruppierung einzelner Pilzisolate notwendig. Eine inter- und intravarietale Differenzierung dieser Pilze mittels molekulargenetischer Methoden beschreiben AUGUSTIN *et al.* (1998). Allerdings erlaubt die beschriebene molekulargenetische Methode keine Bewertung der Pathogenität der Pilze. Um zu prüfen, ob eine Beziehung zwischen molekulargenetischer Differenzierung und der Pathogenität einzelner Pilze vorhanden ist, wird eine Methode zur schnellen und sicheren Einschätzung der Pathogenität der Pilze benötigt. Aus diesem Grund wurde in der vorliegenden Arbeit die pflanzliche Reaktion und vor allem die pflanzliche Abwehrreaktion von Weizen (Wirt) in der Interaktion mit pathogenen und apathogenen Pilzstämmen des G/P-Komplexes näher untersucht, um nach Möglichkeiten für eine schnelle Einschätzung der Pathogenität einzelner Pilzstämme des G/P-Komplexes zu suchen. Da die Pflanze beim Angriff des pilzlichen Krankheitserregers mit der Ausbildung von sogenannten Lignintubera (FELLOWS 1928) reagiert und das letzte Enzym in der Kette der Ligninsynthese die Peroxidase ist, wurde die Peroxidaseaktivität in Wurzelproben verschiedener Pilzinokulationsvarianten gemessen und die Ergebnisse den jeweiligen Sproß- und Wurzelmassedaten gegenübergestellt.

Material und Methoden

Pilzanzucht

Die Anzucht der Pilzstämme des G/P-Komplexes erfolgte auf gehäckseltem Weizenstroh/Haferspelzengemisch.

Vegetationsversuche

In die vorliegende Studie wurde ein Hydroponik-Inokulationsexperiment und zwei Quarzsand-Inokulationsexperimente einbezogen. In jedem Versuch wurde Weizen (*Triticum aestivum*, Sorte ‚Eta') als Wirtspflanze gewählt.

Hydroponikkultur

Nach dem sterilen Ankeimen der Weizensamen in Petrischalen wurden die Sämlinge in Reagenzgläser (20 ml) mit sterilem Wasser eingesetzt. Vor dem Einsetzen der Pflanzen wurde das Wasser mit 0,25 g infiziertem Stroh versetzt. Die Ernte der Pflanzen und Messung der Peroxidaseaktivität erfolgte 0, 12, 24 und 72 Stunden nach der Inokulation.

Sandkultur

Steril angezogene Weizensämlinge wurden in Reagenzgläsern (100 ml) mit 90 g Quarzsand eingesetzt. Vor dem Einsetzen der Pflanzen wurden 2 g infiziertes Stroh in den Quarzsand eingearbeitet und das Substrat mit Wopil-Nährlösung (Volldünger; 7,5 ml pro Gefäß) gedüngt. Die Ernte der Pflanzen und die Messung der Peroxidaseaktivität erfolgte 2, 3, 4, und 5 oder 6 Wochen nach der Inokulation der Pilzstämme.

152

Peroxidaseaktivitätsmessung

Nach der Ernte der Pflanzen wurden die Wurzeln mittels Mörser und Pistill unter Zugabe von 50 mM Tris/HCl-Puffer (pH 8,0) mit 2 M NaCl im Verhältnis 1:3 (Wurzelfrischmasse in Gramm zu Pufferlösung in Milliliter) mazeriert. Im Anschluß daran wurden die Proben zentrifugiert (10000 × g) und die Überstände mit destilliertem Wasser verdünnt. Die Peroxidaseaktivität wurde in 0,2 M K-Na-Phosphatpuffer, (pH 5,8) mit 5 mM H_2O_2 und 5 mM Guaiacol bei 470 nm Wellenlänge (MAEDER et al. 1977) mittels Specord M 500 (Carl Zeiss Photometer) über einen Zeitraum von 180 s in Zehn-Sekunden-Schritten gemessen. Danach wurde der mittlere Anstieg der Enzymreaktion berechnet und die Werte als Δ Peroxidaseaktivität dargestellt. Es sei hier bemerkt, daß bei dieser Methode die Gesamtaktivität aller Iso-Peroxidasen der Probe, die eine Affinität zu Guaiacol besitzen, erfaßt wird.

Statistische Analyse

Da die Varianzen der Peroxidaseaktivitätsdaten nicht homogen waren und bisher keine Kenntnisse über die Verteilungsfunktion des Merkmals Peroxidaseaktivität vorliegen, wurde der nichtparametrische Mann-Whitney-U-Test (zweiseitig, P ≤ 0,05) für den Vergleich der einzelnen Inokulationsvarianten zur Kontrolle gewählt. Desweiteren wurde eine Korrelations- und eine Regressionsanalyse mit kubischem (und logarithmischem Modellansatz) durchgeführt, um die gemessenen Daten auf eine mögliche Abhängigkeit zu prüfen.

Ergebnisse

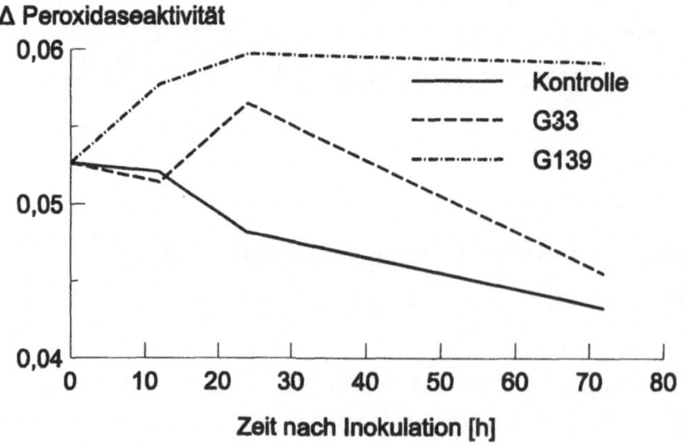

Abb. 1. Untersuchung der Peroxidaseaktivität von Wurzelproben eines Weizen-Hydroponikexperimentes, 0, 12, 24 und 72 h nach der Inokulation der zwei Pilzisolate G33 (apathogen) und G139 (pathogen).

Die Untersuchung der Peroxidaseaktivität in den Wurzelproben des Hydroponik-Inokulationsexperimentes (Abb. 1) mit dem apathogenen Stamm G33 und dem stark pathogenen Stamm G139 ließ bereits nach 12 h eine deutliche Erhöhung der Peroxidaseaktivität in den Weizenwurzeln der stark pathogenen Inokulationsvariante erkennen. Dieser Trend setzte sich bis 72 h nach der Inokulation fort. Verglichen mit der Kontrolle führte der apathogene Stamm G33 hingegen in den ersten 24 h zu einer Zunahme der Peroxidaseaktivität in den Wurzeln, die jedoch bis zum Ende der Untersuchung (72 h nach Inokulation) deutlich abfiel.

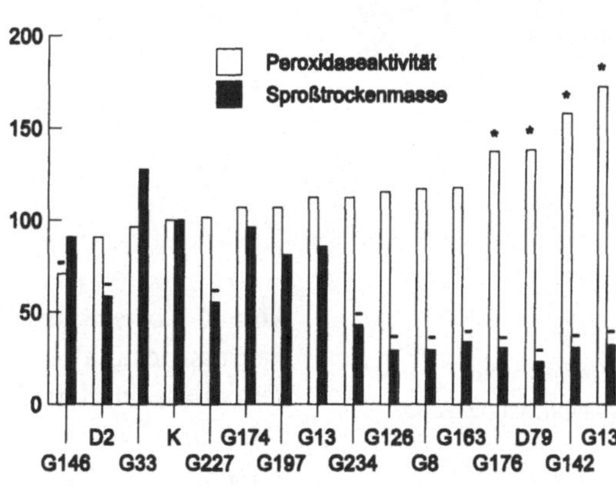

Abb. 2. Peroxidaseaktivität von Wurzelproben und Sproßtrockenmasse von *Triticum aestivum* nach der Inokulation von 15 Isolaten des *Gaeumannomyces/Phialophora*-Komplexes, bezogen auf die jeweilige Kontrolle (100 % $\triangleq \Delta E_{470}/(\text{min} \cdot \text{ml})$: 13,1; Sproßtrockenmasse: 156,6 mg); Statistik: paarweiser Vergleich zur jeweiligen Kontrolle mittels Mann-Whitney-U-Test (zweiseitig, P ≤ 0,05). *): signifikant größer als die Kontrolle (K); ‾): signifikant kleiner als die Kontrolle.

Auch im Quarzsand-Inokulationsexperiment (Abb. 2) konnte beobachtet werden, daß die Inokulationsvariante mit dem stark pathogenen Stamm G139 im Vergleich zur Kontrolle eine deutliche, signifikante Erhöhung der Peroxidaseaktivität in den Wurzeln hervorrief. Im Gegensatz zu G139 führte die Inokulation mit dem apathogenen Stamm G33 zu keiner signifikanten Veränderung der Peroxidaseaktivität. Darüber hinaus konnte gezeigt werden, daß bei mehreren Inokulationsvarianten (G163, G176, D79 und G142) die signifikant erhöhte Peroxidaseaktivität mit einer signifikant kleineren Sproßmassebildung gekoppelt war. Im Quarzsand-Inokulationsexperiment (Abb. 3), in dem die Peroxidaseaktivität über die Dauer von fünf Wochen untersucht wurde, bestätigten sich die Ergebnisse der vorausgegangenen Versuche. Die apathogene Inokulationsvariante mit G33 zeigte zu jedem Termin eine niedrige Peroxidaseaktivität, während die stark pathogene Inokulationsvariante G139 zu jedem Termin eine sehr hohe Peroxidaseaktivität in den Wurzelproben aufwies. Darüber hinaus zeigte die Inokulationsvariante mit dem pathogenen Stamm G142 wie bereits im vorherigen Versuch (Abb. 2) eine stark erhöhte Peroxidaseaktivität (Abb. 3), während G174 und G227 in beiden Versuchen eine

154

leichte Erhöhung der Peroxidaseaktivität bewirkten.

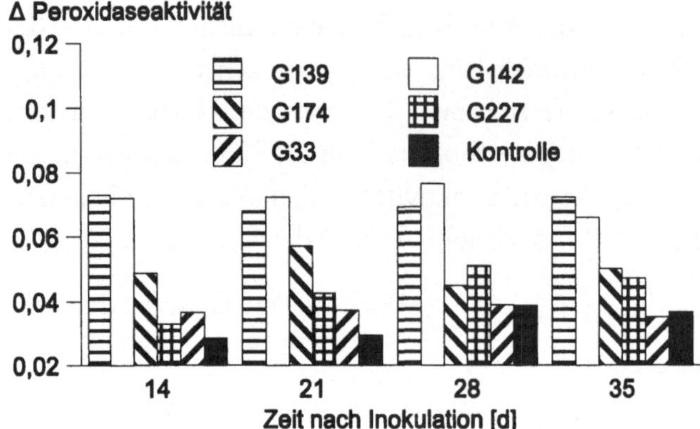

Abb. 3. Peroxidaseaktivität von Wurzelproben eines Weizen-Inokulationsexperimentes (Quarzsand) 14, 21, 28 und 35 Tage nach der Inokulation von fünf Pilzstämmen (G33–G139).

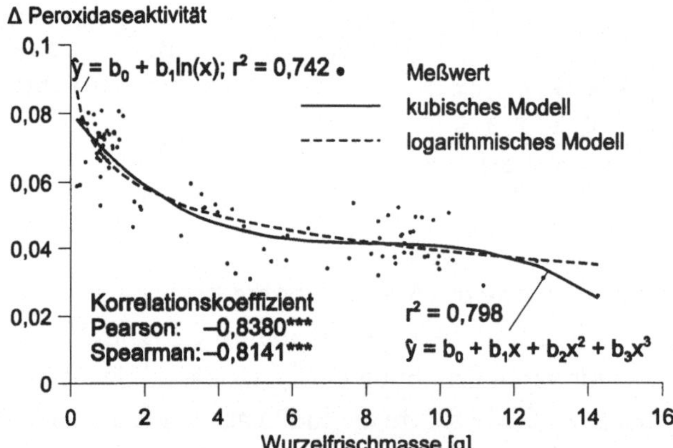

Abb. 4. Korrelations- und Regressionsanalyse der Peroxidaseaktivitätsdaten über die Wurzelfrischmassen von Wurzelproben, die mit apathogenen und pathogenen Stämmen des G/P-Komplexes infiziert waren; ***): signifikant mit $P \leq 0,001$.

Die vermutete Kopplung zwischen Peroxidaseaktivität und Pathogenität (Abb. 2) ließ sich in der Korrelationsanalyse (Abb. 4) bestätigen. Die berechneten Korrelationskoeffizienten betrugen ca. –0,8, was eine negative Beziehung zwischen Wurzelmassebildung (Pathogenität) und Peroxidaseaktivität vermuten läßt. Diese Beziehung läßt sich gut durch eine kubisches Modell ($r^2 = 0,798$), aber auch durch einen logarithmischen Modellansatz ($r^2 = 0,742$) beschreiben.

Diskussion

Die Untersuchungen zeigten, daß eine Infektion mit pathogenen Pilzstämmen des

G/P-Komplexes eine erhöhte Peroxidaseaktivität in den Wurzeln der Wirtspflanze hervorruft. Dies ist vermutlich die Folge eines erhöhten Ligninbedarfes der Pflanze zur Abwehr des eindringenden Pilzes. Auf einen ähnlichen Sachverhalt weisen auch GOODMAN *et al.* (1986) hin. Die Autoren beschreiben, daß in mit *Helminthosporium avenae* infiziertem Wirtsgewebe eine erhöhte Ligninkonzentration mit einer Zunahme der Peroxidaseaktivität einhergeht. Die Korrelations- und Regressionsanalyse der Peroxidaseaktivität und Wurzelfrischmassen sowie die Gegenüberstellung der Peroxidaseaktivität und der Sproßtrockenmassen lassen einen Zusammenhang zwischen der Pathogenität (Einfluß auf Pflanzenwachstum) der Pilzstämme und der Peroxidaseaktivität (als Maß der pflanzlichen Abwehr) des Wurzelgewebes erkennen. Die Ergebnisse zeigen einerseits, daß die Pflanzen bereits wenige Stunden nach der Inokulation eines pathogenen Pilzes mit einer Erhöhung der Peroxidaseaktivität reagieren und andererseits, daß diese Reaktion über einen längeren Zeitraum (zwei bis fünf Wochen) relativ stabil ist. Diese Befunde lassen erwarten, daß mit Hilfe der Peroxidaseaktivitätsmessung eine Methode zur schnellen Einschätzung der Pathogenität von Pilzisolaten des G/P-Komplexes zur Verfügung steht. Allerdings wäre in weiteren Studien zu prüfen, ob über das Iso-Enzymmuster der Peroxidasen oder durch die Isolation einzelner Peroxidasen die Charakterisierung der Pathogenität der Pilzstämme verbessert werden kann.

Literaturverzeichnis

AUGUSTIN, C.; ULRICH, K.; WERNER, A., 1998: RAPD-based inter and intervarietal classification of fungi of the *Gaeumannomyces/Phialophora* complex. *Journal of Phytopathology* **146**, [im Druck].

BATEMAN, G. L.; WARD, E.; ANTONIW, J. F., 1992: Identification of *Gaemannomyces graminis* var. *tritici* and *Gaeumannomyces graminis* var. *avenae* using DNA probe and non-molecular method. *Mycological Research* **96**, 737–742.

FELLOWS, H., 1928: Some chemical and morphological phenomena attending infection of the wheat plant by *Ophiobolus graminis*. *Journal of Agricultural Research* **37**, 647–661.

GOODMAN, R. N.; KIRALY, Z.; WOOD, K. R., 1986: The role of lignin degradation. In: *The Biochemistry and Physiology of Plant Disease*. University of Missouri Press, Columbia, 140–149.

HORNBY, D.; BATEMAN, G. L.; PAYNE, R. W.; BROWN, M. E.; HENDEN, D. R.; CAMPELL, R., 1993: Field tests of bacteria and soil-applied fungicides as control agents for take-all in winter wheat. *Annals of Applied Biology* **122**, 253–270.

5

Stoffumsatz im System Pflanze — Boden

Stoffumsatz im wurzelnahen Raum.
9. Borkheider Seminar zur Ökophysiologie des Wurzelraumes.
Hrsg.: W. MERBACH, L. WITTENMAYER und J. AUGUSTIN
B. G. Teubner Stuttgart · Leipzig 1999, S. 159–166.

Untersuchungen zum Einfluß von Röhrichtpflanzen auf N-Umsetzungsprozesse in Niedermoorböden

Ulrike MÜNCHMEYER[*‡], Jürgen AUGUSTIN[‡], Rolf RUSSOW[¤] und Wolfgang MERBACH[†]

*Ernst-Moritz-Arndt-Universität Greifswald, Botanisches Institut und Botanischer Garten, Grimmer Straße 88, D-17487 Greifswald, ‡Zentrum für Agrarlandschafts- und Landnutzungsforschung (ZALF) e. V., Institut für Rhizosphärenforschung und Pflanzenernährung, Eberswalder Straße 84, D-15374 Müncheberg; ¤Umweltforschungszentrum Leipzig-Halle GmbH, Sektion Bodenforschung Theodor-Lieser-Straße 4, D-06120 Halle/Saale, †Institut für Bodenkunde und Pflanzenernährung der Martin-Luther-Universität Halle-Wittenberg, Adam-Kuckhoff-Straße 17 b, D-06108 Halle/Saale

Abstract

In laboratory model experiments combined with an automated gas analysis equipment and the ^{15}N tracer technique, the effect of two different wetland plants (*Phalaris arundinacea* L. and *Phragmites australis* (Cav.) Trin. ex Steud.) on the N transformation processes in degraded and reflooded fen soils was examined. The conversion of applied ^{15}N fertilizer was influenced both by peat substrate and plants in diverse manner. In the system *Phalaris*-fen substrate, planting caused no differences at the extent of the N losses (always 15 % of the fertilizer ^{15}N). In contrast to this in the *Phragmites* experiment, plants decreased the extreme gaseous N losses observed in the heavily degraded peat alone (^{15}N fertilizer loss rates of pots without plants 95 %, and 75% in pots with plants). However, the N_2O emission rates for soil columns with *Phragmites* were by far higher as for bare soil columns. Furthermore, *Phragmites australis* showed a certain N_2O liberation directly through the shoots, while *Phalaris arundinacea* did not make that.

Einleitung

Die in Mittel- und Osteuropa weit verbreiteten Niedermoore weisen zum Teil sehr hohe Vorräte an organisch gebundenem Stickstoff auf (20 bis 120 t N/ha, KUNTZE 1988). Bedingt durch die in der Vergangenheit erfolgte großflächige Entwässerung dieser Feuchtgebiete zum Zwecke landwirtschaftlicher Nutzung kam es zu einer tiefgehenden Durchlüftung des Torfköpers. Das hatte einen beschleunigten Abbau

160

der N-Vorräte zur Folge, häufig verbunden mit einer erhöhten Freisetzung umweltrelevanter N-Verbindungen wie Nitrat und Lachgas. Deshalb verstärkt sich zur Zeit das Bemühen, durch Wiederanhebung des Grundwasserstandes bis hin zum vollständigen Überstau eine Verminderung der N-Umsetzungsprozesse und damit eine Reduzierung der N-Austräge von diesen degradierten Standorten zu erreichen (WICHTMANN *et al.* 1997).

Über den N-Haushalt wiedervernäßter Niedermoore ist jedoch nur wenig bekannt. Wie Untersuchungen in ähnlichen, stickstoffreichen Feuchtgebieten zeigten, haben neben dem Grundwasserstand offenbar vor allem die hier wachsenden Pflanzen einen starken Einfluß auf die N-Umsetzungs- und Austragsprozesse. So können Sumpfpflanzen sowohl eine Förderung der Nitrifikation (z. B. ENGELAAR *et al.* 1995) als auch der Denitrifikation (z. B. BODELIER *et al.* 1997) bewirken. Andererseits bedingte die intensive N-Aufnahme konkurrenzstarker Pflanzenarten nicht selten eine Verminderung von gasförmigen N-Verlusten aus Feuchtgebieten (BURESH *et al.* 1981, DEAN und BIESBOER 1985). Ein besondere Rolle scheint bei diesen Vorgängen auch die artspezifisch differenzierte Fähigkeit von Pflanzen überstauter Standorte zu spielen, durch die Ausbildung von Aerenchymen (durchgehende Gashohlräume) und internen Druckventilationssystemen den Gasaustausch zwischen Torfkörper und Atmosphäre zu intensivieren (STUDER und BRÄNDLE 1984). Von Reispflanzen ist bekannt, daß dieser Transportmechanismus nicht zuletzt einen wesentlichen Anteil an der Freisetzung der beiden im Verlauf der Denitrifikation gebildeten Gase N_2O und N_2 aus wenig durchlässigen Böden haben kann (REDDY *et al.* 1989, MOSIER *et al.* 1990).

Ziel der hier vorgestellten Untersuchungen war es daher, den Einfluß zweier für Niedermoore typischer Röhrichtpflanzen — *Phalaris arundinacea* L. und *Phragmites australis* (Cav.) Trin. ex Steud. — auf die N-Umsetzungs- und Austragsprozesse (gasförmige N-Verluste) degradierter Torfsubstrate im Labormodellversuch zu ermitteln. Hierbei fand ein speziell für solche Untersuchungen entwickeltes, dynamisches Gaswechselmeßsystem in Verbindung mit der ^{15}N-Tracertechnik (Erstellung von ^{15}N-Bilanzen) Verwendung (AUGUSTIN *et al.* 1995).

Material und Methoden

Versuchsgestaltung

Der Einfluß der Röhrichtpflanzen auf die N-Umsetzungsprozesse wurde in zwei Teilversuchen erfaßt (1. Versuch: *Phalaris arundinacea*, 2. Versuch: *Phragmites australis*). Zur Quantifizierung der Pflanzenwirkung erfolgte ein Vergleich von bepflanzten mit unbepflanzten Gefäßen. Die Anzucht der Pflanzen fand in Doppelkompartimentsystemen (Wurzelraumküvetten) statt. Hierbei konnten Wurzel- und Sproßraum gasdicht voneinander getrennt werden. Jeder Teilversuch umfaßte die folgenden vier Varianten in vierfacher Wiederholung:

1. Torfsubstrat ohne Pflanzen und ohne ^{15}N-Düngung,
2. Torfsubstrat mit Pflanzen und ohne ^{15}N-Düngung,
3. Torfsubstrat ohne Pflanzen und mit ^{15}N-Düngung,
4. Torfsubstrat mit Pflanzen und mit ^{15}N-Düngung.

Pflanzenanzucht

Als Substrate fanden jeweils die Niedermoortorfe Verwendung, die an den Standorten mit vorherrschenden *Phalaris*- oder *Phragmites*-Beständen anzutreffen waren (1. Versuch: Substrat vom Standort Paulinenaue/Havelluch: C_t = 35 %, N_t = 2,96 %; 2. Versuch: Substrat vom Standort Biesenbrow/Sernitz–Welse-Niederung: C_t = 14 %, N_t = 0,86 %; beide Substrate: Bodentyp Mulm, Bodenschicht: 0–30 cm, *p*H 7,1). Weitere Bedingungen für die Pflanzenanzucht: vier Pflanzen pro Wurzelzylinder; Beleuchtungszyklus: 14 h Tag, 10 h Nacht; Beleuchtungsstärke: 560 µE/ (s · m^2); Temperatur: tagsüber 20 °C, nachts 15 °C; Grundwasserstand: ca. 5 cm unter Bodenoberkante). Circa 120 Tage nach der Aussaat wurde der ^{15}N-markierte Dünger als K^{15}NO$_3$-Lösung über eine Saugkerze direkt in das Torfsubstrat eingebracht, und zwar im ersten Versuch 600 mg N (47,45 at.-% ^{15}N exc.) und im zweiten Versuch 300 mg N (59,63 at.-% ^{15}N exc.).

Ermittlung der N$_2$O-Emission

Während des Versuches wurden die N$_2$O-Emissionen sowohl aus dem Wurzel- als auch aus dem Sproßraum wie folgt ermittelt. *Wurzelraum:* dynamisches Gaswechselmeßsystem nach AUGUSTIN et al. (1995) (kontinuierlicher Volumenstrom durch die gasdichte Wurzelraumküvette; Messung der Spurengaskonzentrationen am Gefäßein- und -ausgang mit Multigasmonitor des Typs 1302 der Firma Brüel und Kjaer bzw. am Gaschromatographen mit ECD). *Sproßraum:* „closed-chamber"-Methode (kurzzeitige Abdeckung der Sprosse mit einer lichtdurchlässigen Haube, Probennahme mittels vorher evakuierter Glasflaschen, Bestimmung der Gaskonzentrationen am Gaschromatographen, Berechnung der Emissionsrate aus dem Anstieg der Spurengaskonzentrationen in der Haube im Verlauf der Meßzeit unter Berücksichtigung des Haubenvolumes).

N- und ^{15}N-Analysen

Zur Ermittlung des Verbleibs des applizierten Dünger-N (Aufstellung von ^{15}N-

Bilanzen) wurden nach Versuchsende nachstehend genannte Boden- und Pflanzenfraktionen erfaßt und wie folgt auf ihren N- und ^{15}N-Gehalt untersucht. *Austauschbares NH_4^+ und NO_3^- im Boden:* Extraktion aus feuchten Bodenproben mit 0,01 M $CaCl_2$-Lösung; Kjeldahl-Destillation, emissionsspektrometrische Bestimmung der ^{15}N-Häufigkeit mit NOI6-PC (FAUST *et al.* 1981). *Gesamt-N im getrockneten Torfsubstrat und der Pflanzentrockenmasse (Wurzel, Sproß):* simultane Bestimmung des Stickstoffgehaltes und der ^{15}N-Häufigkeit mit Hilfe der Gerätekopplung Elementaranalysator „vario EL" (N-Bestimmung nach Dumas-Prinzip) und NOI6-PC (MEIER und SCHMIDT 1992). *NH_4^+ und NO_3^- der Wasserfraktionen (Düngerlösung, Gießwasser der Saugkerzen; Restwasser im Gefäß):* unmittelbare Bestimmung in der Lösung, ^{15}N-Messung emissionsspektrometrisch (FAUST *et al.* 1981).

Ergebnisse und Diskussion

Die Umsetzung des Dünger-^{15}N wurde in vielfältiger Weise vom Bodensubstrat und Pflanzenbewuchs beeinflußt (Tab. 1).

Tab. 1. Verteilung des düngerbürtigen ^{15}N im System Pflanze/Niedermoortorf nach Versuchsende (alle Angaben in % der zugegebenen ^{15}N-Menge).

Fraktion	Versuch			
	1. *Phalaris arundinacea*		2. *Phragmites australis*	
	600 mg N/Gefäß		300 mg N/Gefäß	
	ohne Pflanzen	mit Pflanzen	ohne Pflanzen	mit Pflanzen
Boden	69,5	32,2	3,2	3,8
NO_3^--N	42,9	12,3	0,03	0,01
NH_4^+-N	0,14	0,07	0,68	0,00
Pflanze	–	49,1	–	18,7
N_2O-Verluste	1,2	1,3	(2,2)[‡]	(6,4)[‡]
sonstige Fraktionen[†]	11,9	0,3	0,3	0,3
Wiederfindungsquote	82,6	82,9	5,7	29,2

[†]: Gießwasser in der Saugkerze, Restwasser im Topf; [‡]: Berechnung unter der Annahme, daß die N_2O-Verluste zu 100 % aus dem Dünger-N stammen.

Vor allem in den unbepflanzten Gefäßen hatte die Art des verwendeten Substrates markante Auswirkungen auf die am Versuchsende wiedergefundene (bzw. verlorengegangene) ^{15}N-Menge (Tab. 1). Als Ursachen für die überraschend geringe Wiederfindungsquote im Torfsubstrat der Sernitz–Welse-Niederung (2. Versuch) kommen sowohl methodischen Unzulänglichkeiten bei exakten Erfassung des verbliebenen ^{15}N als auch eine möglicherweise sehr viel intensiver ablaufende Denitrifikation in Frage. Indiz dafür sind die hier trotz deutlich geringeren Dünger-N-Aufwandes (300 mg N anstelle von 600 mg N im 1. Versuch) vergleichsweise viel höheren Lachgasemissionen (Tab. 1). Die endgültige Klärung dieser Erscheinung muß aber weiterführenden Untersuchungen vorbehalten bleiben.

Die beiden untersuchten Pflanzenarten wirkten in sehr differenzierter Weise auf die N-Umsetzungsprozesse ein. Im Gegensatz zur Bepflanzung der Gefäße mit *Phragmites australis* führte der Bewuchs mit *Phalaris arundinacea* zu einer deutlichen Abnahme der ^{15}N-Abundanz in der Gesamt-N- und Nitrat-N-Fraktion des Torfsubstrates. Dies stand offenbar in enger Verbindung mit einer sehr unterschiedlich ausgeprägte Fähigkeit der Pflanzenarten zur Aneignung des im Boden verfügbaren Mineral-N. Bei *Phalaris arundinacea* konnten insgesamt ca. 50 % des zugegebenen N in den Pflanzen wiedergefunden werden, während *Phragmites australis* nur knapp 20 % des ^{15}N-Düngers aufnahm. Eine im Vergleich zu anderen Pflanzen sehr viel stärkeres Aneignungsvermögen für Dünger-N durch *Phalaris* konnte auch schon von STUDDY *et al.* (1995) beobachtet werden. Ähnlich komplex stellt sich auch der Einfluß des Pflanzenbewuchses auf die Freisetzung von N_2O dar (Abb. 1 und 2).

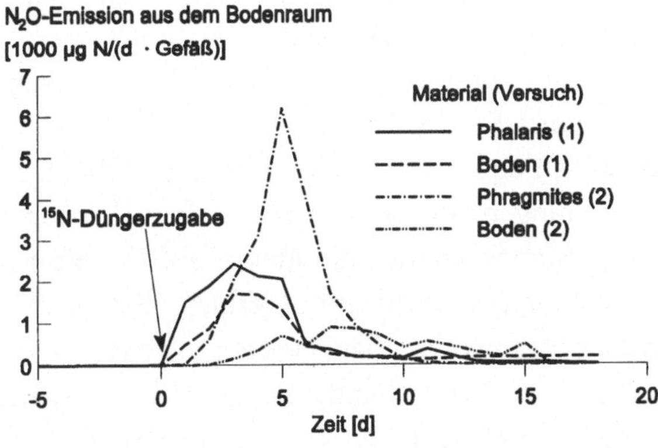

Abb. 1. Einfluß von Pflanzenbewuchs, Pflanzenart und N-Düngung auf die Lachgasemission.

Prinzipiell bewirkte die Bepflanzung der Gefäße eine Beschleunigung der unmittelbar nach Applikation des Dünger-N einsetzenden Lachgasbildung (Abb. 1). Dieser Effekt war wiederum ungeachtet der deutlich geringeren N-Düngergabe bei *Phragmites* wesentlich stärker als bei *Phalaris* ausgeprägt. (Abb. 1). Darüber hinaus zeigten sich auch Unterschiede bezüglich der Fähigkeit beider Röhrichtarten zum direkten Transfer des im Boden gebildeten N_2O über die Pflanze in Atmosphäre (Abb. 2).

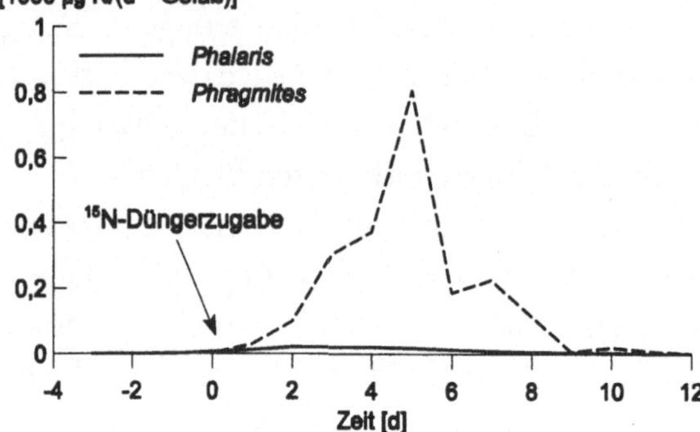

Abb. 2. Einfluß von Pflanzenart und N-Düngung auf die N$_2$O-Emission aus dem Sproßraum.

Während bei *Phalaris arundinacea* nur sehr geringe Lachgasemissionen über den Sproß zu verzeichnen waren, erreichte diese Form der Lachgasfreisetzung bei *Phragmites australis* immerhin ca. 15 % des Umfanges der Lachgasemissionen aus dem Bodenraum (Abb. 1 und 2). Inwieweit diese Unterschiede allein dem unterschiedlichen Entwicklungszustand der geprüften Pflanzenarten (d. h. Abweichungen im Verlauf der Aerenchymausbildung) geschuldet sind oder grundsätzlichen Charakter tragen, muß ebenfalls in weiterführenden Untersuchungen geklärt werden. *Phragmites* bewirkte auch insgesamt eine Anhebung des im 2. Versuch schon höheren Gesamtumfanges an N$_2$O-Emissionen, während *Phalaris* diesbezüglich keine dauerhaften Effekte hervorrief (Tab. 1).

Wie bereits oben angedeutet, kam es in den einzelnen Versuchen zu erheblichen Differenzen im Gesamtumfang der Dünger-N-Mengen, die zu Versuchsende im System Pflanze/Boden nicht wiedergefunden werden konnten (Tab. 1). Unter der Annahme, daß die fehlenden N-Mengen auf Denitrifikationsverluste (N$_2$O und N$_2$) zurückzuführen sind, ergeben für die untersuchten Pflanzenarten folgende Verhältnisse zwischen der aufgenommenen und der durch Denitrifikation verlorengegangenen N-Menge: *Phragmites australis* ca. 1:4, *Phalaris arundinacea* dagegen ca. 2,5:1. Ob sich diese Resultate auf Unterschiede in den N-Düngergaben oder auf die differenzierte Befähigung der geprüften Röhrichtarten zur Konkurrenz mit den Bodenmikroorganismen um die verfügbaren Boden-N-Vorräte zurückführen lassen, kann noch nicht beurteilt werden. Auch hierzu bedarf es weiterer Untersuchungen. Im übrigen konnten ähnliche ungünstige Verhältnisse zwischen Pflanzen-N-Aufnahme und denitrifizierter N-Menge auch schon von STENGEL (1987) für *Phragmites communis* Trin. festgestellt werden.

Die vorliegenden Ergebnisse haben klar den komplexen Charakter des Einflusses von Pflanzenbewuchs und Bodensubstrat auf die N-Umsetzungs- und -Austrags-prozesse in degradierten und wiedervernäßten Niedermoorböden deutlich gemacht. Für eine abschließende Klärung der Vorgänge ist es jedoch zunächst unumgänglich, die N-Transformationssprozesse in ihrer Gesamtheit, einschließlich der gasförmigen N_2-Verluste durch Denitrifikation, direkt zu erfassen. In späteren Untersuchungen sollte auch die Wirkung anderer Bodensubstrate sowie weiterer, für wiedervernäßte Niedermoore wichtiger Pflanzen (z. B. *Typha*) auf die N-Umsetzungen erfaßt werden.

Danksagung

Die Untersuchungen wurden von der Deutschen Bundesstiftung Umwelt finanziell gefördert. Für die technische Unterstützung der Arbeiten sei Frau B. Snelinski, Frau S. Remus und Herrn L. Steffens ganz herzlich gedankt.

Literaturverzeichnis

AUGUSTIN, J.; BLASINSKI, F.; STEFFENS, L. MERBACH, W., 1995: Gaswechselmeßsystem zur Ermittlung der Wirkung pflanzlicher Wurzelsysteme auf die Spurengas-emission aus Böden. In: *Mikroökologische Prozesse im System Pflanze – Boden. 5. Borkheider Seminar zur Ökophysiologie des Wurzelraumes*. Hrsg.: W. Merbach. Stuttgart, Leipzig: B. G. Teubner Verlagsgesellschaft, 155–160.

BODELIER, P. L. E.; WIJLHUIZEN, A. G.; BLOM, C. W. P. M.; LAANBROEK, H. J., 1997: Effects of photoperiod on growth of and denitrification by *Pseudomonas chloroaphis* in the root zone of *Glyceria maxima*, studied in a gnotobiotic microcosm. *Plant and Soil* **190**, 91–103.

BURESH, R. J.; DeLAUNE, R. D.; PATRICK, W. H., 1981: Influence of *Spartina alterniflora* on nitrogen loss from marsh soil. *Soil Science Society of America Journal* **45**, 660–661.

DEAN, J. D.; BIESBOER, D. D., 1985: Loss and uptake of ^{15}N ammonium in submerged soils of a cattail marsh. *American Journal of Botany* **72**, 1197–1203.

ENGELAAR, W. M. H. G.; SYMENS, J. C.; LAANBROEK, H. J.; BLOM, C. W. P. M., 1995: Preservation of nitrifying capacity and nitrate availability in waterlogged soils by radial oxygen loss from roots of wetland plants. *Biology and Fertility of Soils* **20**, 243–248.

FAUST, H.; BORNHACK, H.; HIRSCHBERG, K.; JUNGHANS, P.; KRUMBIEGEL, P., 1981: ^{15}N-Anwendung in der Biochemie, Landwirtschaft und Medizin. Eine Einführung. *Schriftenreihe Anwendung von Isotopen und Kernstrahlungen in Wissenschaft und Technik* **5**, Berlin, 1–93.

KUNTZE, H., 1988: Nährstoffdynamik der Niedermoore und Gewässereutrophierung. *Telma* **18**, 61–72.

MEIER , G.; SCHMIDT, G., 1992: Erfahrungen bei der simultanen Bestimmung von Gesamtstickstoff und ^{15}N durch Kopplung von „Dumas"-Stickstoffbestimmungsgeräten mit dem NOI-6. *Isotopenpraxis / Environmental and Health Studies* **28**, 85–96.

MOSIER, A. R.; MOHANTY, S. K.; BHARDRACHALAM, A.; CHAKRAVORTI, S. P., 1990: Evolution of dinitrogen and nitrous oxide from soil to the atmosphere through rice plants. *Biology and Fertility of Soils* **9**, 61–67.

REDDY, K. R.; PATRICK, W. H.; LINDAU, C. W., 1989: Nitrification-denitrification at the plant-root sediment interface in wetlands. *Limnological Oceanography* **34**, 1004–1013.

STENGEL, E.; CARDUCK, W.; JEBSEN, D., 1987: Evidence for denitrification in artificial wetlands. In: *Aquatic Plants for Water Treatment and Resource Recovery*. Hrsg.: K. R. Reddy, W. H. Smith. Orlando, Florida: Magnolia Publishing Inc., 543–550.

STUDDY, C. D.; MORRIS, R. M.; RIDGE, I., 1995: The effect of separated cow slurry liquor on soil and herbage nitrogen in *Phalaris arundinacea* and *Lolium perenne*. *Grass and Forage Science* **50**, 106–111.

STUDER, C.; BRÄNDLE, R., 1984: Sauerstoffkonsum und Versorgung der Rhizome von *Acorus calamus* L., *Glyceria maxima* (Hartmann) Holmberg, *Menyanthes trifoliata* L., *Phalaris arundinacea* L., *Phragmites communis* Trin. und *Typha latifolia* L. *Botanica Helvetica* **94**, 23–31.

WICHTMANN, W.; GENSIOR, A.; ZEITZ, J., 1997: Sanierung eines degradierten Niedermoores mittels Anbau von Schilf (Kurzvorstellung eines interdisziplinären Verbundprojektes). *Mitteilungen der Deutschen Bodenkundlichen Gesellschaft* **85**, 1071–1074.

Stoffumsatz im wurzelnahen Raum.
9. Borkheider Seminar zur Ökophysiologie des Wurzelraumes.
Hrsg.: W. MERBACH, L. WITTENMAYER und J. AUGUSTIN
B. G. Teubner Stuttgart · Leipzig 1999, S. 167–173.

Charakterisierung abiotischer Wechselwirkungen von organischen Schadstoffen mit Rhizosphärenkomponenten in Pflanzenkläranlagen

Jörg PLUGGE

Umweltforschungszentrum Leipzig-Halle GmbH, Sektion Sanierungsforschung, Permoserstraße 15, D-04318 Leipzig

Abstract

Previously, little attention has been paid to the abiotic interactions between organic contaminants in industrial wastewaters and rhizospheric components, e. g. humic substances or anorganic matter, in constructed wetlands. The aim of this study is to characterize and quantify a number of interactions such as humification and sorption processes.

Recent studies include the setup of laboratory-scale constructed wetlands for the quantitative determination of abiotic interactions in relation to various helophytes and dissolved organic matter concentrations in the system. Phenols, heterocycles, and PAHs are analytes under study. These compounds are typical contaminants of some industrial wastewater deposits in eastern Germany. First results show microbial accumulation, but not degradation, and sorption to anorganic matter up to 90 % for phenanthrene, 2,5-dimethylpyridine, and 2,6-dimethylquinoline.

Einleitung

Pflanzenkläranlagen gewinnen neben ihrer Anwendung zur Reinigung kommunaler Abwässer zunehmend an Bedeutung für die Klärung industrieller Abwässer und Altlasten. Dabei wird die Effektivität der Wurzelraumanlagen in der Regel durch eine Bilanzierung der Schadstoffe zwischen dem Zu- und Ablauf bestimmt und vereinfachend davon ausgegangen, daß die prozentuale Abnahme der Konzentration organischer Schadstoffe auf deren mikrobieller Umsetzung im wurzelnahen Raum (Rhizosphäre) oder der Phytoextraktion beruht. Für das Verständnis eines Reinigungsprozesses ist jedoch die Betrachtung weiterer physikochemischer und mikrobieller Wechselwirkungen notwendig (LANGE und OTTERPOHL 1997).

In dieser Arbeit werden die bislang nur wenig analysierten abiotischen Wechselwirkungen organischer Schadstoffe mit Komponenten der Rhizosphäre (organische

168

Komponenten und anorganische Matrix) untersucht. Insbesondere gelöste sowie partikuläre Huminstoffe und huminstoffartige Polymere können durch ihre sorptiven Eigenschaften Einfluß auf die Bioverfügbarkeit und damit auf die mikrobiellen Abbauvorgänge in der Rhizosphäre von Pflanzenkläranlagen nehmen (Ziechmann 1980, McCarthy 1989, Georgi 1998, Wild *et al.* 1991, Reed *et al.* 1995). Weitere organische Komponenten – wie z. B. postmortale Substanz von Wurzeln und Mikroorganismen und die anorganische Matrix (Kies, Sand) – können Schadstoffe kurz- oder langfristig festlegen und somit eine mikrobielle Zehrung hinauszögern oder verhindern. Des weiteren können auch Mikroorganismen in Lösung befindliche Kontaminanten akkumulieren, ohne sie zu metabolisieren. Die genannten Komponenten der Wurzelraumanlage tragen insgesamt zur Sorptionskapazität des Filterkörpers für organische Verbindungen bei. Eine Bilanzierung dieser Sorptionskapazität kann Informationen zur Anpassungsfähigkeit der Pflanzenkläranlage auf zeitlich veränderliche Schadstoffzuflüsse und damit Hinweise zur betrieblichen Fahrweise der Anlage liefern.

Im Mittelpunkt der experimentellen Arbeiten stehen derzeit Bilanzierungen von Schadstoffströmen in vertikal durchströmten Modellpflanzenkläranlagen. Dabei wird insbesondere das Sorptions- und Akkumulationsvermögen der anorganischen Matrix und der im System etablierten Mikroorganismen untersucht. Die in dieser Arbeit untersuchten Schadstoffe sind typische Kontaminanten in Altlasten der Karbochemie, z. B. Phenole, O-, N- und S-Heterozyklen und polyzyklische aromatische Kohlenwasserstoffe (PAKs) (Wiessner *et al.* 1993).

Material und Methoden

Für die Untersuchungen wurde eine Modellanlage konstruiert, die einen Ausschnitt eines vertikal durchströmten Filterbeets simuliert. Sie besteht ausschließlich aus Materialien mit geringem Sorptionspotential gegenüber den organischen Kontaminanten. Eine ca. 60 cm lange Glassäule mit einem Innendurchmesser von 7,4 cm bildet das Volumen zur Aufnahme des Filtersubstrates (Sand) und der Pflanzenwurzeln. Die Säule ist über Teflonschläuche mit zwei Vorratsgefäßen aus Glas verbunden, in denen sich reales oder Modellabwasser befindet. Ein geschlossener Kreislauf ermöglicht ein diskontinuierliches, einfaches oder ein kontinuierliches, mehrfaches Pumpen des Schadwassers durch die Glassäule (vgl. Abb. 1). Durch eine programmierbare Pumpe mit Edelstahl/Keramikpumpenkopf erfolgt die Einstellung des Volumenstromes. Die Gefäße und weiter Anlagenteile sind zur Vermeidung von Algenwachstum in der Lösung abgedunkelt. Als Filtersubstrat wird vorgewaschener, in der Fraktion 0,63–1 mm gesiebter Bausand verwendet, der einen Kohlenstoffgehalt von 0,01 % aufweist.

Das für die diese Untersuchungen eingesetzte Modellabwasser setzt sich zusammen aus einer 0,02 M Natriumchloridlösung (1,17 g/l) und einer nach Hoagland erstellten Nährlösung in einer Gesamtkonzentration der Nährstoffe von 20-50 mg/l. Die Leitfähigkeit beträgt 2,35-2,40 mS/cm und der pH-Wert 5,9-6,0. Dieser Lösung werden organische Verbindungen in den in Tab. 1 genannten Konzentrationen zudosiert. Die dafür bereiteten Standardlösungen haben eine Konzentration von 1-10 g/l der Analyten in Aceton. Der Gehalt des organischen Lösungsmittels in dem Modellabwasser beträgt 0,1 %, so daß sich die vorgegebenen Verteilungskoeffizienten der Analyten

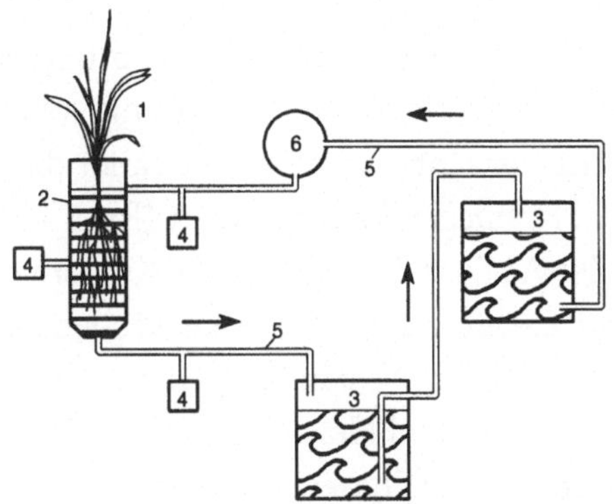

Abb. 1. Schematischer Aufbau der verwendeten Pflanzenkläranlagemodells. 1: Helophyt (z. B. *Phalaris arundinacea*), 2: Glassäule mit Filtersubstrat (Sand) und Pflanzenwurzeln (Gesamthöhe ca. 60 cm, Durchmesser 6 cm, Volumen ca 3 l), 3: Glasvorratsgefäße (Volumen jeweils ca. 8 l), 4: Probeentnahmestelle, 5: Teflonschläuche, 6: Pumpe.

zwischen der wäßrigen Phase und anorganischen oder organischen Komponenten (K_{OW}) im Filterbeet nur geringfügig ändern.

Tab. 1. Daten zu Analyten sowie deren Konzentration in der Modellösung.

Analyt	Summenformel	Wasserlöslichkeit bei 25 °C [mg/l]	$\log K_{OW}$	pK_s	c [mg/l]
Naphthalin	$C_{10}H_8$	22,0-34,4	3,35	–	0,1
Phenanthren	$C_{14}H_{10}$	1,00-1,60	4,46	–	0,1
2,5-Dimethylpyridin	C_7H_9N	65000	1,8	6,43	1,0
2,6-Dimethylchinolin	$C_{11}H_{11}N$	2-100	3,1	5,46	1,0
2,4,4-Trimethylcyclopentanon	$C_8H_{14}O$			–	1,0
Tetrahydrothiophen	C_4H_8S	5000	1,6	–	1,0
2,4-Dimethylphenol	$C_8H_{10}O$	6200	2,35	10,58	1,0

Je nach Aufgabenstellung wird die Glassäule mit 2,7 l unsterilem oder sterilem Sand befüllt. Im letzteren Fall wird die gesamte Anlage und das Modellabwasser zuvor autoklaviert, die Anlage mit Sterilfiltern vor erneuter Verkeimung gesichert und der Lösung zusätzlich zum Schutz vor erneuter mikrobieller Aktivität 200 mg/l Natriumazid zugesetzt. Anschließend erfolgt das kontinuierliche Umpumpen der Lösung durch die Modellanlage mit einem Volumenstrom von 11,2 ml/min. Die Verweilzeit eines kleinen Lösungsvolumens beträgt in der Sandsäule ca. 2 h. Ein Umlauf des gesamten Lösungsvolumens vollzieht sich zweimal in 24 h. Nach sechs bis acht Tagen beträgt daher die gesamte Verweilzeit 24–32 h, ein in Pflanzenkläranlagen häufiger Wert (REED et al. 1995).

Die Analyse der organischen Kontaminanten erfolgte durch Extraktion mit Hexan und nachfolgender GC/MS. Proben des Modellwassers (2 × 20 ml) wurden in regelmäßigen Abständen genommen, mit deuterierten internen Standards sowie mit jeweils 2 ml Hexan versetzt und 60 min bei 20 °C über Kopf geschüttelt. Nach Trennung der Phasen erfolgte eine zweite, analog durchgeführte Extraktion (nur 1 ml Hexan). Nach erneuter Phasentrennung, Vereinigung der organischen Volumina und Trocknung über Natriumsulfat wurde 1 µl in einen HP GCD 1800A GC/MS injiziert (Säule: Chrompack CPSil8, Länge 25 m, Innendurchmesser 0,25 mm, Filmstärke 0,25 µm). Das eingesetzte Temperaturprogramm war: isothermer Vorlauf 40 °C, 3 min, Anstieg 8 K/min auf 290 °C; isothermer Nachlauf 5 min bei 290 °C. Die Extraktion von Sandproben erfolgte mit einem „Dionex ASE 200"-Lösungsmittelextraktor unter für diese Matrix optimierten Bedingungen: 10 ml feuchter Sand wurden zweimal mit ca. 5 ml Hexan bei 100 °C 15 min extrahiert. Die erhaltenen Extrakte wurden vereinigt, mit deuterierten internen Standards versetzt, getrocknet, an einem Vakuumrotationsverdampfer auf 500 µl eingeengt und dann wie oben analysiert.

Ergebnisse

1. Die beschriebenen Modellanlagen wurden zunächst in einer Versuchsreihe auf sorptive Stellen untersucht. In zwei sterilen Anlagen wurde das Modellabwasser im Kreislauf gepumpt und dabei regelmäßig die Analytkonzentrationen einer Lösungsprobe untersucht. Eine Abnahme der Konzentrationen von 5 % (Phenanthren) bis 15 % (Naphthalin) nach zehn Tagen war überwiegend auf Abdampfverluste zurückzuführen: Durch eine Extraktion der Modellanlagen mit Hexan nach diesem Zeitraum konnte eine Sorption der Analyten an Glaswänden/Teflonschläuchen von weniger als 1 % nachgewiesen werden.

2. In einer zweiten Versuchsreihe wurde der Einfluß der anorganischen Matrix untersucht: Die Glassäulen von zwei Anlagen wurden mit Sand gefüllt, die zwei Modell-PKA sterilisiert und anschließend das Modellabwasser im Kreislauf gepumpt. Neben der Analyse von Lösungsproben wurde zusätzlich nach acht Tagen eine Analyse des Sandes durchgeführt. Phenanthren und 2,6-Dimethylchinolin

wurden in diesem Zeitraum zu 50 bzw. 70 % aus der Lösung entfernt, jedoch mit einer unterschiedlichen Geschwindigkeit (vgl. Abb. 2).

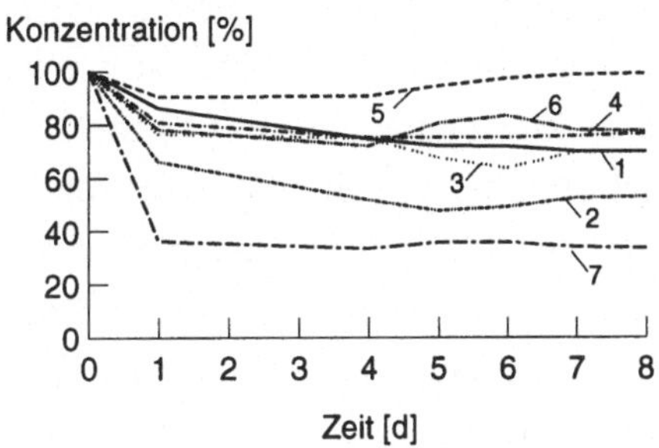

Abb. 2. Zeitlicher Konzentrationsverlauf ausgesuchter Kontaminanten in einem **sterilen Modellsystem**: Glassäule gefüllt mit Sand. 100 % ≙ 1 mg/l Naphthalin (1), Phenanthren (2) bzw. 0,1 mg/l Tetrahydothiophen (3), 2,4,4-Trimethylcyclopentanon (4), 2,5-Dimethylpyridin (5), 2,4-Dimethylphenol (6) und 2,6-Dimethylchinolin (7).

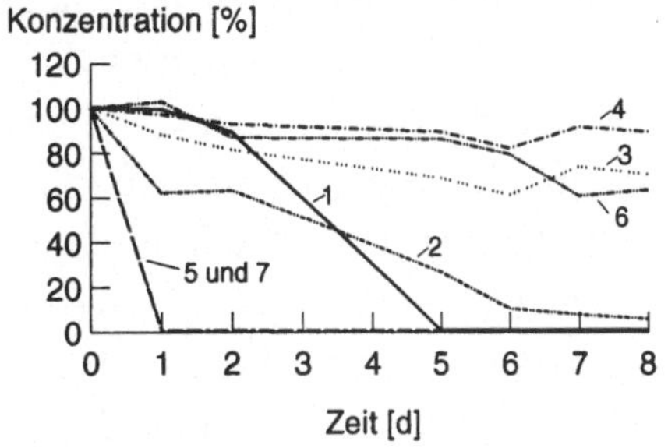

Abb. 3. Zeitlicher Konzentrationsverlauf ausgesuchter Kontaminanten in einem **unsterilen Modellsystem**: Glassäule gefüllt mit Sand. Symbole und Konzentrationen wie in Abb. 2.

Von diesen zwei genannten Analyten konnten im Sand 45 bzw. 60 % wiedergefunden werden. Die Konzentrationsabnahmen der übrigen Analyten (5–25 %) beruhten überwiegend auf Abdampfverlusten, nur geringe Anteile konnten im Sand analysiert werden (< 5 %).

3. Zur Bestimmung des Akkumulations- bzw. Metabolisierungsvermögens von Mikroorganismen wurde in einer dritten Versuchsreihe unsteriler Sand verwendet, der nur die autochthonen Zellen des Bausandes enthielt. Nach acht Tagen sind Naphthalin, Phenanthren und die Stickstoffheterozyklen zu 95–100 % aus der Lösung entfernt, wobei die Konzentration von 2,5-Dimethylpyridin und 2,6-Dimethylchinolin bereits nach einem Tag auf 0 mg/l abfällt. Die Konzentration der übrigen Analyten nimmt im gleichen Zeitraum um ca. 25 % ab (vgl. Abb. 3). Eine Analyse des Sandes ergab nahezu vollständige Wiederfindung von Phenanthren, 2,5-Dimethylpyridin und 2,6-Dimethylchinolin, jedoch keine Wiederfindung von Naphthalin.

Diskussion

In den durchgeführten Versuchen kann die Abnahme einer Analytkonzentration in Lösung bei Vernachlässigung einer Sorption am Modellsystem, die weniger als 1 %

betrug, drei Ursachen haben: 1. Abdampfverluste in die Atmosphäre, 2. Sorption an der anorganischen Matrix und 3. eine Akkumulation und/oder Metabolisierung in Mikroorganismen. Nach Bestimmung der Abdampfverluste im ersten Teilversuch konnte eine Differenzierung der prozentualen Konzentrationsabnahmen in a) sorbiert an der Matrix, d. h. Sand bzw. Sand/Mikroorganismen und b) metabolisiert durch Mikroorganismen erfolgen. Dabei läßt sich jedoch eine hundertprozentige Bilanzierung nicht durchführen, so daß bis zu 10 % der jeweils eingesetzten Analytmenge nicht eindeutig zugeordnet werden können. Tab. 2 faßt die Ergebnisse zusammen. Es wird deutlich, daß eine organische Verbindung mit einem hohen K_{OW}-Wert und einer niedrigen Wasserlöslichkeit, z. B. Phenanthren (vgl. Tab. 1) bereits an sterilem Sand zu 45 % festgelegt wird, obwohl der Sand nur 0,01 % Kohlenstoff enthält und diesen Wert nicht erwarten läßt. Diese Angabe ist aber auf die Gesamtmasse des Sandes bezogen, und es muß von einer deutlich höheren organischen Kohlenstoffmenge an der für eine Sorption bedeutenden Oberfläche des Korns ausgegangen werden. Sind Mikroorganismen im System vorhanden, so erniedrigt sich die Konzentration von Phenanthren, Naphthalin, 2,5-Dimethylpyridin und 2,6-Dimethylchinolin auf 0–5 % des Ausgangswertes.

Tab. 2. Das Ausmaß und die Ursachen der Abnahme der Analytkonzentrationen in Lösung bei Verwendung von sterilem und unsterilem Sand im System; Verweilzeit 24 h, alle Angaben in % der Ausgangskonzentrationen.

Analyt	Ab-dampf-verluste	Sorption bzw. Akkumulation an		Metaboli-sierung
		Sand (steril)	Sand/Mikroorganismen	
Naphthalin	< 15	< 5	< 5	85–100
Phenanthren	< 5	45	95–100	0
2,5-Dimethylpyridin	< 10	< 5	90–00	0
2,6-Dimethylchinolin	< 10	60	90–100	0
2,4,4-Trimethylcyclopentanon	< 15	< 5	< 5	0–10
Tetrahydrothiophen	< 15	< 5	< 5	0–10
2,4-Dimethylphenol	< 15	< 5	< 5	0–10

Nur für Naphthalin kann diese Konzentrationsabnahme auf eine mikrobielle Verwertung zurückgeführt werden. Die drei anderen Kontaminanten werden am Sand und insbesondere durch Mikroorganismen festgelegt, ohne im Versuchszeitraum stofflich verwertet zu werden. Inwieweit dies langfristig zu einer Kontamination des Pflanzenfilters führt, kann anhand dieser Kurzzeitversuche noch nicht gesagt werden. Sie zeigen aber deutlich die Notwendigkeit der differenzierten Bilanzierung von organischen Schadstoffen und deren Wechselwirkungen in einer Pflanzenkläranlage, um Aussagen über die langfristige Reinigungsleistung dieses Sanierungsverfahrens treffen zu können.

2,4,4-Trimethylcyclopentanon, 2,4-Dimethylphenol und Tetrahydrothiophen werden im Versuchszeitraum weder im System fixiert noch stofflich verwertet, so daß zur Entfernung dieser Kontaminanten aus einem Abwasser Wechselwirkungen mit anderen Komponenten im Filterbeet herangezogen werden müssen. Versuche über einen längeren Zeitraum mit Helophytenarten wie *Phalaris arundinacea* sollen zeigen, welchen Einfluß ein zusätzlicher Eintrag von Sauerstoff und organischem Kohlenstoff über die Pflanzenwurzeln haben kann. Des weiteren wird der Eintrag von gelösten oder partikulären Huminstoffen einen großen Beitrag zu Sorptionsprozessen im wurzelnahen Raum haben und soll daher ebenfalls Gegenstand zukünftiger Untersuchungen sein.

Dank

Die Untersuchungen wurden durch das Stipendienprogramm der Deutschen Bundesstiftung Umwelt (DBU) gefördert.

Literaturverzeichnis

GEORGI, A., 1998: *Sorption von hydrophoben organischen Verbindungen an gelösten Huminstoffen.* Dissertation, Fakultät für Chemie und Mineralogie, Universität Leipzig.

LANGE, J.; OTTERPOHL, R., 1997: *Abwasser: Handbuch zu einer zukunftsfähigen Wasserwirtschaft.* Donaueschingen–Pfohren: Mallbeton GmbH.

McCARTHY, J. F., 1989: Bioavailability and toxicity of metals and hydrophobic organic contaminants. In: *Aquatic Humic Substances: Influence on Fate and Treatment of Pollutants.* Hrsg.: I. H. Suffet, P. MacCarthy. Washington DC: American Chemical Society, 263–277.

REED, S. C.; CRITES, R. W.; MIDDLEBROOKS, E. J., 1995: *Natural Systems for Waste Management and Treatment.* New York: McGraw-Hill, Inc.

WIESSNER, A.; KUSCHK, P.; WEISSBRODT, E.; STOTTMEISTER, U.; PÖRSCHMANN, J.; KOPINKE, F.-D., 1993: Charakterisierung des Wassers und des Sedimentes einer Braunkohle-Schwelwasserdeponie. *Wasser-Abwasser-Praxis*, Heft 6, 375–379.

WILD, S. R.; BERROW, M. L.; JONES, K. C., 1991: The persistence of polynuclear aromatic hydrocarbons in sewage sludge amended agricultural soils. *Environmental Pollution* **72**, 141–151.

ZIECHMANN, W., 1980: *Huminstoffe-Probleme: Methoden, Ergebnisse.* Weinheim: Verlag Chemie.

Stoffumsatz im wurzelnahen Raum.
9. Borkheider Seminar zur Ökophysiologie des Wurzelraumes.
Hrsg.: W. MERBACH, L. WITTENMAYER und J. AUGUSTIN
B. G. Teubner Stuttgart · Leipzig 1999, S. 174–179.

Verläufe substratinduzierter Bodenatmung in Wurzelkernen von Acker- und Grünlandpflanzen und ihre Modifikation durch organische und anorganische Stickstoffquellen

Christoph U. GERMEIER
Institut für Pflanzenbau und Pflanzenzüchtung II, Professur für Organischen Landbau, Justus-Liebig-Universität Gießen, Karl-Glöckner-Straße 21 C, D-35394 Gießen

Abstract

Substrate induced respiration was determined from soil around roots of cereals and herbaceous companion plants in a two year living mulch system with wide spaced winter wheat and winter rye and harrow, dandelion, white clover and subclover as living mulch companion plants. The course of CO_2 production was differentiated in specific phases. Classical SIR is represented by the first valley giving actual biomass in the soil sample. This parameter frequently was favoured by the presence of companion plants. A further peak and a following stationary phase are in close relation to available nitrogen or nitrogen amendments. They clearly differentiated plants as strong and moderate nitrogen competitors. Classical SIR phase does not respond to nitrate amendments but is elevated by addition of glutamin as organic nitrogen source. This may lead to overestimation of biomass in soils from legume stands. It further indicates a specific response of soil microorganisms to organic versus inorganic nitrogen sources.

Einleitung

Biologischer Landbau ist dadurch bestimmt, daß er aus Gründen von Ressourcenschonung und Umweltschutz auf die natürliche Leistungsfähigkeit von Organismen und Organismengemeinschaften zurückgreift. In Betracht kommen auch Möglichkeiten, ökologische Stabilität und nachhaltige Leistungsfähigkeit durch höhere Diversität in den Anbausystemen zu sichern. Besonderes Gewicht erhält dies in viehlosen Betrieben, wo die Vorteile von Stalldung und Futterbau entfallen, die aber dennoch aus agrarstrukturellen Gründen auch im ökologischen Landbau zunehmen. Aus der Praxis eines viehlosen Biobetriebes kommt die Entwicklung intensiver Untersaatsysteme mit Getreide in weiter Reihe (STUTE 1996). Eine Fortentwicklung solcher Systeme zu perennierenden Lebendmulchsystemen mit Reihenfrässaatverfahren für Marktfrüchte erscheint aus Sicht von Bodenschutz und Ökologie attraktiv.

Der mikrobiellen Aktivität im Boden wird traditionell eine hohe Bedeutung im organischen Landbau zugeschrieben. Tatsächlich wurde auf ökologisch bewirtschafteten Flächen oft höhere mikrobielle Aktivität als auf konventionellen Vergleichsflächen gemessen (BECK 1986), wobei häufig ein von HEINEMEYER *et al.* (1989) entwickeltes Verfahren Verwendung fand, das die Messung der Atmung aufbereiteter Bodenproben im Labor und die Bestimmung Substrat-induzierter Respiration (SIR) nach ANDERSON und DOMSCH (1978) automatisiert. Neben der klassischen SIR erlaubt das Gerät kinetische Messungen in stündlicher Auflösung an mit verschiedenartigen Substraten versetzten Bodenproben.

Die vorgestellten Untersuchungen hatten zum Ziel, Wirkungen von als Lebendmulch in Weitreihensystemen mit Getreide vorstellbaren Acker- und Grünlandpflanzen auf mikrobiologische Parameter zu erfassen. Außerdem sollten Einflüsse des verfügbaren Stickstoffs in Menge und Form auf die Atmungsverläufe gezeigt werden.

Material und Methoden

Versuchsstandort und Feldversuchsanlage

Der Gladbacherhof weist Parabraunerden aus Lößdecken mit Ackerzahlen um 75 auf. Die Durchschnittstemperatur liegt bei 9 °C, die mittleren Niederschläge bei 670 mm. In Kleinparzellen (1,5 × 4,5 m) wurden am 20. Juni 1995 Löwenzahn (*Taraxacum officinale*), Schafgarbe (*Achillea millefolium*), Weißklee (*Trifolium repens*) und Erdklee (*Trifolium subterraneum*) als Untersaaten in Körnerleguminosen (*Lupinus albus*) gesät. Sie sollten als Lebendmulch zusammen mit Wintergetreide die Vegetationsperioden 1995/96 und 1996/97 überdauern. Zur Aussaat von Winterweizen bzw. Winterroggen wurden die Kräuter und Leguminosen gemulcht und mit einer Reihenfräse Streifen für die Aussaat ausgefräst (Abb. 1). Als Kontrollvarianten dienten Parzellen mit den entsprechenden Weitreihensystemen ohne Beisaaten sowie vollflächig Weizen oder Roggen (15 cm Reihenabstand).

Bodenprobenahme, Aufbereitung und Lagerung

Bodenproben wurden jeweils in der mittleren der drei zentralen Kräuterreihen sowie in einer den Kräutern benachbarten Getreidereihe genommen. Es handelte sich um Wurzelkernbohrungen (20 cm Durchmesser, 30 cm Tiefe). Das Wurzel-system wurde entfernt, die Proben homogenisiert und auf 0,5 cm gesiebt. Die gesiebten Proben wurden bei 4 °C gelagert.

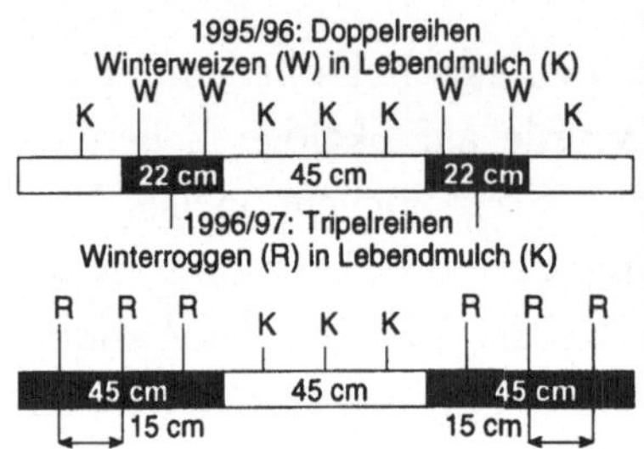

Abb. 1. Aussaattermine und Anordnung der Kräuter und Getreidereihen in Weitreihenversuchen mit Beisaa-ten und Lebendmulch (Eingriff der Fräse schwarz mar-kiert). Aussaattermine 1995/96: Kräuter als Untersaat zur Vorfrucht – 20. Juni 1995, Aussaat Weizen – 27. Oktober 1995, Mulchen und Reihenfrässaat – 22. Ok-tober 1995; Aussaattermine 1996/97: Aussaat Kräuter – siehe oben, Aussaat Roggen – 15. Oktober 1996, Mulchsaat und Reihenfrässaat – 15. Oktober 1996.

Bestimmung der substratinduzierten Respiration (SIR)

Die Bestimmung von Basalatmung und der substratinduzierter Respiration nach ANDERSON und DOMSCH (1978) wurde in der Meßapparatur von HEINEMEYER et al. (1989) durchgeführt, welche stündlich die CO_2-Bildung der Proben aufnimmt. Nach mehrtägiger Konditionierung der Proben bei 22 °C im Meßraum erfolgte die Messung der Basalatmung über 16 h vor der Zugabe von Glucose (11 mg/g Bo-den). Der sich unmittelbar nach Substratzugabe einstellende Wert (V_2, vgl. Abb. 2), ergibt als SIR (i. e. S) mit dem Regressionsfaktor nach ANDERSON und DOMSCH (1978) von 40,04 und einer Konstanten von 0,375 die Biomasse in der Probe.

Anreicherung mit anorganischen und organischen Stickstoff-Formen

Tab. 1. Zur Darstellung der Stickstoffwirkung auf die SIR-Messung zugesetzte N-Mengen und N-Formen.

	N-Menge [kg/ha]				Parameter
	25	75	100	200	
mg N/kg Boden	6	18	24	48	Bodendichte d_B: 1,4 g/cm^3, Ackerkrume: 30 cm
mg KNO$_3$/kg Boden	43	130	173	346	N-Gehalt: 13,9 %
mg Glutamin/kg Boden	31	94	125	250	C-Gehalt: 41,1 %, N-Gehalt: 19,2 %
C-Ausgleich durch Glucoseverminderung	-32	-96	-128	-256	C-Gehalt: 40,0 %

Zur Demonstration von Stickstoffwirkungen auf den Verlauf der Respirations-messungen wurden den Bodenproben bei der Zugabe von Glucose zusätzlich mineralische (KNO$_3$) oder organische (Glutamin) Stickstoffquellen zugesetzt. Die Mengen orientierten sich an Düngemengen bzw. geschätzten Einträgen durch die Fixierung von Leguminosenfrüchten. Der mit Glutamin zugeführte C wurde durch eine Verminderung der Glucosezugabe ausgeglichen (Tab. 1).

Ergebnisse und Diskussion

Abb. 2 zeigt typische Verläufe der Bodenatmung nach Zugabe von Glucose (substratinduzierte Respiration) über eine Meßperiode von 48 h. Die als V_2 gekennzeichnete erste Senke gibt die potentielle Atmung der vor Substratzugabe im Boden vorhandenen Mikroflora (SIR i. e. S.) an, aus der mittels Regressionen auf Biomasse-C geschlossen wird. Die darauf folgenden Phasen stehen in Bezug zum verfügbaren Stickstoff und differenzieren die Pflanzen hinsichtlich ihrer N-Zehrung.

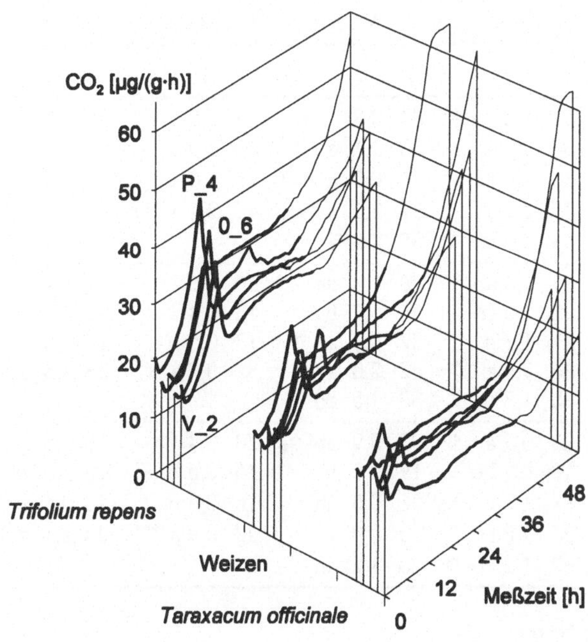

Abb. 2. Verläufe der Substratinduzierten Atmung von je fünf Bodenproben aus Wurzelkernen von Weißklee (*Trifolium repens*), Weizen (vollflächige Saat) und Löwenzahn (*Taraxacum officinale*). Die erste als V_2 gekennzeichnete Talphase gilt als Maß für die im Boden vorhandene Biomasse an Mikroben (Substrat- induzierte Respiration). Der weitere Kurvenverlauf (Peakphase P_4, darauffolgende Plateauphase 0_6) steht nach BECK und BENGEL (1992) in engem Zusammenhang zum biologisch verfügbaren Stickstoff.

Die geringsten Biomassewerte traten im unbepflanzten Zwischenreihenbereich der Weitreihen-Kontrolle auf (Tab. 2, Abt. a). Parzellen mit Beisaaten zeichneten sich in der Tendenz durchweg durch höhere Biomassewerte aus auch im Vergleich zur Vollsaat mit Getreide. Signifikante Unterschiede traten bei Wurzelkernen von Weizen in Löwenzahnparzellen in 1996 ·sowie generell in den Weißkleeparzellen des Jahres 1997 auf. Die weiteren mit dem N-Angebot zusammenhängenden Parameter (Tab. 2, Abt. b und c) kennzeichnen Schafgarbe und Löwenzahn als starke Stickstoffzehrer, während die Weißkleeparzellen sich in der Regel von beiden Kontrollparzellen positiv abheben. Die Parameter P_4 und 0_6 zeigten hohe und lineare Korrelationen zur zugesetzten Stickstoffmenge (Abb. 3b). Demgegenüber reagiert der zur Bestimmung der Biomasse herangezogene Wert nicht auf Zusätze von Nitrat-N, zeigte aber eine deutliche, sich bei zunehmender Menge abflachende Steigerung mit dem Zusatz der organischen N-Quelle Glutamin, obwohl die Probe durch Glucose mit C abgesättigt und der C-Eintrag mit dem Glutamin durch Verminderung des Glucosezusatzes kompensiert war (Abb. 3a).

Tab. 2. Parameter der substratinduzierten Respiration für Boden aus Wurzelkernen von Getreide in weiter und enger Reihe und als Lebendmulch zwischen den Reihen stehender Kräuter .

Parameter	Wurzelkern Beisaat	1996 Beisaat $\bar{x}$ $s_{\bar{x}}$		1996 Weizen $\bar{x}$ $s_{\bar{x}}$		1997 Beisaat $\bar{x}$ $s_{\bar{x}}$		1997 Roggen $\bar{x}$ $s_{\bar{x}}$	
a)	–	31 1,2 †		34 0,8 ‡		35 1,0 †		38 1,5 ‡	
1. Talpunkt (V_2),	*A. millefolium*	38 0,9 a +		38 1,1 a +		39 1,0 a		40 1,2 a +	
umgerechnet in	*T. officinale*	38 1,5 a +		41 0,5 a *++		41 1,0 a +		41 0,8 a +	
Biomasse-C (SIR)	*T. repens*	35 1,3 a		37 2,1 a +		45 2,1 a **+		41 2,0 a +	
[mg/100 g Boden]	*T. subterraneum*	33 2,6 a ¤		35 1,5 a					
b)	–	31 1,3 ab †		28 1,2 ab		26 0,6		28 1,4 †	
1. Peak (P_4):	*A. millefolium*	22 1,0 cd		24 1,1 b		18 0,4 b		21 0,4 b	
CO$_2$-Bildung	*T. officinale*	21 1,3 d		27 0,6 ab		18 0,5 b		20 0,6 b	
[µg/(g Boden · h)]	*T. repens*	36 2,4 a *+		32 2,0 a		37 0,7 a ***		33 2,6 a **+	
	T. subterraneum	28 1,7 bc ¤		30 1,5 ab					
c)	–	23 0,9 a †		22 0,9 ab		20 0,4 †		20 0,6	
Plateau nach dem	*A. millefolium*	18 0,9 bc +		19 0,8 b		16 0,6 b		18 0,5 b	
1. Peak (0_6):	*T. officinale*	17 1,0 c ++		21 0,5 ab+		16 0,6 b		18 0,6 b	
CO$_2$-Bildung	*T. repens*	26 1,8 a *		24 0,9 a		27 0,9 a ***		24 2,1 a *	
[µg/(g Boden · h)]	*T. subterraneum*	22 1,2 ab ¤		23 1,2 ab					

¤): Erdklee im Winter 1995/96 abgefroren,
†): Kontrolle − Zwischenbereich im Weitreihensystem ohne Beisaat,
‡): Kontrolle − Getreidepflanzen aus der Normalsaatvariante (15 cm Reihenabstand),
+): Signifikanz nach Dunnett (P ≤ 0,05, 0,01 bzw. 0,001) gegenüber einer Kontrolle,
*): Signifikanz nach Dunnett (P ≤ 0,05, 0,01 bzw. 0,001) gegenüber beiden Kontrollen,
a...d): Buchstaben differenzieren die Beisaatvarianten nach Tukey (P ≤ 0,05).

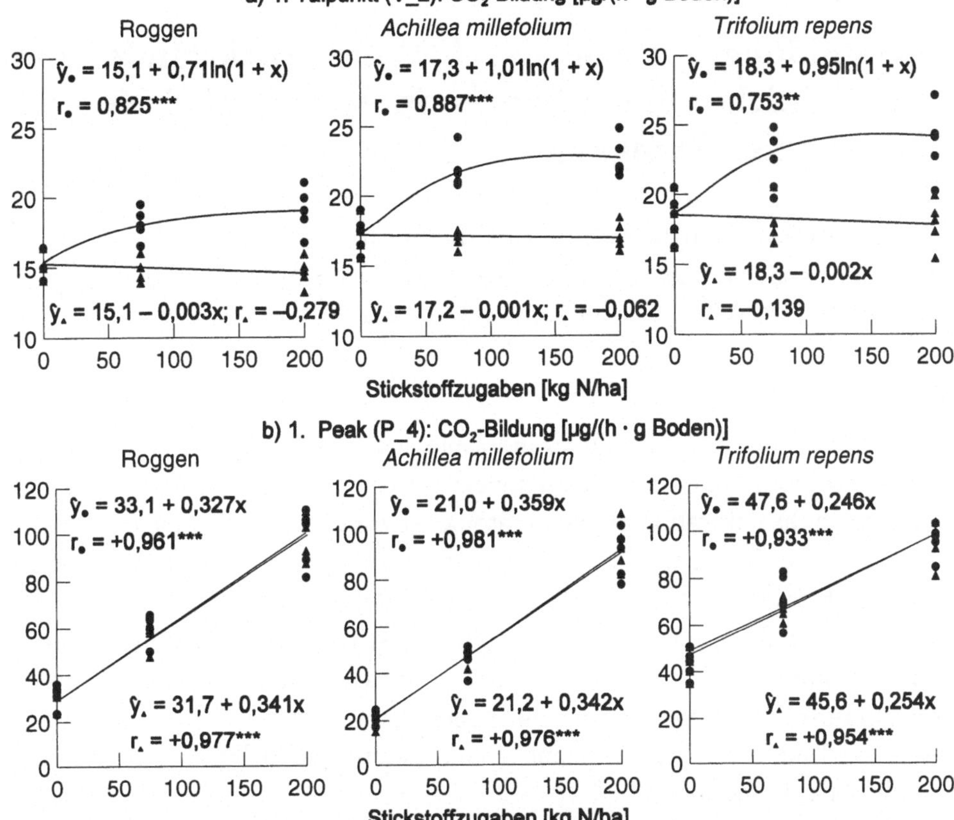

Abb. 3. Bodenatmung im Verlauf der Substrat-induzierten Respiration in Abhängigkeit von Stickstoffzugaben, Glutamin: •, Nitrat (KNO_3): ▲.

Literaturverzeichnis

ANDERSON, J. P. E.; DOMSCH, K. H., 1978: A physiological method for the quantitative measurement of microbial biomass in soils. *Soil Biology and Biochemistry* **10**, 215-221.

BECK, T., 1986: Vergleichende Bodenuntersuchungen von konventionell und alternativ bewirtschafteten Betriebsschlägen — Bodenmikrobiologische Untersuchungen. *Bayerisches landwirtschaftliches Jahrbuch* **63** (8), 996-1002.

BECK, T.; BENGEL, A., 1992: Die mikrobielle Biomasse in Böden. Teil I: Ihre Bestimmung, Indikatorfunktion und Bedeutung für die Stoffumsetzungen. SuB Heft 01/92, III-6-III-10.

HEINEMEYER, O.; INSAM, H.; KAISER, E. A.; WALENZIK, G., 1989: Soil microbial biomass and respiration measurements: An automated technique based on infrared gas analysis. *Plant and Soil* **116**, 191-195.

STUTE, J., 1996: Erlaubt ist, was dem Boden nützt. *bio-land* 3/96, 12-14.

Stoffumsatz im wurzelnahen Raum.
9. Borkheider Seminar zur Ökophysiologie des Wurzelraumes.
Hrsg.: W. MERBACH, L. WITTENMAYER und J. AUGUSTIN
B. G. Teubner Stuttgart · Leipzig 1999, S. 180–187.

Bodenbildung auf Löß durch Wurzelrückstände landwirtschaftlicher Nutzpflanzen in Abhängigkeit von der mineralischen Düngung

Heidrun BESCHOW und Wolfgang MERBACH
Institut für Bodenkunde und Pflanzenernährung der Martin-Luther-Universität Halle-Wittenberg, Adam-Kuckhoff-Straße 17 b, D-06108 Halle/Saale

Abstract

Soil formation on the humus-free, inorganic substrate loess was studied under natural conditions in dependence on mineral nitrogen and phosphorus fertilization as well as on the cultivation of plants through an experiment with soil cylinders in Halle/Saale over 50 years. The cumulative dry matter yield of the plants increased during the first 30 years and afterwards remained constant.

The organic carbon content of the topsoil increased during the first 30 years from 0.18 % to more then 1.5 % and fluctuated afterwards only in dependence on the crop. No further relations between the organic carbon content and the yield could be observed after the first 20 years. The C/N-ratio gradually — after an initial increase — decreased to < 14 : 1.

Humification increased stronger than the organic carbon content in the topsoil. The increase in soil microbial biomass compared between a fertilized and unfertilized treatment, total and in relation to the organic carbon content of the soil, was significant. Altogether, the experiment shows that soil formation on loess proceedes rapidly and resembles that of old loess-soils in the surrounding area.

Einleitung

Die Neubildung der organischen Bodensubstanz (OBS) an einfachen Systemen mit weitgehend bekannten Komponenten ist bisher wenig erforscht. Die vorliegende Untersuchung verfolgt das Ziel, die Ertragsentwicklung sowie die Anreicherung organischer Bodensubstanz und ihrer Fraktionen auf einem trockenen, OBS-freien Lößstandort Mitteldeutschlands in Abhängigkeit von der landwirtschaftlichen Nutzung und insbesondere der Mineraldüngung zu verfolgen. Für die Rekultivierung abgetragener Lößdeckschichten im Zusammenhang mit dem Braunkohlentagebau können die Ergebnisse bedeutsam sein.

Schmalfuß legte unter diesem Gesichtspunkt in Halle/S. 1948 einen Modellversuch an, über den in früheren Jahren mehrfach berichtet worden ist (SCHMALFUSS, 1960, 1965, 1966). Neben der Erfassung der jährlichen Erträge wurden vor allem chemische und biologische Bodeneigenschaften wie C_{org}- und N_{org}-Gehalte des Bodens, dessen Huminsäure- und Kalkgehalt sowie die mikrobielle Biomasse untersucht.

Material und Methoden

Die Versuchsanlage umfaßt 48 glasierte Tonrohre von 1 m Länge und 40 cm lichter Weite, die unten offen auf einer Bettung von grobem Kies stehen und senkrecht in den Boden eingelassen wurden (Abb. 1).

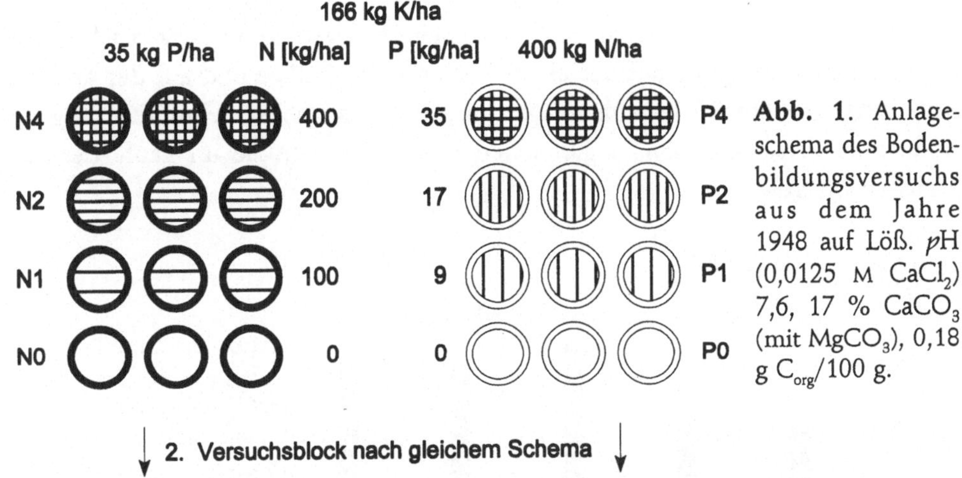

Abb. 1. Anlageschema des Bodenbildungsversuchs aus dem Jahre 1948 auf Löß. pH (0,0125 M $CaCl_2$) 7,6, 17 % $CaCO_3$ (mit $MgCO_3$), 0,18 g C_{org}/100 g.

Sie sind mit reinem Löß aus Etzdorf bei Halle gefüllt und mit unterschiedlichen Pflanzen in ungeregelter Folge kultiviert worden. Die Pflanzen und ihre Häufigkeit waren: Mais (17), Weidelgräser (13), Sommerweizen (5), Luzerne (5), Zuckerrüben, Sommergerste, Ackerbohnen (je 3), andere Pflanzen (1–2). Die Ernährung erfolgte lediglich durch Mineraldüngung. Jede Variante wurde sechsfach wiederholt. Die Erträge an oberirdischer Masse und an Rübenkörpern wurden jährlich ermittelt und weggeführt. Wurzel- und Stoppelrückstände (bis 5 cm Höhe) sind bei einer Bearbeitungstiefe von ≈ 12 cm zur Förderung der Humusbildung eingearbeitet worden. In zeitlichen Abständen wurden Bodenproben aus Krume (0–10 cm) und Untergrund (20–40 cm) mit Hilfe eines Rillenbohrers entnommen und auf folgende Eigenschaften untersucht:

- C_{org} mittels oxidimetrischer Bestimmung nach SPRINGER (1928),
- N_{org} (SCHARF 1988),

182

- C_{org} und N_{org} im Laugenextrakt (SCHMALFUSS, unveröffentlicht),
- Extinktion des Laugenextraktes bei 530 nm (SCHMALFUSS, unveröffentlicht),
- Huminsäuregehalt (TAN 1996),
- Kalkgehalt (Scheibler-Apparatur) und
- mikrobielle Biomasse (ANDERSON und DOMSCH 1978).

Von Schmalfuß verwendete Methoden wurden bis heute beibehalten, um den zeitlichen Gang der Veränderungen durch Vergleich mit früheren Daten erfassen zu können.

Ergebnisse

Erträge

Der Grundgedanke von SCHMALFUSS (1960) beim Anlegen des Dauerversuches war, mit steigender Düngung auf der einen Seite höhere Erträge und auf der anderen Seite auch größere Rückstandsmengen und damit schnellere Humifizierung des Bodens zu erreichen. Abb. 2 gibt einen Überblick über die im Laufe der Zeit erzielten Erträge.

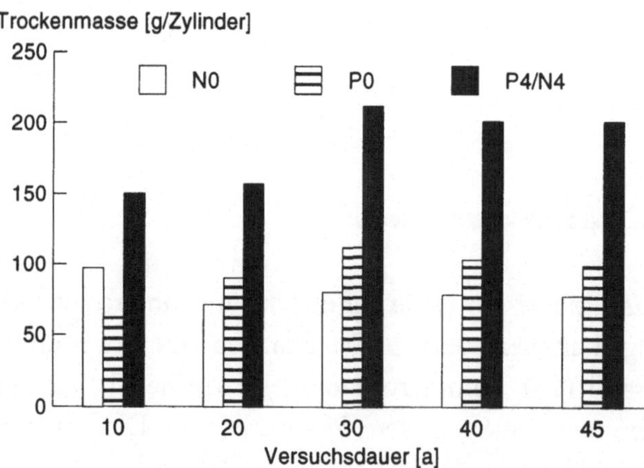

Abb. 2. Kumulative Ertragsmittelwerte in Abhängigkeit von der Versuchsdauer; Angaben in g Trockenmasse Sprosse und Wurzelkörper (bei Zuckerrüben) je Zylinder (1973, 1989 und 1993 keine Ernte).

Aufgeführt werden die kumulativen Jahresertragsmittelwerte pro Dezennium nach 1–4 Jahrzehnten bzw. 45 Jahren bei den Varianten ohne N (N0) sowie ohne P (P0) und den am höchsten gedüngten Varianten (P4/N4), um Witterungseinflüsse und Stoffbildungsunterschiede einzelner Pflanzenarten auf den grundsätzlichen Gang der Ertragsentwicklung möglichst zu eliminieren. Die Nährstoffmenge an Stickstoff und Phosphat übte während der gesamten Versuchsdauer eine starke ertragsbeeinflussende Wirkung aus. Bei den gedüngten Varianten wurde ein Anwachsen der

Ertragsmittelwerte in den ersten 30 Jahren offenbar durch Erreichen eines optimalen Gehaltes an löslichen Nährstoffen nach dieser Zeit beobachtet. Danach blieben die Ertragsmittelwerte annähernd konstant bzw. fielen geringfügig ab. Die N0-Variante verhielt sich dagegen anders. Die in den ersten zehn Jahren durch abnehmenden Leguminosenanbau sinkenden Erträge erreichten danach einen annähernd konstanten Wert, der offenbar neben der N-Deposition aus der Luft mit zunehmender Versuchsdauer auch durch die gestiegenen Gehalte leichtlöslichen Stickstoffs in der Bodenlösung beeinflußt wurde.

N_{org}- und C_{org}-Gehalte in der sich entwickelnden Krume und im Unterboden
Den Gang der C_{org}-Gehalte sowie das C/N-Verhältnis bei ausgewählten Varianten der N-Reihe im Boden zeigt Abb. 3.

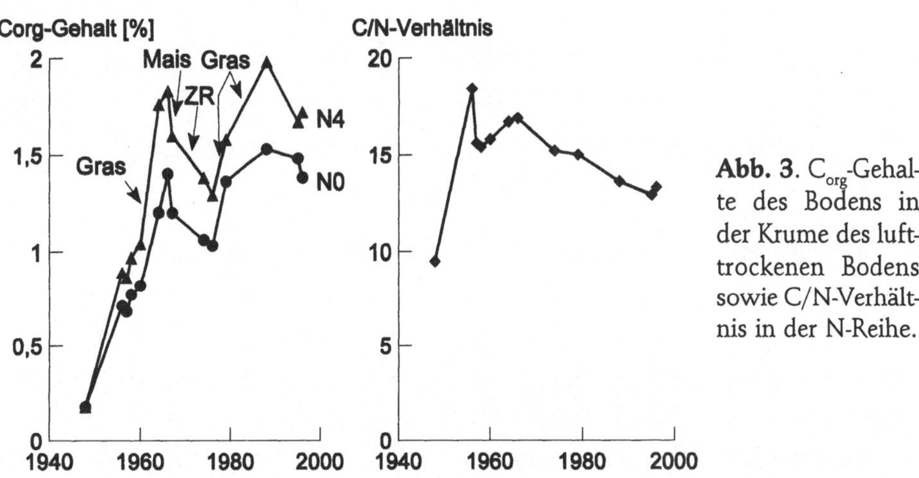

Abb. 3. C_{org}-Gehalte des Bodens in der Krume des lufttrockenen Bodens sowie C/N-Verhältnis in der N-Reihe.

Die C_{org}-Gehalte erreichten bereits nach einer relativ kurzen Zeit von $\approx$30 Jahren Werte, die nur noch geringfügig in Abhängigkeit von der angebauten Frucht schwanken. Mehrjähriger Gras- oder Luzerneanbau wirkte steigernd, Zuckerrübenkultur senkend und Maisanbau indifferent auf die C_{org}-Gehalte. Die Ertragshöhe war unabhängig vom C_{org}-Gehalt, wenn ein gewisses Niveau einmal erreicht war. Von 1966 bis 1979 stiegen die Erträge trotz fallender C_{org}-Gehalte bei den ausreichend gedüngten Varianten, danach war es eher umgekehrt. Das C/N-Verhältnis in der organischen Substanz des Bodens wurde — offenbar auf Grund der zugeführten frischen Wurzelsubstanz, die zunächst durch geringe biologische Aktivität unverändert blieb und einen raschen Anstieg der C_{org}-Gehalte bewirkte — bis auf

184

Werte von 18:1 erhöht, um danach auf Werte < 14:1 zu sinken. Nach statistischer Auswertung kann der Verlauf der C_{org}- und N_{org}-Gehalte in Abhängigkeit von den Versuchsjahren mittels nichtlinearer Regression beschrieben werden (Abb. 4).

Aus den Exponentialgleichungen am Beispiel der N-Reihe konnte berechnet werden, daß 95 % der Höhe des Maximalwertes der C_{org}-Gehalte bereits nach 36 Jahren eingetreten war, aber dieser Anteil vom Maximalwert der N_{org}-Gehalte aufgrund des flacheren Anstiegs erst nach 71 Jahren zu erwarten ist.

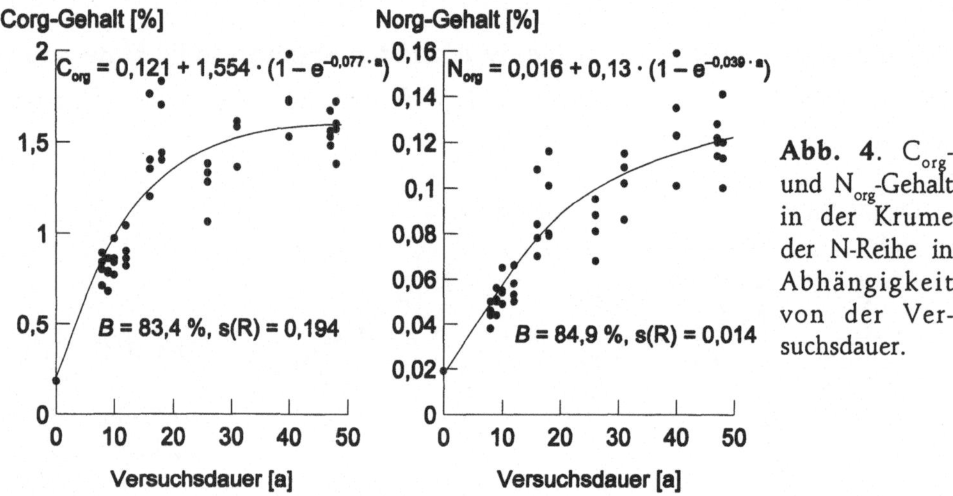

Abb. 4. C_{org}- und N_{org}-Gehalt in der Krume der N-Reihe in Abhängigkeit von der Versuchsdauer.

Im Gegensatz zur Krume (0–10 cm) wurden in tieferen Bodenschichten (20–40 cm) wesentlich weniger C und N angereichert. Der C_{org}- und N_{org}-Gehalt im Unterboden stagnierte bei allen Varianten und liegt jetzt bei der doppelten Ausgangsmenge. Fehlende Wurzelmasse und damit geringere Mikrobentätigkeit werden die hauptsächlichen Ursachen für diese Unterschiede gewesen sein.

Humifizierung

Die C_{org}-Gehalte sowie die Extinktion bei 530 nm des Laugenextraktes sind in Tab. 1 gegenübergestellt. Es ist zu erkennen, daß die Extinktion und damit die Lichtabsorption des Extraktes im sichtbaren, gelbgrünen Bereich als Kriterium für die Konzentration an braun gefärbten Verbindungen relativ stärker gestiegen war als die Menge an C_{org} im Extrakt, obwohl die Menge an Gesamt-C_{org} im Boden kaum variierte (1,36–1,72 %). Gleichzeitig erhöhte sich der Anteil an Stickstoff in den alkalilöslichen Verbindungen, das C/N-Verhältnis im alkalischen Extrakt war gegenüber dem Gesamtboden jedoch wesentlich kleiner.

Tab. 1. C- und N-Gehalte [mg/100 g Boden] sowie Extinktion (E_{530}[‡]) des alkalischen Extraktes der organischen Bodensubstanz, Doppelbestimmungen.

Va- riante	Para- meter	Versuchsjahr			
		1958	1964[†]	1979	1996
N0	C	189	334	359	404
	N	13,1	23,8	32,2	38,7
	C/N	14,4	14,0	11,1	10,4
	E_{530}	0,08	n. b.	0,66	0,70
N4	C	255	449	345	463
	N	17,1	30,4	36,1	50,8
	C/N	14,9	13,8	9,6	9,1
	E_{530}	0,10	n. b.	n. b.	0,72
P0	C	212	361	354	529
	N	10,5	20,2	35,0	53,3
	C/N	20,2	17,9	10,1	9,9
	E_{530}	0,11	n. b.	0,62	0,92
P4	C	286	354	374	633
	N	17,6	34,7	38,6	65,8
	C/N	16,3	10,2	9,7	9,6
	E_{530}	0,13	n. b.	0,55	0,96

[†]: (SCHMALFUSS, pers. Mitteilung)
[‡]: 1958 – Extinktion auf Extrakte 1:1 mit 0,5%iger NaOH verdünnt berechnet; 1979 und 1996 – Extrakte zur Messung 1:1 mit 0,5%iger NaOH verdünnt.

Tab. 2. Huminsäuregehalt [mg/100 g Boden] ohne und mit HCl-Behandlung des Bodens; in Klammern Relativwerte, 1979 ≙ 100 %.

Variante	Huminsäuregehalt					
	ohne HCl			mit HCl		
	1979	1996		1979	1996	
N0	299	396	(132)	885	1541	(174)
P0	365	507	(139)	1097	2274	(207)
P4	406	563	(120)	907	1619	(178)

Die Humifizierung war also unabhängig vom Gehalt an Gesamt-C_{org} ständig vorangeschritten. Eine Isolierung von Huminsäuren ohne und mit Erfassung der Ca-Verbindungen nach HCl-Behandlung des Bodens bestätigte, daß von 1979 bis 1996 eine quantitative Zunahme eingetreten war (Tab. 2). Eine Entkalkung war in der Krume von anfangs 17 % auf 10–12 % $CaCO_3$ eingetreten (1997).

Mikrobieller Kohlenstoff

In Tab. 3 werden der mikrobielle Kohlenstoffgehalt mit dem Gesamtkohlenstoffgehalt des Bodens vom Herbst 1996 verglichen.

Die Zunahme des C_{mik}-Gehaltes und dessen Anteil an den C_{org}-Gehalten im Vergleich der ungedüngten zu den gedüngten Varianten war sowohl in der N- als auch in der P-Reihe signifikant, so daß sowohl N als auch P für die Entstehung von mikrobieller Biomasse gleichsam von Bedeutung waren. Die höchsten C_{mik}-Werte wurden bei den maximalen Düngungsstufen gemessen, da hier die Wurzel- und Ernterückstände durch die höchsten Erträge am größten waren.

Tab. 3. Mikrobieller Kohlenstoff (C_{mik}) in Abhängigkeit von den Düngungsvarianten, Probenahme: 24. September 1996.

Variante	C_{mik}	C_{org}	C_{mik}/C_{org}
	mg C/100 g Boden		%
N0	36,55	1450	2,52
N4	60,69	1800	3,37
P0	26,26	1540	1,71
P4	58,32	1770	3,29
GD (Tukey, P ≤ 0,05)	8,32	43	0,19

Diskussion

Die Trockenmasseerträge der angebauten Pflanzen hatten nach einem Anwachsen in den ersten 30 Jahren ein Gleichgewicht erreicht, sie korrelierten jedoch nicht mit den C_{org}-Gehalten in der Krume. Die ermittelten Kenndaten wie C_{org}-, C_{mik}-, N_{org}- und Huminsäuregehalte in der Krume sowie die Charakterisierung alkalilöslicher Verbindungen zeigten, daß eine Anreicherung organischer Bodensubstanz und damit Bodenentstehung in einem relativ kurzem Zeitraum erfolgte. Sie beschränkte sich jedoch hauptsächlich auf eine Bodentiefe bis 12 cm. Es wird vermutet, daß die Humifizierung noch weiter fortschreitet. Die N-Gehalte, sowohl N_{min}- als auch N_{org}-Gehalte, wachsen bis heute, bewirken eine stetige Verengung des C/ N-Verhältnisses und deuten auf eine zunehmende Mineralisierung sowie Neubildung und Veränderung der Zusammensetzung der organischen Bodensubstanz hin.

Über den Zusammenhang zwischen hohen Nährstoffgaben, hohen Erträgen, zunehmenden Ernterückständen und ansteigender organischer Bodensubstanz wurde mehrfach berichtet (SCHMALFUSS 1966, CAMPELL und ZENTNER 1993, GREGORICH *et al.* 1996), wenn auch wie bei diesem Versuch keine Proportionalität aufgrund vielfältiger Einflußfaktoren wie Pflanzenart, Klima, Biomasse festgestellt werden konnte.

Insgesamt zeigt der Versuch, daß die Bodenbildung auf Löß durch Pflanzenbewuchs und Mineraldüngung sehr schnell voranschreitet und denen alter Lößböden der Umgebung ähnelt.

Literaturverzeichnis

ANDERSON, J. P. E.; Domsch, K. H., 1978: A physiological method for the quantitative measurement of microbial biomass in soils. *Soil Biology and Biochemistry* **10**, 215–221.

CAMPELL, C. A., ZENTNER, R. P., 1993: Soil organic matter as influenced by crop rotations and fertilization. *Soil Science Society of America Journal* **57**, 1034–1040.

GREGORICH, E. G., ELLERT, B. H.; DRURY, C. F.; LIANG, B. C., 1996: Fertilization effects on soil organic matter turnover and corn residue C storage. *Soil Science Society of America Journal* **60**, 472–476.

SCHARF, H., 1988: 100 Jahre Kjeldahl-Aufschluß zur Stickstoffbestimmung. *Archiv für Acker- und Pflanzenbau und Bodenkunde* **32**, 321–332.

SCHMALFUSS, K., 1960: Mineraldüngung, Pflanzenertrag und organische Bodensubstanz. *Zeitschrift für Pflanzenernährung, Düngung und Bodenkunde* **90**, 50–58.

SCHMALFUSS, K., 1965: Über Bodenbildung. *Albrecht-Thear-Archiv* **9**, 3–7.

SCHMALFUSS, K., 1966: Zur Kenntnis der Bodenbildung. *Sitzungsberichte der Sächsischen Akademie der Wissenschaften zu Leipzig* **107**, Heft 3, 1–13.

SPRINGER, U., 1928: Die Bestimmung der organischen, insbesondere der humifizierten Substanz in Böden. *Zeitschrift für Pflanzenernährung, Düngung und Bodenkunde* **11**, 313–359.

TAN, K. H., 1996: *Soil Sampling, Preparation and Analysis.* Books in soils, plants, and the environment. New York, Basel, Hongkong: Marcel Dekker, Inc., ISBN 0-8247-9675-6, 408 S.

Stoffumsatz im wurzelnahen Raum.
9. Borkheider Seminar zur Ökophysiologie des Wurzelraumes.
Hrsg.: W. MERBACH, L. WITTENMAYER und J. AUGUSTIN
B. G. Teubner Stuttgart · Leipzig 1999, S. 188–195.

Quantifizierung der Kohlenstoffumsetzungsprozesse im System Pflanze — Niedermoor: Einfluß von Pflanzenart und Bodenvernässung

Maja HARTMANN[*], Eva-Maria KLIMANEK[‡] und Jürgen AUGUSTIN[†]
*Ernst-Moritz-Arndt-Universität Greifswald, Botanisches Institut und Botanischer Garten, Grimmer Straße 88, D-17487 Greifswald; [‡]Umweltforschungszentrum Leipzig-Halle GmbH, Sektion Bodenforschung, Theodor-Lieser-Straße 4, D-06120 Halle; [†]Zentrum für Agrarlandschafts- und Landnutzungsforschung (ZALF) e. V., Institut für Rhizosphärenforschung und Pflanzenernährung, Eberswalder Straße 84, D-15374 Müncheberg

Abstract

In the case of rewetted peatlands, knowledge about the turnover of plant derived carbon as an important part of the carbon cycle in soils is very incomplete. Unfortunately, by means of field methods like the litterbag approach generally used for this purpose, it is only possible to estimate the decomposition rate of plant and root material in the peat body itself. To get more information about fate of the plant-derived carbon, we examined the suitability of alternative laboratory methods based on different CO_2 gas flux measurement systems and the ^{14}C tracer technique. For this purpose, incubation experiments with root material of the fen plant species *Phragmites australis* and *Typha latifolia* under various moisture conditions werde conducted. The results show that it is possible, particularly by means of the combination of ^{14}C tracer technique and CO_2 gas flux measurement, to quantify exactly those amounts of the root derived carbon both remained in the soil and emitted into the atmosphere during the decomposition process.

Einleitung

In ungestörten, wachsenden Niedermooren erfolgt aufgrund des hohen Grundwasserstandes und der damit verbundenen Anaerobie nur ein sehr langsamer Abbau der Wurzeln und Rhizome der hier vorkommenden Pflanzen. Daraus resultiert eine für diese Ökosysteme typische Akkumulation hoher Mengen als Torf bezeichneter organischer Substanz. Wachsende Moore stellen deshalb auch Senken für Kohlenstoff und andere Nährstoffe dar. In den letzten Jahrzehnten ist es jedoch aufgrund der mit großflächiger Entwässerung einhergehenden Durchlüftung des

Bodens in vielen Niedermooren zu einem schnellen Abbau der Torfvorräte gekommen. Folgen hiervon sind Umweltbelastungen durch Nährstoffausträge und verstärkte Emissionen von Treibhausgasen wie dem CO_2. Seit einiger Zeit wird daher im Rahmen von Renaturierungsprojekten mit Hilfe der Wiedervernässung versucht, die Stoffumsetzungen in Niedermooren zu vermindern und auf diese Weise eine erneute Torfakkumulation zu erreichen (SUCCOW 1988, SCHULZ 1995, AUGUSTIN *et al.* 1996).

Bislang ist zum tatsächlichen Verlauf der C-Umsetzungen in wiedervernäßten Niedermooren, speziell zum Abbau der für die Torfbildung wichtigen Wurzeln, aber nur wenig bekannt. Das gilt insbesondere für den Anteil an wurzelbürtigem Material, der in nichtstrukturierter Form im Torf verbleibt oder als CO_2 aus dem Boden freigesetzt wird. Ursache dafür ist, daß die bisher nahezu ausschließlich für diese Fragestellung angewendete „Litterbag"-Methode[1] nur die Ermittlung des Verlustes an Wurzelmasse, d. h. deren Abbaurate gestattet (BARTSCH und MOORE 1985, VERHOEVEN und ARTS 1992). Aus diesem Grund sollte geprüft werden, ob spezielle Laborinkubationsmethoden, die bislang nur für Mineralböden genutzt wurden, sich auch bei Niedermoorsubstraten zur Aufklärung des Verbleibs wurzelbürtigen Materials eignen. Zum einem handelte es sich hierbei um ein gasanalytisches Verfahren nach KLIMANEK (1994), bei dem die Menge an wurzelbürtigem C, das im Verlauf der mikrobiellen Umsetzung der im Boden inkubierten Wurzeln in Form von CO_2 entweicht, bestimmt wird. Zum anderen kam eine Kombination der vorstehend genannten Methode mit der ^{14}C-Tracertechnik zum Einsatz. Letztere gestattet es, ^{14}C-markierten, pflanzenbürtigen Kohlenstoff eindeutig von unmarkiertem, bodenbürtigem C zu unterscheiden (MERBACH *et al.* 1996). Hierdurch sollte es möglich sein, die Umsetzung und den Verbleib von Wurzel-C im Verlauf des Abbaus auch in dem extrem C-reichem Niedermoorsubstrat direkt zu verfolgen und zu quantifizieren. Bei den hierfür angelegten Versuchen fanden die Wurzeln solcher für wiedervernäßte Niedermoore typischen Pflanzenarten wie *Phragmites australis* (Cav.) Trin. ex Steud. und *Typha latifolia* L. Verwendung. Der Beitrag beider Arten zu einer möglichen späteren Torfbildung wird derzeit sehr unterschiedlich bewertet (WEBSTER und BENFIELD 1986, WRUBLEWSKI *et al.* 1997). Darüber hinaus sollte geprüft werden, ob sich mit Hilfe der beiden alternativen Inkubationsverfahren die Wirkung der Bodenfeuchte, d. h. Intensität der Vernässung, auf die C-Umsetzungsprozesse exakt quantifizieren läßt,

---

[1] Längerfristige Inkubation von Wurzel- oder wurzelähnlicher Substratproben, die in speziellen Polyesterbeuteln in den Torfkörper eingebracht werden.

da vermutlich eine erfolgreiche Neuinitialisierung der Torfakkumulation vom Grad der Wiedervernässung stark abhängt.

Material und Methoden

Bestimmung der wurzelbürtigen CO_2-C-Verluste mit Hilfe von Wurzelinkubation und Infrarotgasanalyse

Zu Versuchsbeginn wurden jeweils 33 g Niedermoortorf (Heinrichswalde, Friedländer Große Wiese, Bodentyp Erdfen, C_t = 47,6 %, N_t = 3,35 %) allein ($\triangle$ Kontrollgefäße) oder vermischt mit einer bestimmten Menge Wurzelmaterial (200 mg Wurzel-C pro Gefäß) von den Pflanzenarten *Typha latifolia* oder *Phragmites australis* in spezielle, luftdichte Plastegefäße eingefüllt. Die Überprüfung der Methode beinhaltete lediglich eine Inkubation des Wurzelmaterials unter aeroben Bedingungen (Substratfeuchte: 60 % der maximalen Wasserkapazität − Wk_{max}, Temperatur: 25 °C). Jede Versuchsvariante umfaßte fünf Wiederholungen. Während der gesamten Zeitdauer des Versuches (50 Tage) wurde in den Inkubationsgefäßen kontinuierlich die CO_2-Freisetzung erfaßt. Die CO_2-Messung erfolgte in einem geschlossenen Gaskreislaufverfahren mit Hilfe eines Infrarotgasmeßgerätes (URAS). Nach jedem Meßzyklus wurden die Gefäße mit CO_2-freier Luft gespült und dann erneut inkubiert. Grundlage für die Bestimmung des Gesamtumfangs an wurzelbürtigem CO_2-C, der während des Wurzelabbaus im Boden entstanden war — also des Gesamtverlustes an Wurzel-C —, bildete bei diesem Inkubationsverfahren die sogenannte Differenzmethode. Hierbei wird von der CO_2-C-Menge, die aus dem mit Boden und Wurzeln gefüllten Inkubationsgefäßen entweicht, die CO_2-C-Menge abgezogen, die aus nur mit Boden gefüllten Kontrollgefäße austritt (KLIMANEK 1994).

Tab. 1. Stoffliche Zusammensetzung des verwendeten Wurzelmaterials — bezogen auf die Trockensubstanz.

Wurzelin-kubation	Pflanzenart	C [%]	N_t [%]	C/N	Gehalt in der organischen Substanz [%]			
					heißwasser-löslicher C	Hemi-zellulose	Zellu-lose	Roh-lignin
mit Infra-rotanalyse	*Typha latifolia*	44,2	1,12	39,3	2,50	37,3	29,5	n. b.
	Phragmites australis	45,7	1,50	30,4	2,29	40,6	30,2	10,9
mit ^{14}C-Tra-certechnik	*Typha latifolia*	39,5	0,89	44,4	4,24	34,6	31,2	n. b.
	Phragmites australis	41,5	1,97	21,1	5,16	38,9	32,4	n. b.

Bei der stofflichen Charakterisierung des Wurzelmaterials ist wie folgt vorgegangen worden: Bestimmung des Gesamt-C und des Gesamt-N-Gehaltes mit Hilfe eines Elementaranalysators („vario EL", Fa. Elementar), Ermittlung des Gehaltes an heißwasserlöslichem Kohlenstoff und an Rohlignin nach VDLUFA-Standardmethoden (BASSLER 1988), Bestimmung des Zellulosegehaltes nach Bath und des Hemizellulosegehaltes mit einem modifizierten Verfahren nach Bath (beide in ALLEN 1989). Angaben zur stofflichen Zusammensetzung des in den einzelnen Versuchsansätzen verwendeten Wurzelmaterials sind in Tab. 1 enthalten.

Bestimmung des Verbleibs wurzelbürtigen Kohlenstoffs mit Hilfe der Gasanalyse durch Titration und der ^{14}C-Tracertechnik

Am Beginn dieser Untersuchungen stand die Gewinnung ^{14}C-markierten Wurzelmaterials der als Versuchsobjekte dienenden Pflanzenarten *Phragmites australis* und *Typha latifolia* durch

Tab. 2. Im ^{14}C-Tracerexperiment eingesetzte Mengen an Wurzelmaterial (aerober und anaerober Torf); Angaben je Gefäß.

Pflanzenart	Einwaage [g]		C-Menge [mg]	
	FM	TM	C	^{14}C
Typha latifolia	5,0	0,367	133,5	0,0026
Phragmites australis	5,0	0,832	336,1	0,0085

eine viertägige Begasung der Sprosse ca. zehn Wochen alter Pflanzen mit ^{14}CO$_2$-haltiger Luft. Nach der Begasung erfolgte die sofortige Überführung der sorgfältig gereinigten Wurzeln in vorbereitete, gasdichte Plastegefäße. Es wurden jeweils definierte Mengen des markierten Wurzelmaterials (Tab. 2) mit feuchtem Niedermoortorf (100 g Trockenmasse), der ebenfalls vom Standort Heinrichswalde stammte, vermischt und dann 35 Tage entweder bei ca. 60 % Wk$_{max}$ ($\triangle$ aerob) oder bei völlig überstautem Boden ($\triangle$ anaerob) inkubiert (Temperatur: 25 °C).

Jede Feuchtestufe umfaßte darüber hinaus auch Kontrollgefäße ohne Wurzeln. Die Anzahl der Wiederholungen pro Variante betrug stets drei. Nach jeweils 24stündiger Gasakkumulation wurden die Inkubationsgefäße für eine Stunde mit CO$_2$-freier Luft durchspült und das freigesetzte CO$_2$ in 0,5 M NaOH-Lösung gebunden. Die Bestimmung der in der Natronlauge gebundenen CO$_2$-Menge erfolgte titrimetrisch mit Hilfe von 0,5 M HCl-Lösung. Zur Ermittlung des in Form von CO$_2$ verlorengegangenen Wurzel-C fand auch hier zunächst die oben erwähnte Differenzmethode Anwendung. Nach Abschluß der Inkubationperiode wurden das Torfsubstrat und die verbliebenen Wurzelreste sorgfältig voneinander getrennt, anschließend getrocknet und mit Hilfe eines Elementaranalysators („Carbon Sulfur

Determinator", Eltra GmbH) auf ihren Gesamt-C-Gehalt untersucht. Hierbei erfolgte die vollständige Bindung des entstehenden CO_2 in einer speziellen Absorberlösung („Permafluor E", Packard). Im Anschluß daran wurde mit Hilfe eines Flüssigkeitsszintillationsspektrometers („Liquid Scintillation System LS-6000 SC", Beckman Instruments) die in dieser Lösung enthaltene ^{14}C-Aktivität bestimmt. In ähnlicher Weise erfolgte auch die Ermittlung der ^{14}C-Aktivität für das aus dem Niedermoortorf freigesetzte und zunächst in Natronlauge gebundene CO_2. Die Gesamt-C-Gehalte und die spezifischen ^{14}C-Aktivitäten aller untersuchten Fraktionen bildeten die Grundlage für die abschließende Erstellung einer Bilanz zum Verbleib des wurzelbürtigen C (MERBACH *et al.* 1996).

Ergebnisse und Diskussion

Nach 35tägiger Inkubation im aeroben Torfsubstrat (60 % Wk_{max}) erreichten die mit Hilfe der Gasanalyse und der Differenzmethode ermittelten Verluste an wurzelbürtigem C in Form von CO_2 einen Umfang von 2,5 bis 14 % (Abb. 1).

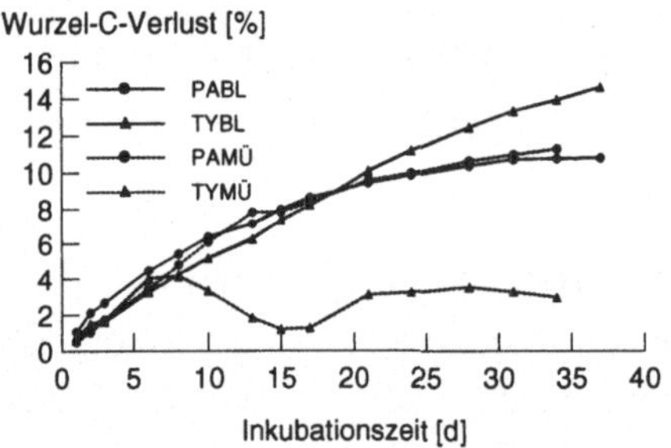

Abb. 1. Verluste an wurzelbürtigem C in Form von CO_2 im Verlauf einer 35tägigen Inkubation der Wurzeln von *Phragmites australis* (PA) und *Typha latifolia* (TY) in einem aeroben Torfsubstrat. Bei TYBL und PABL wurde die URAS-Methode, bei TYMÜ und PAMÜ die Titrationsmethode zur CO_2-Bestimmung angewendet.

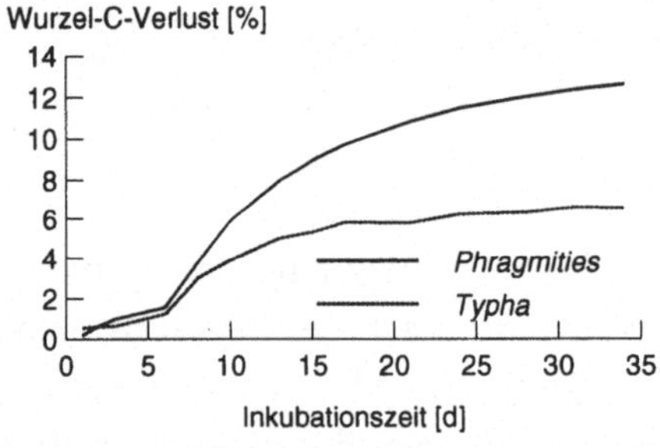

Abb. 2. Verluste an wurzelbürtigem C in Form von CO_2 im Verlauf einer 35tägigen Inkubation der Wurzeln von *Phragmites australis* und *Typha latifolia* in einem anaeroben Torfsubstrat. Bei beiden Varianten wurde die Titrationsmethode zur CO_2-Bestimmung angewendet.

Sie liegen damit deutlich niedriger als die unter vergleichbaren Bedingungen im Mineralboden für die Wurzeln von Getreide- und Unkrautpflanzen bestimmten C-Verluste (25 bis 35 %, MERBACH und KLIMANEK 1997). Während bei *Phragmites australis* die mit den unterschiedlichen CO_2-Bestimmungsmethoden ermittelten Resultate trotz gewisser Unterschiede in der Zusammensetzung der inkubierten

Wurzeln (Tab. 2) sehr gut übereinstimmten, ergaben sich für *Typha latifolia* gravierende Abweichungen (Abb. 1). Es erscheint aber nicht ausgeschlossen, daß die vergleichsweise sehr niedrigen Verluste der mit Hilfe der Titrationsmethode untersuchten *Typha*-Variante (TYMÜ) lediglich auf die Undichtigkeit der verwendeten Gefäße zurückzuführen sind. Anaerobe Verhältnisse im Torfsubstrat bewirkten zwar einen generell verzögerten Beginn des Wurzelabbaus, überraschenderweise waren aber nur bei *Typha latifolia* am Ende deutlich niedrigere C-Verlustraten zu verzeichnen (Abb. 1 und 2).

Im Vergleich zu den mit der Differenzmethode ermittelten Befunden ergaben sich in den ^{14}C-Tracerstudien durchgängig viel höhere Verluste an wurzelbürtigem C. Darauf lassen sowohl die hohen ^{14}C-Anteile in dem durch mikrobielle Umsetzungen gebildeten CO_2 wie auch der geringe Anteil des im Torfsubstrat verbliebenen ^{14}C schließen (Tab. 3).

Tab. 3. Verbleib des wurzelbürtigen ^{14}C nach 35tägiger Inkubation von *Phragmites australis*- und *Typha latifolia*-Wurzeln in aerobem oder anaerobem Niedermoortorf; Angaben in μg ^{14}C und in % des ursprünglich in den Wurzeln enthaltenen [14]C.

	Phragmites australis				*Typha latifolia*			
	aerober Torf		anaerober Torf		aerober Torf		anaerober Torf	
	μg [14]C	%	μg [14]C	%	μg [14]C	%	μg [14]C	%
Ausgangswert	8,54	100	8,54	100	2,60	100	2,60	100
CO_2-[14]C	2,23	26,1	3,30	37,5	0,54	20,6	0,44	17,1
Wurzelrest-[14]C	3,20	37,4	3,61	42,3	1,19	45,6	0,71	27,2
Boden-[14]C	0,49	5,7	1,19	14,0	0,29	11,0	0,53	20,5
wiedergefundener Wurzel-C	5,91	69,2	8,01	93,8	2,01	77,2	1,69	64,8

Ob dies auf eine ungleichmäßige Verteilung der ^{14}C-Aktivität im Wurzelmaterial — z. B. eine bevorzugte ^{14}C-Markierung mikrobiell leicht umsetzbarer Wurzelkohlenhydrate — oder auf eine Art „pool substitution" — Bodenorganismen verwerten bevorzugt das insgesamt leichter umsetzbare Wurzelmaterial (CHOTTE *et al.* 1998) — zurückzuführen ist, muß an dieser Stelle offen bleiben. Abgesehen davon machen die mit Hilfe der ^{14}C-Tracertechnik erzielten Resultate aber deutlich, daß tatsächlich ein nicht unerheblicher Teil des wurzelbürtigen C in nichtstrukturierter Form im Torf verbleibt (5,7 bis 20,5 % des ^{14}C der inkubierten Wurzeln, Tab. 3). Der Umfang beider im Niedermoorsubstrat nachgewiesenen, wurzelbürtigen C-

194

Fraktionen (Boden- und Wurzelrest-^{14}C) wurde allerdings in differenzierter und zum Teil widersprüchlicher Weise von der untersuchten Pflanzenart und dem Vernässungsgrad beeinflußt.

So ergaben sich zwar für die Fraktion des in den Boden überführten Wurzel-C nach der Inkubation der Wurzeln von *Typha latifolia* und anaeroben Versuchsbedingungen stets viel höhere Anteile als nach der Inkubation der Wurzeln von *Phragmites australis* und aeroben Versuchsbedingungen. Im Fall des noch in den Wurzelresten befindlichen ^{14}C wies die *Typha*-Variante allerdings nur unter aeroben Bedingungen die höchsten Werte auf. Unter anaeroben Verhältnissen galt dies dagegen für die *Phragmites*-Variante (Tab. 3).

Ingesamt wird die Gewinnung eindeutiger Aussagen zum Verbleib des wurzelbürtigen C nicht unerheblich durch die Unvollständigkeit der aufgestellten ^{14}C-Bilanzen beeinträchtigt (Tab. 3). Für diese Bilanzlücken gibt es momentan keine zufriedenstellende Erklärung. Da jedoch auch in den anaeroben Varianten nur ein sehr geringer, nicht bilanzrelevanter Anteil der ^{14}C-Aktivität in Form von Methan verloren geht (Resultate nicht dargestellt), kommen vor allem Unzulänglichkeiten in der Versuchsdurchführung (z. B. Undichtigkeit von Inkubationsgefäßen, eine nicht vollständige Sorption des freisetzten CO_2 in der Natronlauge usw.) als Ursachen für diese Erscheinung in Betracht.

Schlußfolgerungen

Die Untersuchungen haben gezeigt, daß sich mit Hilfe der beiden getesteten Verfahren weiterführende Informationen zur Umsetzung von Pflanzenwurzeln in Niedermoorböden gewinnen lassen. Das gilt vor allem für den Einsatz der ^{14}C-Tracertechnik, die nicht zuletzt Aufschluß über den Anteil des in nichtstrukturierter Form im Torf verbleibenden, wurzelbürtigen Kohlenstoffs gibt. Angesichts der noch vorhandenen methodischen Unsicherheiten (ungeklärte Bilanzdefizite), der widersprüchlichen und sehr lückenhaften Befunde müssen jedoch die Untersuchungen zur Aufklärung der in den wiedervernäßten Niedermooren ablaufenden C-Umsetzungs- und Torfbildungsprozesse unbedingt fortgeführt werden.

Danksagung

Die Untersuchungen wurden vom BMBF finanziell gefördert (Förderkennzeichen BEO-0339556). Frau E. Mirus, Herrn R. Jäger, Herrn L. Steffens, (alle ZALF Müncheberg) und Frau Stange (UFZ Leipzig-Halle) sei für die vorzügliche technische Unterstützung und der AGRUB GmbH Markkleeberg für die Durchführung eines

Teils der chemischen Analysen herzlich gedankt.

Literaturverzeichnis

ALLEN, S. E., 1989: *Chemical Analysis of Ecological Materials*. 2. Auflage, Oxford: Blackwell Scientific Publications, 386 S.

AUGUSTIN, J.; MERBACH, W.; SCHMIDT, W.; REINING, E., 1996: Effect of changing temperature and water table on trace gas emissions from minerotrophic mires. *Angewandte Botanik* **70**, 45–51.

BASSLER, R. (Hrsg.), 1988: *Handbuch der landwirtschaftlichen Versuchs- und Untersuchungsmethodik*. Band **3**. *Die chemische Untersuchung von Futtermitteln*. 3. Auflage, Darmstadt: VDLUFA-Verlag.

BARTSCH, I.; MOORE, T. R., 1985: A preliminary investigation of primary production and decomposition in four peatlands near Schefferville, Quebec. *Canadian Journal of Botany* **63**, 1241–1248.

CHOTTE, J. L.; LADD, J. N.; AMATO, M., 1998: Sites of microbial assimilation, and turnover of soluble and particulate ^{14}C-labelled substrates decomposing in a clay soil. *Soil Biology and Biochemistry* **30**, 205–218.

KLIMANEK, E.-M., 1994: Messung der CO_2-Freisetzung aus Bodenproben von Laborinkubationsversuchen im Gaskreislaufverfahren. *Agribiological Research* **47**, 280–283.

MERBACH, I.; KLIMANEK, E.-M., 1997: C- und N-Mineralisierung von Sproß und Wurzeln ausgewählter Ruderalpflanzen. In: *Rhizosphärenprozesse, Umweltstreß und Ökosystemstabilität*. 7. Borkheider Seminar zur Ökophysiologie des Wurzelraumes. Hrsg.: W. Merbach. Stuttgart, Leipzig: B. G. Teubner Verlagsgesellschaft, 93–100.

MERBACH, W.; KNOF, G.; AUGUSTIN, J.; JACOB, H. J.; JÄGER, R.; TOUSSAINT, V., 1996: Ökophysiologische Wechselbeziehungen zwischen Pflanze und Boden. In: *Reaktionsverhalten von agrarischen Ökosystemen homogener Areale*. Hrsg.: H. Mühle, S. Claus. Stuttgart, Leipzig: B. G. Teubner Verlagsgesellschaft, 195–207.

SCHULZ, R., 1995: Bodenschutz auf Niedermooren Nordostdeutschlands. *Zeitschrift für Kulturtechnik und Landentwicklung* **36**, 230–235.

SUCCOW, M., 1988: *Landschaftsökologische Moorkunde*. Jena: VEB Gustav-Fischer-Verlag.

VERHOEVEN, J. T. A.; ARTS, H. H. M., 1992: Carex litter decomposition and nutrient release in mires with different water chemistry. *Aquatic Botany* **43**, 365–377.

WEBSTER, J. R.; BENFIELD, E. F., 1986: Vascular plant breakdown in freshwater ecosystems. *Annual Review of Ecology and Systematics* **17**, 567–594.

WRUBLEWSKI, D. A.; MURKIN, H. R.; VAN DER VALK, A. G.; NELSON, J. W., 1997: Decomposition of emergent macrophyte roots and rhizomes in a northern prairie marsh. *Aquatic Botany* **58**, 121–134.

Stoffumsatz im wurzelnahen Raum.
9. Borkheider Seminar zur Ökophysiologie des Wurzelraumes.
Hrsg.: W. MERBACH, L. WITTENMAYER und J. AUGUSTIN
B. G. Teubner Stuttgart · Leipzig 1999, S. 196–201.

Decrease of humus decomposition during growth of *Lolium perenne* — negative priming effect

Yakov V. KUZYAKOV und Karl STAHR

Institute of Soil Science and Land Evaluation, University of Hohenheim, Emil-Wolff-Straße 27, D-70599 Stuttgart

Abstract

Carbon rhizodeposition and root respiration at eight developmental stages of *Lolium perenne* were studied on a loamy Gleyic Cambisol by $^{14}CO_2$ pulse labelling of shoots in a two compartment chamber under controlled laboratory conditions. Total $^{14}CO_2$ efflux from the soil (root respiration, microbial respiration of exudates and dead roots) in the first eight days after labelling decreased during plant development from 14 to 6.5 % of ^{14}C input. The average of total CO_2 efflux from the soil with *Lolium perenne* was approximately 21 µg C-CO_2/(d · g). It increased during plant development. The contribution of plant roots to total CO_2 efflux from the soil increased from 10–20 % at the beginning and to more than 90 % towards the end of plant development. The root exudates led to a enormous reduction in humus decomposition. This interaction can be termed as 'negative priming effect' caused by *Lolium perenne*.

Introduction

The plant roots contribute greatly to the turnover intensity of soil organic matter and CO_2 efflux measured on the ground surface. The rhizodeposition of root exudates (easily available carbon source) greatly influences carbon (C) turnover in soils and may lead to C accumulation or C consumption due to its influence on the microbial activity in the rhizosphere. There is no doubt that there is much more microbial activity in the rhizosphere than in the root free soil, but only a few investigations deal with the influence of root exudates and increased microbial activity on the decomposition of soil organic matter. Labelling of plants with ^{14}C has been widely used to quantify rhizodeposition as it allows one to distinguish between root-derived organic carbon and native soil organic carbon (WHIPPS 1990). There is little information about the contribution of pasture plants particularly to carbon accumulation in soil and turnover of soil organic matter.

This paper presents an attempt to quantify the influence of growing *Lolium perenne* and its rhizodeposition on the decomposition intensity of soil organic matter.

Materials and methods

We studied the influence of C rhizodeposition of *Lolium perenne* on soil respiration and humus decomposition in a Cambisol by means of $^{14}CO_2$ pulse labelling of shoots in eight developmental stages of *Lolium* under controlled laboratory conditions.

Soil

A fine loamy Gleyic Cambisol was taken from the top 10 cm (Ah horizon) of a pasture in Allgäu [South Germany (KLEBER 1997), HFV plot], air dried, mixed and passed through a 5-mm sieve (Table 1). Each pot was filled with 3.1 kg of air dried soil.

Table 1. Basic characteristics of the Ah horizon of the fine loamy Gleyic Cambisol from an Allgäu pasture (South Germany) used in the experiment (KLEBER 1997, HFV plot).

pH (CaCl$_2$)	C_{org} [%]	N_t [%]	C/N	Clay < 2 μm	Silt 2–63 μm	Sand 63–2000 μm	FC[†] [%]	AWC[‡] [%]	CaCO$_3$ [%]
5.2	4.7	0.46	10	28.4	47.1	24.5	50	23	0

[†]: field capacity (pF = 1.8); [‡]: available water capacity (pF 1.8–4.2).

Chamber and labelling

The two-compartment Plexiglas chamber consists of 1) a lower part (ø 138 mm and height 220 mm) for the soil and plant roots and 2) an upper part (ø 138 mm and height 300 mm) for the shoots and $^{14}CO_2$ generation. Both parts are separated from each other by a Plexiglas lid with drill holes (ø = 6 mm) for plants. One day before labelling, each hole with a plant was sealed with silicon paste NG 3170 of Fa. Thauer & Co. Dresden. 340 kBq of ^{14}C as $NaH^{14}CO_3$ solution was put in a 2-ml Eppendorf micro test tube in the upper compartment of the chamber, the chamber was then closed and 1 ml of 5 N H_2SO_4 was added to the $NaH^{14}CO_3$ solution in the microtest tube through a pipe on the upper chamber part.

The labelling took place at eight different growth stages (plant heights from 7 to 35 cm, Table 2). Plants in different chambers were used for labelling at different developmental stages.

Table 2. Plant height, days after sowing and developmental stages of *Lolium perenne* at which ^{14}C labelling was conducted.

		Developmental stage						
	emer-gence	tillering						
		begin			middle		end	
Plant height [cm]	7	13	15	19	22	24	30	35
Days after sowing	45	57	59	63	66	69	77	95

Growth conditions

Nine non-vernalized seedlings of *Lolium perenne* L. cv. 'Gremie' were grown in each pot. The distance between every two plants was about 3.5 cm. The plants were grown at 26–28 °C day and 22–23 °C night temperature with a day-length of 14 h and light intensity of approximately 400 µE/(m$^2 \cdot$ s). The soil water content of each chamber was measured gravimetrically and was adjusted daily to about 60 % of the available field capacity. To compare total unlabelled CO_2 evolution with and without *Lolium perenne*, the soil without plants was also incubated in the same pots and under the same conditions.

Sample analysis

The CO_2 evolving from upper and lower chamber compartments was trapped separately in 20 ml of 0.5 N NaOH solution by continuous pumping. Labelling took place within eight hours after the pulsing of $^{14}CO_2$. Radioactivity of ^{14}C in CO_2 collected in NaOH solution was measured by a Liquid Scintillation Counter Tri-Carb 2000CA (Canberra Packard) with the cocktail Rotiszint-22 of Roth Company. The absolute ^{14}C-activity was standardized by addition of NaOH solution as quencher and using a two-channel ratio method of extended standard (tSIE). $^{14}CO_2$ effluxes from the soil were measured with two replications. Variability between the replications did not exceed 15 %. Total content of CO_2 collected in NaOH solution was measured by titration with 0.2 N HCl against phenolphthalein after addition of 0.5 N BaCl$_2$ solution (BLACK 1965).

Results and Discussion

Lolium perenne assimilated during the first eight hours practically all the total $^{14}CO_2$ input given to the shoot. Only 0.015–4.3 % of $^{14}CO_2$ input remained in the upper compartment (trapped in NaOH after eight hours).

Total $^{14}CO_2$ efflux from the soil

Total $^{14}CO_2$ efflux from the soil in the first eight days after ^{14}C pulse labelling decreased from 14 to 6.5 % of ^{14}C input during plant development. Therefore the specific root activity at the beginning of plant development was obviously much higher than during the later stages of development. The amount of CO_2 efflux from the soil increased during plant development from 2 to 5 g C-CO_2/(m^2 · d) (Fig. 1).

Contribution of *Lolium perenne* to the total CO_2 evolution from the soil

There are two possibilities to estimate the contribution of CO_2 by *Lolium perenne* to the total CO_2 efflux. Both approaches were used in this investigation.

1. Calculation of the plant-derived CO_2 using $^{14}CO_2$ (or $^{13}CO_2$)

For the estimation of plant-derived CO_2 amount the following equation was used:

$$C_{CO_2} = \frac{C_{shoots} \, ^{14}CO_2}{^{14}C_{shoots}} \tag{1}$$

where: C_{CO_2}: C-CO_2 amount derived by plants at each developmental stage [g/m^2],

C_{shoots}: carbon content in the shoots [g/m^2], $^{14}CO_2$: $^{14}CO_2$ efflux from the soil [% of ^{14}C input], and $^{14}C_{shoots}$: ^{14}C content in the shoots after labelling [%].

The parameters C_{shoots}, $^{14}CO_2$, $^{14}C_{shoots}$ were obtained from the results of the experiments and were different for each developmental stage investigated. According to this method the root-derived CO_2 increased enormously during plant development. In contrast to this, humus-derived CO_2, calculated as difference to the total CO_2 efflux from the soil, decreased (Fig. 1).

The share of root-derived CO_2 efflux is about 10–20 % of the total CO_2 efflux from the soil at the beginning of growth of *Lolium perenne* and increases till 100 % to the end.

2. Estimation of the difference between the CO_2 efflux from soil with plants and the CO_2 efflux from bare soil

In the second approach comparison is made between total unlabelled CO_2 evolution from the soil with plants and from bare soil incubated under same conditions.

In the second approach, we assume that the difference between CO_2 efflux from the soil with *Lolium perenne* and from the bare soil is equal to the contribution of plant roots to the whole CO_2 efflux. The average CO_2 efflux from the soil with *Lolium perenne* was about double that from the bare soil. The CO_2 evolution from bare soil was about 10.2 μg $C\text{-}CO_2$/(d · g soil) and was nearly constant during the incubation (Fig. 2), (exceptions are the first 2–3 weeks after filling the pots with soil). The average CO_2 efflux from the soil with plants was about 21.1 μg $C\text{-}CO_2$/ (d · g soil) and increased during the plant development. The contribution of plant roots to the total CO_2 efflux from the soil (calculated as difference) increased insignificantly during plant development and was about 51 % of total CO_2 efflux from the soil. The soil used in the experiments had a very high total C content and therefore a high level of total CO_2 efflux. In soils with a lower total C content, the relative contribution of plant roots to the total CO_2 efflux from the soil could be higher.

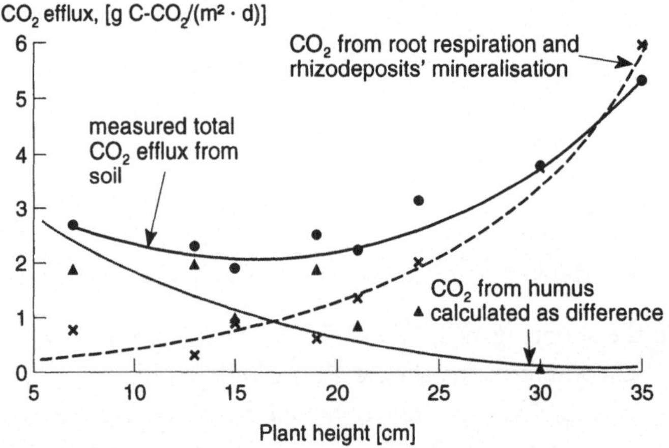

Figure 1. Measured total CO_2 efflux from soil and separation between root-derived CO_2 (root respiration and rhizodeposits mineralization), calculated by use of $^{14}CO_2$, and humus-derived CO_2, calculated as difference to total CO_2 efflux.

The difference between the two calculation methods for root-derived CO_2 shows that the assumption taken above (the difference between CO_2 efflux from the soil with plants and from the bare soil is equal to the contribution of roots to the whole CO_2 efflux) is incorrect. We cannot estimate the plant-derived CO_2 as a difference because of interactions between root exudates and microorganisms — decomposed humus substances. The root exudates lead, in our experiment, to the great reduction in humus decomposition (Fig. 2). This phenomenon is termed as 'negative priming effect' (JENKINSON *et al.* 1985, KUZYAKOV *et al.* 1997). We can explain this reduction as a switch of the microorganisms from hardly decomposable humus substances to the easily available low molecular rhizodeposits. The total amount of root exudates increases during plant development and leads to high reduction in humus decomposition by soil microorganisms (humus-derived CO_2).

Our results show that an estimation of humus mineralisation and its turnover is not possible by measurement of CO_2 efflux from soil surface. The root exudates of plants influence greatly carbon turnover in the rhizosphere and lead to a reduction of humus decomposition.

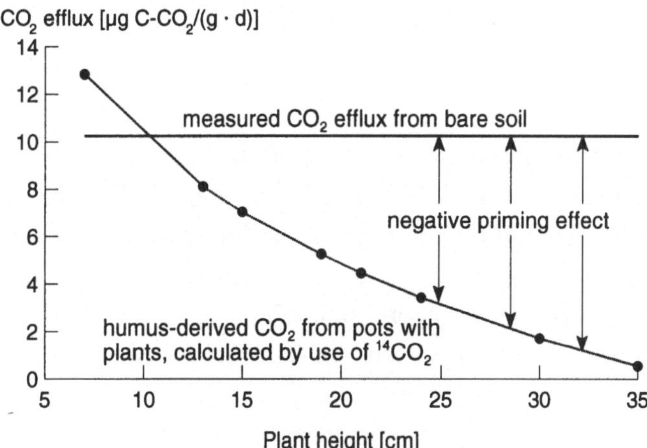

Figure 2. Difference between CO_2 efflux from bare soil and humus-derived CO_2 efflux, calculated by use of $^{14}CO_2$ (Fig. 1), shows the presence of negative priming effect caused by rhizodeposits of *Lolium perenne*.

References

BLACK, C. A. (ed.), 1965: *Methods of Soil Analysis.* Part **2**. American Society of Agronomy, Inc. Publisher, Madison, Wisconsin, 1562–1565.

JENKINSON, D. S.; FOX, R. H.; RAYNER, J. H., 1985: Interaction between fertilizer nitrogen and soil nitrogen — the so-called 'priming effect'. *Journal of Soil Science* **36**, 425–444.

KLEBER, M., 1997: Carbon exchange in humid grassland soils. *Hohenheimer Bodenkundliche Hefte* **41**. Dissertation Universität Hohenheim.

KUZYAKOV, Y. V.; FRIEDEL, J. K.; STAHR, K., 1997: Die häufigsten Ursachen und Quantifizierung von Priming-Effekten. *Mitteilungen der Deutschen Bodenkundlichen Gesellschaft* **85**, 541–544.

WHIPPS, J. M., 1990: Carbon economy. In: *The Rhizosphere.* J. M. Lynch (ed.). Chichester: Wiley, 59–97.

Stoffumsatz im wurzelnahen Raum.
9. Borkheider Seminar zur Ökophysiologie des Wurzelraumes.
Hrsg.: W. MERBACH, L. WITTENMAYER und J. AUGUSTIN
B. G. Teubner Stuttgart · Leipzig 1999, S. 202–208.

Abbauverhalten von *Phragmites australis* auf wiedervernäßten Niedermoorstandorten

Heike LÜSEBRINK, Dorothea KOPPISCH, Maja HARTMANN und Michael SUCCOW
Ernst-Moritz-Arndt-Universität, Botanisches Institut und Botanischer Garten, Grimmer Straße 88, D-17487 Greifswald

Abstract

In this study we investigated the influence of managing the water supply on the decomposition of reed (*Phragmites australis* (Cav.) Trin. ex Steud.). The rhizomes and the stems were used as material for the exposure in litterbags. The rewetted experimental sites were situated in the degraded fen 'Friedländer Große Wiese' (Mecklenburg Vorpommern, NE-Germany) and one reference-site in 'Wackerow' (Mecklenburg Vorpommern, NE-Germany). After an exposure for two months the material showed a loss in dry weight up to 10,6 % for stems and up to 74,2 % for rhizomes. An inhibition of turn-over rates on wet sites was expected. Surprisingly, the rewetted variants showed higher loss of dry weight than the reference sites.

Einleitung

Eine der wesentlichsten Eigenschaften von wachsenden Mooren ist die Akkumulation von Torf durch den verminderten Abbau toter pflanzlicher Substanz. Nur so können die Moore zu Stoffsenken werden. Verlieren die Moore ihre Senkenfunktion, so kommt es zur Mobilisierung der im Torf gebundenen Stoffe, und es wird unter anderem in großen Mengen Kohlendioxid als klimawirksames Gas freigesetzt.

Im Rahmen des BMBF-Projektes „Ökosystemmanagement für Niedermoore", Teilprojekt „Friedländer Große Wiese", soll untersucht werden, inwieweit es möglich ist, das Moorwachstum auf einem stark degradierten Niedermoor wieder in Gang zu setzen. Dazu wurden eine Reihe von Managementvarianten eingerichtet. In dieser Arbeit wurde vor allem der Einfluß des Vernässungsmanagements auf die Stoffumsätze im Boden, speziell auf den Abbau von Schilfstengeln und Schilfrhizomen untersucht.

Die folgenden Hypothesen wurden dafür aufgestellt:

- Schilfstengel und Schilfrhizome sind im Vergleich zu Schilfwurzeln als Referenzmaterial geeignet, um die standortspezifischen Abbaubedingungen zu charakterisieren.
- Der Abbau von Pflanzenmaterial hängt von dem Wasserregime des Standortes ab.
- Der Abbau von Pflanzenmaterial hängt von der chemischen Zusammensetzung des Ausgangsmaterials ab.

Die Versuchsstandorte und der Referenzstandort „Orchideenwiese" befanden sich auf der Friedländer Großen Wiese (FGW), die im östlichen Landesteil Mecklenburg-Vorpommerns liegt. Nach SCHMIDT und SCHOLZ (1993) ist die FGW mit ihren 9300 ha Moorflächen eines der größten Niedermoore Deutschlands. Die anthropogene Bodenentwicklung ist durch die Komplexmelioration in den 60er Jahren und Intensivbewirtschaftung als Grünland im Bereich der FGW weit fortgeschritten, so daß auf rund drei Viertel der Fläche die Moore als degradiert einzustufen sind. Der Referenzstandort „Wackerow" (W) liegt in Wackerow (bei Greifswald) in dem Schilfgürtel am Ryck. Zur Einschätzung der Abbauraten ist die Exposition von standardisiertem Material bekannter chemischer Zusammensetzung ein gängiges Verfahren. Zum Abbau von Zellulose und Blattstreu existieren bereits zahlreiche Untersuchungen (z. B. UNGER 1968, LUTHARDT, 1987). Um möglichst natürliche Bedingungen zu schaffen, wurde von HARTMANN (1995, 1998) anstelle von Zellulose mit Wurzelmaterial gearbeitet. Darauf aufbauend wurden in der vorliegenden Arbeit Rhizome und Stengel von *Phragmites australis* (Cav.) Trin. ex Steud. verwendet.

Material und Methoden

Die folgenden Vernässungsvarianten wurden in den Versuchsansätzen erfaßt:
Als nasse Variante wurde der permanente Überstau gewählt. Die Versuchsfläche sollte das ganze Jahr hindurch überstaut sein. Dies wäre für eine Moorbildung optimal, der Wasservorrat des Galenbecker Sees reicht aber nicht aus, um größere Flächen ganzjährig zu überstauen. Die nächsttrockenere Variante war der phasenhafte Überstau, die im Winter und im Frühjahr überstaut sein und im Sommer sowie im Herbst trockner werden sollte. Dies ist eine auch bei der negativen Wasserbilanz in Mecklenburg-Vorpommern für große Flächen praktikable Variante. Eine weitere Variante war die Überrieselung, die über eine Rinne vernäßt wird, so daß ständig Wasser über die Oberfläche rinnt. Dies entspricht günstigen Bedingungen für ein Durchströmungsmoor. Als vergleichsweise trockener Standort wurde

die Sukzession gewählt. Sie unterliegt einer Unterflurbewässerung durch den Anstau des Grabens zwischen der Versuchsfläche und dem angrenzenden Wald. Als Referenzstandorte dienten „Wackerow" und „Orchideenwiese", da diese Standorte noch nicht umgebrochen wurden und keinem Vernässungsmanagement unterliegen.

Mit *Phragmites australis* wurde eine potentiell torfbildende Art ausgesucht und Rhizome und Stengel exponiert. Als zentrale Meßgröße diente dabei der prozentuale Trockenmasseverlust. Nach HARTMANN (1998) ist bei Wurzelmaterial der größte Verlust an Trockensubstanz innerhalb der ersten zwei Monate zu verzeichnen. Aus diesem Grund wurden Expositionszeiten von zwei Monaten gewählt. Das gesamte Material stammt von dem Referenzstandort „Wackerow" (W). Es wurde auch Material für die Bestimmung der chemischen Ausgangswerte entnommen. Vor der Exposition wurden die Rhizome ausgewaschen und die Stengel von den Blattscheiden befreit. Als „Litterbags" wurden 10×15 cm große Beutel aus Polyestergewebe mit einer Maschenweite von 1×1 mm verwendet. Die Einwaage betrug jeweils 5 g Frischmasse. Das Pflanzenmaterial wurden in einer Tiefe von 30 cm vergraben. Pro Standort und Material wurden zehn Parallelen gewählt; es wurden also pro Standort jeweils 20 „Litterbags" exponiert. Die Entnahme des Materials und die Ausbringung auf den Standorten erfolgte jeweils in einem Zeitraum von 24 Stunden, so daß das Material annähernd zeitgleich auf die Standorte verteilt wurde. Jeweils nach zweimonatiger Exposition im Boden erfolgte die Ausgrabung der „Litterbags". Die Beutel wurden von anhaftendem Bodenmaterial befreit und eingewachsene Wurzeln entfernt. Die Trocknung des Pflanzenmaterials erfolgte bei 40 °C im Trockenschrank.

Die Gesamtabbaurate wurde über Bestimmung des Trockenmasseverlustes ermittelt. Das Pflanzenmaterial aus den exponierten „Litterbags" wurde nach dem Trocknen gewogen und im Vergleich mit dem Trockengewicht des jeweiligen Ausgangsmaterials wurde der Gewichtsverlust ermittelt. Die Bestimmung des Kohlenstoff- und Stickstoffgehaltes erfolgte mit Hilfe des Elementaranalysators „vario EL" nach dem Dumas-Verfahren. Der Zellulosegehalt wurde mit dem Verfahren von BATH und WISE (zit. in ALLEN 1989) ermittelt. Um die Hemizellulose aus dem Restmaterial zu lösen, wurde ein modifiziertes Verfahren nach Bath (zit. in ALLEN 1989) angewendet. Zur Ermittlung der Fraktion des heißwasserlöslichen Kohlenstoffes wurde die VDLUFA-Standardmethode verwendet und für Pflanzenproben angepaßt. In aliquoten Teilen der zentrifugierten Extrakte wurde der C-Gehalt nach Tjurin (zit. in KLIMANEK und ZWIERZ 1990) bestimmt.

Ergebnisse und Diskussion

Bei den *Phragmites*-Stengeln ergaben sich nur geringe Abbauraten bis zu maximal 10,6 %, während bei den Rhizomen Abbauraten von bis zu 74,2 % auftraten (Abb.1). Bei HARTMANN (1998) traten für Wurzeln Abbauraten zwischen 17,4 % und 27,8 % auf. Diese Ergebnisse werden durch die Studie von WRUBLESKI *et al.* (1997) bestätigt, worin ebenfalls festgestellt wird, daß der Abbau von *Phragmites*-Rhizomen höher war als der von *Phragmites*-Stengeln.

Das Abbauverhalten der Rhizome stimmt eher mit dem der Wurzeln überein als mit dem der Stengel. Für die Stengel als Referenzmaterial spricht die Homogenität des Materials und die einfache Beschaffung. Anders als bei Rhizomen und Wurzeln, die erst durch aufwendiges Auswaschen des Bodens gereinigt werden müssen, sind Stengel sofort nach der Ernte verwendbar. Die Untersuchungen lassen trotzdem die Rhizome als geeigneteres Material erscheinen, da sie eher die mit anderen Materialien ermittelten Ergebnisse widerspiegeln. Nach KLIMANEK und ZWIERZ (1992) machen die Bestandteile Zellulose und Hemizellulose insgesamt 50 % bis 70 % der organischen Pflanzensubstanz aus, in der vorliegenden Untersuchung wurden für *Phragmites*-Rhizome Zellulosegehalte zwischen 62,5 % und 72,8 % und für Stengel Gehalte zwischen 81,4 % und 84,8 % gemessen (siehe Tab.1).

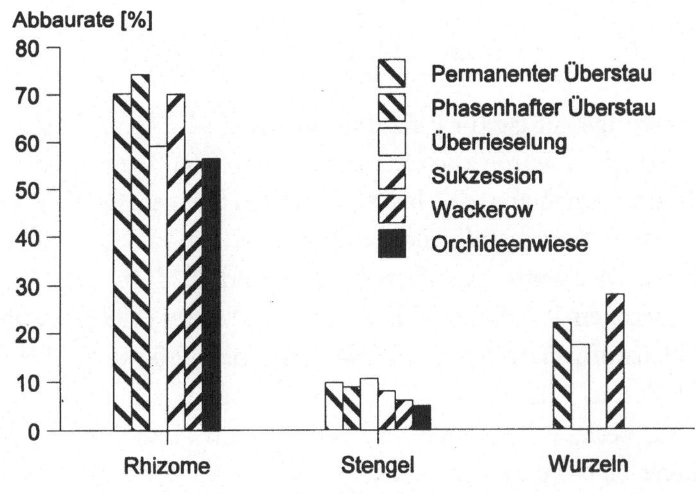

Abb. 1. Abbauraten verschiedener Pflanzenteile von *Phragmites australis*; Daten zum Wurzelabbau aus HARTMANN (1998).

Der heißwasserlösliche Kohlenstoff gibt den leichtmineralisierbaren Anteil an der Pflanzensubstanz wieder. Bei der Messung des heißwasserlöslichen Kohlenstoffes wurden für Rhizome Werte zwischen 10,9 % und 2,4 % ermittelt, für Stengel Werte zwischen 3,2 % und 0,6 % (Tab. 1). In einer vorangegangenen Arbeit (KLIMANEK und ZWIERZ 1990) wurden für verschiedene Pflanzenarten und -teile

Werte zwischen 55,9 % und 3,0 % bestimmt.

Tab. 1. Ausgewählte Inhaltsstoffe vor und nach dem Abbau im Zeitraum Juni–August 1997.

Parameter	Pflanzen-material	Variante						
		Aus-gangs-material	Überstau		Über-riese-lung	Suk-zession	Wacke-row	Or-chideen-wiese
			perma-nent	phasen-haft				
C/N-Verhältnis	Rhizome	54,5	73,2	50,1	84,7	71,4	54,1	62,9
	Stengel	212,5	212,6	190,8	212,0	226,8	245,9	250,9
C-Gehalt [%]	Rhizome	41,7	44,8	45,8	46,5	45,4	43,9	44,1
	Stengel	45,6	46,1	46,7	46,3	46,4	45,3	45,8
N-Gehalt [%]	Rhizome	0,77	0,62	0,91	0,55	0,67	0,81	0,70
	Stengel	0,22	0,22	0,25	0,23	0,21	0,19	0,18
Alphazellulose-gehalt [%]	Rhizome	41,2	32,4	30,5	39,5	41,1	37,4	40,0
	Stengel	53,7	52,4	52,7	59,4	55,5	50,5	53,9
Hemizellulose-gehalt [%]	Rhizome	30,5	34,2	32,0	30,3	31,1	27,2	32,8
	Stengel	30,5	29,0	31,7	24,0	28,8	32,7	30,9
heißwasserlösli-cher C [%]	Rhizome	10,9	2,6	3,2	2,4	3,6	3,3	4,4
	Stengel	3,2	1,6	0,6	1,5	1,4	1,7	1,9

Der prozentuale Kohlenstoffgehalt lag für Rhizome zwischen 41,7 % und 46,5 %. Der prozentuale Stickstoffgehalt wurde zwischen 0,55 % und 0,91 % ermittelt. Die C/N-Verhältnisse lagen im Bereich von 50,1 bis 84,7. Bei den Stengeln ergaben sich Werte für den prozentualen Kohlenstoffgehalt von 45,3 % bis 46,7 %. Für den Stickstoffgehalt lagen die Meßwerte zwischen 0,18 % und 0,25 %. Das C/N-Verhältnis schwankte zwischen 190,8 und 250,9. Nach HARTMANN (1997) wurden bei Schilfwurzeln Kohlenstoffgehalte zwischen 44,7 % und 49,0 %, Stickstoff-gehalte zwischen 0,92 % und 1,19 % und C/N-Verhältnisse zwischen 40,5 und 54,4 % gemessen. Somit besitzen Rhizome und Wurzeln ein ähnliches, Stengel hingegen ein viel weiteres C/N-Verhältnis.

Die Werte für C/N-Verhältnis, Kohlenstoff- und Stickstoffgehalt spielen bei der Erfassung der Mineralisierung zumindest bei den kurzfristigen Abbauprozessen keine Rolle. Auf den überstauten Flächen lag bei der Alphazellulose der Rhizome ein höherer Verlust vor, während sich deren Hemizellulosegehalt nicht wesentlich veränderte.

Bezüglich des heißwasserlöslichen Kohlenstoffs zeigte sich, daß die Rhizome mit der höheren Ausgangskonzentration beim Abbau ca. zwei Drittel verloren, während bei den Stengeln von der niedrigen Ausgangskonzentration nur etwa die Hälfte abgebaut wurde. Die niedrigsten Abbauraten von Rhizomen und Stengeln wiesen jeweils die Referenzstandorte „Wackerow" und „Orchideenwiese" auf.

Es gibt in der ersten Abbauphase auf den frisch vernäßten Standorten eine höhere Stoffmobilisierung als auf den Referenzstandorten. Dies ist zum Teil sicherlich auch auf die Auswaschung der leicht löslichen Verbindungen zurückzuführen. Daß die Referenzstandorte, die ja noch über eine intakte Bodenstruktur verfügen, den geringsten Abbau aufweisen, macht deutlich, daß sich die natürlichen Bedingungen eines Niedermoores zumindest kurzfristig nicht durch bloßes Überstauen wiederherstellen lassen. Um die Frage zu klären, welche Vernässungsmaßnahmen die geeignetsten sind, sind noch längerfristige Betrachtungen notwendig.

Literaturverzeichnis:

ALLEN, S. E., 1989: *Chemical analysis of Ecological Materials*. 2nd Edition, Oxford: Blackwell Scientific Publications.

HARTMANN, M., 1995: Wurzeluntersuchungen auf Niedermoorböden im Gebiet der Friedländer Großen Wiese. Diplomarbeit; Botanisches Institut am Fachbereich Biologie der Ernst-Moritz-Arndt-Universität Greifswald.

HARTMANN, M., 1997: Der Einfluß unterschiedlicher Vernässungsvarianten in einem Niedermoor auf den Abbau von Pflanzenwurzeln, Landschaftsentwicklung und Umweltforschung. In: *Stoffverlagerung in Pflanzen und von Pflanzen zum Ökosystem*. Hrsg.: D. Overdiek, M. Forstreuter, **107**: 147–154.

HARTMANN, M., 1998: Peat accumulation perspectives in rewetted fens: the role of plant species and rewetting techniques. In: *Peatland Restoration and Reclamation – Techniques and Regulatory Considerations*. Proceedings of the International Peat Symposium, Duluth, Minnesota, USA 14–18 July 1998, Hrsg.: T. Malterer, K. Johnson, J. Stewart, 44–48.

KLIMANEK, E.-M.; ZWIERZ, P., 1990: Differenzierung der Ernte- und Wurzelrückstände nach ihrer stofflichen Zusammensetzung. *Tagungsbericht*. Akademie der Landwirtschaftswissenschaften der DDR, Berlin, Nr. 95, 41–48.

KLIMANEK, E.-M.; ZWIERZ, P., 1992: Die chemische Zusammensetzung von Ernte- und Wurzelrückständen landwirtschaftlich genutzter Pflanzenarten. *Archiv für Acker- und Pflanzenbau und Bodenkunde* **36**, 431–439.

LUTHARDT, V., 1987: Ökologische Untersuchungen an landwirtschaftlich genutzten tiefgründigen Niedermoorstandorten unterschiedlicher Bodenentwicklung. Dissertation, Akademie der Landwirtschaftswissenschaften der DDR, Berlin.

SCHMIDT, W.; SCHOLZ, A., 1993: Das Niedermoor „Friedländer Große Wiese",

Landschaftsökologische Zielstellung und angelaufene Maßnahmen zur Erhaltung und Renaturierung. Naturschutz und Landschaftspflege in Brandenburg, Sonderheft für Niedermoore, 213–218.

Succow, M., 1988: *Landschaftsökologische Moorkunde*. 1. Auflage, Jena: Urania-Verlag, 340 S.

Unger, H., 1968: Über den Aussagewert der mit dem Gazebeuteltest erzielten Zelluloseabbauergebnisse, Mineralisation der Zellulose. *Tagungsbericht*. Akademie der Landwirtschaftswissenschaften der DDR, Berlin, Nr. 98, 19–31.

Wrubleski, D.-A.; Murkin, H.-R.; van der Valk, A.-G.; Nelson, J.-W., 1997: Decomposition of emergent macrophyte roots and rhizomes in a northern prairie marsh. *Aquatic Botany* **58**, 121–134.

Verzeichnis der Teilnehmer

Dr. Claudia Augustin, Institut für Landnutzungssysteme und Landschaftsökologie im ZALF Müncheberg, Eberswalder Straße 84, D-15374 Müncheberg

Dr. Jürgen Augustin, Institut für Rhizosphärenforschung und Pflanzenernährung im ZALF Müncheberg, Eberswalder Straße 84, D-15374 Müncheberg

Dr. Heidrun Beschow, Institut für Bodenkunde und Pflanzenernährung, Martin-Luther-Universität Halle–Wittenberg, Adam-Kuckhoff-Straße 17 b, D-06108 Halle

Frank Böhme, Umweltforschungszentrum Leipzig–Halle, Sektion Bodenforschung, Theodor-Lieser-Straße 4, D-06120 Halle

Komi Egle, Institut für Agrikulturchemie, Georg-August-Universität Göttingen, Von-Siebold-Str. 6, D-37075 Göttingen

Maren Frost, Agrikulturchemisches Institut, Rheinische Friedrich-Wilhelms-Universität Bonn, Meckenheimer Allee 176, D-53115 Bonn

Alke Gabriel, Institut für Pflanzenernährung, Justus-Liebig-Universität Gießen, Südanlage 6, D-35390 Gießen

Dr. Wolfgang Gans, Institut für Bodenkunde und Pflanzenernährung, Martin-Luther-Universität Halle–Wittenberg, Adam-Kuckhoff-Straße 17 b, D-06108 Halle

Dr. Christoph Germeier, Professur für Organischen Landbau, Justus-Liebig-Universität Gießen, Karl-Glöckner-Straße 21c, D-35395 Gießen

Esther Goertz, Institut für Angewandte Botanik, Universität Hamburg, Postfach 302762, D-20355 Hamburg

Dr. Andreas Gransee, Institut für Bodenkunde und Pflanzenernährung, Martin-Luther-Universität Halle–Wittenberg, Adam-Kuckhoff-Straße 17 b, D-06108 Halle

Dr. Rita Grosch, Institut für Gemüse- und Zierpflanzenbau Großbeeren/Erfurt, Theodor-Echtermeyer-Weg 1, D-14979 Großbeeren

Maja Hartmann, Botanisches Institut, Ernst-Moritz-Arndt-Universität Greifwald, Grimmer Straße 88, D-17487 Greifswald

Prof. Dr. Charlotte Hecht-Buchholz, Institut für Grundlagen der Pflanzenbauwissenschaften, FB Agrar- und Gartenbauwissenschaften, Humboldt-Universität zu Berlin, Lentzeallee 55–57, D-14195 Berlin

Alexander Heim, Eidgenössische Forschungsanstalt für Wald, Schnee und Landschaft, Gruppe Bodenchemie, Bereich Waldökologie, Birmensdorf, Schweiz, Zürcherstrasse 111, CH-8903 Birmensdorf

Dr. Birgit Hütsch, Institut für Pflanzenernährung, Justus-Liebig-Universität Gießen, Südanlage 6, D-35390 Gießen

Dr. Katja Hüve, Institut für Rhizosphärenforschung und Pflanzenernährung im ZALF Müncheberg, Eberswalder Straße 84, D-15374 Müncheberg

Christoph Jung, Institut für Terrestrische Ökologie Schlieren, Schweiz, Grabenstraße 3, CH-8952 Schlieren

Claudia Kammann, Institut für Pflanzenökologie, Justus-Liebig-Universität Gießen, Heinrich-Buff-Ring 38, D-35392 Gießen

Stefanie Klaus, Institut für Ökologie und Naturschutz, Universität Potsdam, Maulbeerallee 2, D-14469 Potsdam

Dr. Eva-Maria Klimanek, Umweltforschungszentrum Leipzig–Halle GmbH, Sektion Bodenforschung, Theodor-Lieser-Straße 4, D-06120 Halle

Udo Knauff, Agrikulturchemisches Institut, Rheinische Friedrich-Wilhelms-Universität Bonn, Meckenheimer Allee 176, D-53115 Bonn

Dr. Yakov Kuzyakov, Institut für Bodenkunde und Standortlehre, Universität Hohenheim, Emil-Wolff-Straße 27, D-70591 Stuttgart

Judith Lehmann, Umweltforschungszentrum Leipzig–Halle GmbH, Sektion Bodenforschung, Theodor-Lieser-Straße 4, D-06120 Halle

Heike Lüsebrink, Botanisches Institut, Ernst-Moritz-Arndt-Universität Greifwald, Grimmer Straße 88, D-17487 Greifswald

Dr. Jaber Masalah, Institut für Pflanzenernährung, Justus-Liebig-Universität Gießen, Südanlage 6, 35390 Gießen

Johannes Max, Institut für Pflanzenernährung und Bodenkunde, Christian-Albrechts-Universität zu Kiel, Olshausenstraße 40, D-24118 Kiel

Prof. Dr. Wolfgang Merbach, Institut für Bodenkunde und Pflanzenernährung, Martin-Luther-Universität Halle–Wittenberg, Adam-Kuckhoff-Str. 17 b, D-06108 Halle

Dr. Gunnar Meyenburg, Umweltforschungszentrum Leipzig–Halle GmbH, Sektion Bodenforschung, Theodor-Lieser-Straße 4, D-06120 Halle

Ulrike Münchmeyer, Institut für Rhizosphärenforschung im ZALF Müncheberg, Eberswalder Straße 84, D-15374 Müncheberg

Martha Petzold, Institut für Bodenkunde und Pflanzenernährung, Martin-Luther-Universität Halle–Wittenberg, Adam-Kuckhoff-Straße 17 b, D-06108 Halle

Jörg Plugge, Umweltforschungszentrum Leipzig–Halle GmbH, Sektion Sanierungsforschung, Permoserstraße 15, D-04318 Leipzig

Dr. Abdollkarim Rakei, Hochbaumstraße 58, D-14167 Berlin

Rainer Remus, Institut für Rhizosphärenforschung und Pflanzenernährung im ZALF Müncheberg, Eberswalder Straße 84, D-15374 Müncheberg

Jörg Rinklebe, Umweltforschungszentrum Leipzig–Halle GmbH, Sektion Bodenforschung, Theodor-Lieser-Straße 4, D-06120 Halle

Evan Rroço, Institut für Pflanzenernährung, Justus-Liebig-Universität Gießen, Südanlage 6, D-35390 Gießen

Dr. Silke Ruppel, Institut für Gemüse- und Zierpflanzenbau Großbeeren/Erfurt, Theodor-Echtermeyer-Weg 1, D-14979 Großbeeren

Dr. Wolfgang Schmidt, Fachbereich Biologie, Carl-von-Ossietzky-Universität Oldenburg, Postfach 2503, D-26111 Oldenburg

Birgit Schmincke, Innovationskolleg, Brandenburger Technische Universität Cottbus, Postfach 101344, D-03013 Cottbus

Prof. Dr. Sven Schubert, Institut für Pflanzenernährung, Justus-Liebig-Universität Gießen, Südanlage 6, D-35390 Gießen

Dr. Bernd Steingrobe, Institut für Agrikulturchemie, Georg-August-Universität Göttingen, Von-Siebold-Straße 6, 37075 Göttingen

Dr. Lutz Wittenmayer, Institut für Bodenkunde und Pflanzenernährung, Martin-Luther-Universität Halle–Wittenberg, Adam-Kuckhoff-Straße 17 b, D-06108 Halle

Prof. Dr. Gerhard A. Wolf, Institut für Pflanzenpathologie und Pflanzenschutz, Georg-August-Universität Göttingen, Grisebachstraße 6, D-37077 Göttingen

Sachregister

Merbach (Hrsg.)
Pflanzenernährung, Wurzelleistung und Exsudation

8. Borkheider Seminar zur Ökophysiologie des Wurzelraumes Wissenschaftliche Arbeitstagung in Schmerwitz/ Brandenburg vom 22. bis 24. September 1997

Herausgegeben von Prof. Dr.
Wolfgang Merbach
ZALF Müncheberg

1998. 253 Seiten mit 89 Bildern.
16,2 x 22,9 cm.
Kart. DM 65,–
ÖS 475,– / SFr 59,–
ISBN 3-8154-3509-9

Die Entwicklung ressourcensparender, umweltschonender Verfahren im Sinne einer »nachhaltigen« (sustainable) Landnutzung rückt derzeit weltweit wieder in den Mittelpunkt des wirtschaftlichen und wissenschaftlichen Interesses. Dieses Ziel erfordert unter anderem eine effektive pflanzliche Stoffverwertung unter größtmöglicher

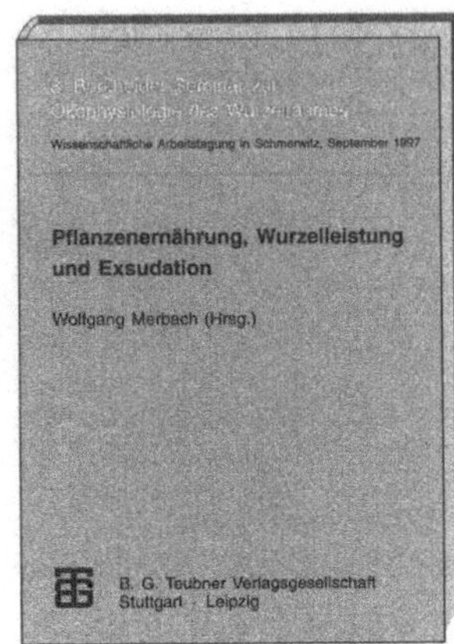

Nutzung biologischer Aneignungsmechanismen. Voraussetzung dafür sind bessere Kenntnisse über die kausalen naturwissenschaftlichen Zusammenhänge im System Pflanze – Boden. Das 8. Borkheider Seminar zur Ökophysiologie des Wurzelraums, das vom 22. bis 24. September 1997 in Schmerwitz (Brandenburg) stattfand, befaßte sich mit dieser Problematik. Im vorliegenden Band werden in interdisziplinären Originalbeiträgen die Beziehungen zwischen Wurzelleistung, Wurzelexsudation, Mikrobentätigkeit und Nährstoffaufnahme unter dem Aspekt einer effektiven Pflanzenernährung durch bessere Erschließung der Nährstoffvorräte des Bodens behandelt.

Preisänderungen vorbehalten.

B.G. Teubner Stuttgart · Leipzig